详解 3ds Max 家具设计

牛语涵　编著

天津大学出版社
TIANJIN UNIVERSITY PRESS

内 容 简 介

本书是一本重量级的家具设计与建模巨作,目的是为设计师以及模型师量身打造一套完整的家具建模解决方案。本书共 9 章,第 1 章为 3ds Max 软件概述,简单介绍 Max 软件的特点、家具设计要求和分类以及软件的基本设置和多边形建模原理。第 2~9 章按照家具的用途分别介绍了客厅家具、餐厅家具、厨房家具、卧室家具、卫生间家具、书房家具、办公家具、户外家具的设计与制作过程。这些家具包含了现代、欧美、中式古典等不同风格,方便读者全面掌握各种家具的设计流程和设计方法。

本书配套光盘中包含书中全部案例的分步建模文件、最终建模文件及最终模型的效果图文件。另外,光盘中还提供了作者全程录制的语音教学视频,视频配合书中详细操作步骤,能使学习效率倍增,将建模经验和技巧一网打尽。

本书通过 50 个具有针对性的实例,由浅入深地讲解了使用 3ds Max 软件设计家具的各种高级技巧,适合各种造型设计工作人员和家具设计人员参考,也适合广大建模爱好者使用,还适合作为大中专院校和培训机构相关专业的教材。

图书在版编目(CIP)数据

详解 3ds Max 家具设计/牛语涵编著 . —天津:天津大学出版社,2016.7

ISBN 978-7-5618-5581-2

Ⅰ. ①详… Ⅱ. ①牛… Ⅲ. ①家具—计算机辅助设计—三维动画软件 Ⅳ. ①TS664.01-39

中国版本图书馆 CIP 数据核字(2016)第 145220 号

出版发行		天津大学出版社
地	址	天津市卫津路 92 号天津大学内(邮编:300072)
电	话	发行部:022-27403647
网	址	publish.tju.edu.cn
印	刷	天津泰宇印务有限公司
经	销	全国各地新华书店
开	本	185mm×260mm
印	张	25.25 彩插 8 页
字	数	630 千
版	次	2016 年 7 月第 1 版
印	次	2016 年 7 月第 1 次
定	价	85.00 元(含光盘)

前　言

目前三维软件非常多，当你选择一款最普及的软件之后，就要坚定不移地学好它，不要半途而废。各种软件之间是相通的，在用法上除了使用方法略有不同外，思路基本差不多。所以当你学精一门软件再去学习其他相关软件时，就会变得非常容易。3ds Max 功能齐全，插件众多，最好的一点就是它的学习资料丰富，所以在众多设计软件中先学 3ds Max 是一个不错的选择。

在日常实际工作中，无论你拥有多么庞大、完善的模型库，在想要快速搭建场景时，总是因为这样或那样的原因，很难找到理想的模型，因此，掌握快速建模的方法和技巧就显得很有必要。本书正是基于这个原因，通过大量的实例，结合作者多年建模的经验，为读者提供一套有效的快速创建家具模型的流程和方法。

本书内容

全书共分 9 章，第 1 章为 3ds Max 概述，简单介绍 Max 软件的特点、家具设计要求和分类，以及软件的基本设置和多边形建模原理，旨在帮助读者对 3ds Max 软件有一个总体认识，理解并掌握最核心的建模方法，即多边形建模。从第 2 章开始，按照家具的摆置空间进行分类，分别介绍了客厅家具、餐厅家具、厨房家具、卧室家具、卫生间家具、书房家具、办公家具以及户外家具的设计流程、方法和技巧。这些家具包含了现代、欧美、中式古典等众多风格，囊括了目前市场上热门、流行的家具类型，具有很强的典型性和代表性。

本书特色

本书实例丰富，技巧实用，操作步骤详细，讲解到位，除了基础知识外，全部使用实例进行讲解。这些实例按照知识点的应用从易到难，从简单到复杂，循序渐进地介绍了各种家具的设计制作方法。

书中对每个实例都是先给出设计思路，然后再分析技术要点，让读者在制作实例之前从总体上对实例有所了解，并对所用到的技术和方法，以及哪些是重点、难点做到心中有数，有效地提高学习效率。在介绍制作步骤时，将复杂的模型拆分成简单的不同部分，按部分进行讲解，便于读者理解掌握。

为了平衡书的篇幅和实例的数量，方便读者学习掌握，书中对第 2 章和第 3 章的讲解非常详细，引领读者全面掌握各种建模方法。从第 4 章开始将重点放在对实例的制作方法和关键步骤的讲解上。在介绍这些实例时，穿插了作者的建模经验和技巧，可有效地帮助读者解决学习中遇到的各种问题，快速提高建模水平。

作者的学习建议和方法

在使用本书时，不要把它放在电脑旁一边看一边做，这样对练习思维没有好处，只是把书上的东西在电脑上实验一下罢了。正确的方法：拿着书，用轻松的心态看完一个案例，可以反复看，在明白了建模的原理和过程后，用 3ds Max 软件试验性地独立逐步完成建模过程，即使碰到问题也不要急于看书，而是自己试着去解决。

光盘

附赠光盘中提供了书中实例的场景文件和所用的素材，以及演示实例设计过程的语音视频教学文件，供读者免费。

本书适合读者群体

本书适合各种造型设计、家具设计、模型制作、效果图表现等行业的初学者和从业人员使用，也适合广大三维爱好者阅读学习，还适合作为各大院校及培训机构家具设计、室内设计、艺术设计等相关专业的教材。

本书由西安交通大学城市学院的牛语涵老师编写。在编写过程中得到了李梓萌、王珏、王永忠、安静、于舒春、王劲、张慧萍、陈可义、吴艳臣、纪宏志、宁秋丽、张博、于秀青、田羽、李永华、蔡野、李日强、刘宁、刘书彤、赵平、周艳山、熊斌、江俊浩、武可元、韩成斌、田君等同事和朋友的大力支持和帮助。由于作者水平有限，书中存在疏漏和错误之处，敬请读者批评指正。

编　者

2016 年 6 月

目　　录

第 1 章　3ds Max 家具设计基础知识

第 2 章　客厅家具设计

第 3 章　餐厅家具设计

第 4 章　厨房家具设计

第 5 章　卧室家具设计

第 6 章　卫生间家具设计

第 7 章　书房家具设计

第 8 章　办公家具设计

第 9 章　户外家具设计与制作

3ds Max 家具设计基础知识

3ds Max 是 Autodesk 公司开发的基于 PC 系统的三维动画渲染和制作软件。其前身是基于 DOS 操作系统的 3D Studio 系列软件。在 Windows NT 出现以前，工业级的 CG 制作被 SGI 图形工作站垄断。3D Studio Max + Windows NT 组合的出现一下子降低了 CG 制作的门槛，首先开始运用在电脑游戏的动画制作中，后更进一步开始参与影视片的特效制作，例如《X 战警 II》《最后的武士》等。在 Discreet 3ds Max 7 推出后，软件正式更名为 Autodesk 3ds Max，最新版本是 3ds Max 2016。

1.1 3ds Max 的特点和优势

3ds Max 是由 Autodesk 公司旗下的 Discreet 公司开发推出的三维造型与动画制作软件。3ds Max 与其他的 3D 制作软件相比较，具有易学、功能强大、应用广泛等特点。它是集建模、材质、灯光、渲染、动画、输出等于一体的全方位 3D 制作软件，可以为创作者提供多方面的选择，满足不同的需要。3ds Max 和其他 3D 软件相比有以下优势。

（1）性价比高。3ds Max 有非常高的性能价格比，它所提供的强大功能远远超过了它自身低廉的价格，一般的制作公司就可以承受得起，使作品的制作成本大大降低。而且它对硬件系统的要求较低，普通配置就可以满足学习需要，我想这也是每个软件用户所期盼的。

（2）上手容易。初学者比较关心的问题是 3ds Max 是否容易上手，这一点可以完全放心，3ds Max 的制作流程十分简洁高效，用户可很快上手，所以先不要被它的大堆命令吓倒，只要操作思路清晰，上手是非常容易的。该软件后续的高版本中操作性也十分简便，操作的优化更有利于初学者学习。

（3）用户多，便于交流。3ds Max 软件在国内拥有众多的用户，随着互联网的普及，3ds Max 论坛在国内相当火爆，如果有问题可以拿到网上大家一起讨论，非常方便。

1.2 3ds Max 的应用领域

3ds Max 被广泛应用于建筑装潢设计领域，从建筑效果图、建筑漫游动画到虚拟现实游览，随处可见 3ds Max 的身影。绝大多数建筑设计专业和实用美术专业的学生都将其列为必修课程，这也是进入建筑装潢公司、建筑设计院和广告公司等行业的必备技能。

1．建筑装潢设计领域

建筑设计包含室内和室外效果图表现两个部分。室内设计与建筑外观表现是目前国内应用 3ds Max 最广泛的领域。图 1-1 和图 1-2 分别为利用 3ds Max 软件制作的室内和室外效果图表现。

图　1-1　　　　　　　　　　　　　　　　图　1-2

2．影视广告及片头制作

用 3ds Max 制作的影视作品有立体感，写实能力强，表现力也非常强，能轻而易举地表现一些结构复杂的形体，并且会产生惊人的真实效果。最具代表性的作品有《阿凡达》《变形金刚》《机器人瓦力》等，如图 1-3 所示。

图　1-3

影视广告后期需要配合使用的软件有 Photoshop、Premiere、After Effects 等。

3．游戏角色及场景设计

创作一个游戏人物或场景的主要流程：原画创作、建模、材质、灯光及渲染、骨骼设定、动画、特效等。由此可见，3ds Max 是比较适合游戏角色及场景设计的三维动画制作软件。图 1-4 就是利用 3ds Max 软件同时配合 ZBrush 等雕刻软件制作的作品。除制作游戏角色外，3ds Max 还被广泛应用于游戏场景制作中，如图 1-5 所示。

图 1-4

图 1-5

4．工业产品效果设计

工业设计包括工业产品造型设计的任务与原则、产品形态设计、产品造型的美学法则、产品色彩设计的基本理论、标志设计的基本原理、与工业产品造型设计有关的人机工程学知识、产品造型设计的表现技法和主要程序以及产品造型的质量评价。三维设计软件在市场上常见的有 Maya、3ds Max、Rhino、Cinema 4D、Pro/E、UG、Catia、Alias 等。3ds Max 进行工业设计表现时主要用在渲染上，真正使用 3ds Max 来建模的非常少，它需要与其他软件配合使用。图 1-6 为 3ds Max 工业设计案例之一。

图 1-6

5．虚拟现实技术

3ds Max 软件拥有十分强大的建模技术，运用它可以非常方便和真实地把动画及图像展示出来。另一方面，虚拟现实技术本质上其实是一种人机界面技术，它可以十分逼真地模拟人在自然环境中的视觉、听觉、嗅觉、运动等行为，可以创建和体验虚拟世界的计算机仿真系统。它利用计算机生成一种模拟环境，是一种多源信息融合的交互式三维动态视景和实体行为的仿真系统，使用户沉浸到该环境中。

近两年，随着虚拟现实装备的出现，虚拟现实应用更是如火如荼，发展速度相当快，可以说虚拟现实是今后发展的一个重要方向。图 1-7 为虚拟现实装备。

图 1-7

以上就是 3ds Max 在不同应用领域的举例。接下来介绍家具设计的一些基本要求。

1.3 家具设计的基础知识和要求

1. 设计原则

家具设计原则：功能、舒适、耐久、美观。

（1）是否实用：一件家具的功能是相当重要的，它必须能够体现出本身存在的价值。假若是一把椅子，它就必须做到使用户的臀部避免接触到地面。若是一张床，它一定既可以坐也可以躺。实用功能的含义就是家具要包含通常可以接受的已被限定的目的，而不是把太多的精力花费在家具的艺术装饰上。

（2）是否舒适：一件家具不仅要具备它应有的功能，而且还必须具有相当的舒适度。一块石头能够让你不需要直接坐在地面上，但是它既不舒服也不方便，然而椅子恰恰相反。你要想一整晚能好好地躺在床上休息，床就必须具备足够的高度、强度与舒适度来保证这一点。一张咖啡桌的高度必须做到用户在端茶或咖啡时要相当便利，但是这样的高度对于就餐来说却又不舒服了。

（3）能否持久耐用：一件家具应该能够长久地被使用，然而每件家具的使用寿命不尽相同，这同它们的主要功用息息相关。例如，休闲椅与野外餐桌都属户外家具，我们不能期望它们能够耐用得如同抽屉面板。

（4）外形是否吸引人：随着人们生活水平的提高，人们更加注重美观的表现，有时甚至大于家具的耐久性原则，所以时尚美观的外观是现在家具设计师最为注重的元素之一。

2. 家具造型和工艺

要在造型上取得良好的效果，必须熟悉各种材料的性能、特点、加工工艺及成型方法，才能设计出最能体现材料特性的家具造型。构成造型的基础是造型要素和形式法则。造型要素有形体法则、色彩法则、质感法则等。形体法则主要有形体的组合、比例的运用、空间的处理、体量的协调、虚实的布局等；色彩法则主要有主色调的选择、色块的安排、色光的处理等；质感法则主要是材料质地和纹理的运用、反射和色泽的处理等。对有些装饰性强的家具还需考虑装饰法则，如装饰的题材选择、装饰的形式、装饰的布局等。形式法则是造型美学的基础，构成形式美的基本概念有统一与变化、对称与均衡、比例与尺度、视差、联想与比拟等。家具造型必须同所处环境和文化修养相适应，同所处时代和地域产生共鸣，这样的家具，才能唤起人们美的感受。

工艺是制作家具的重要手段。工艺设计是使结构设计得以实现的基础。生产方式和工艺流程取决于工艺设计，它对组织生产起着重要的作用。工艺设计主要包括家具类型结构分析和技术条件确定、编制工艺卡片和工艺流程图两个方面。类型结构分析和技术条件确定首先分析家具产品的材料构成情况。其次分析该产品应采用哪种类型的生产手段：单件生产多选用通用设备组成的工艺流程；大量生产多选用生产能力强的专用机床、自动机床、联合机床组成的单向流水线；批量生产（指定期更换和以成批形式投入生产）介于上述两类之间，尽可能采用专用机床、自动机床组成的流水线。最后根据结构装配图编制零部件明细表，其中包括家具产品的型号、用途、外围尺寸和零部件尺寸、允许的公差、使用材料、五金配件、涂饰及胶料种类以及装配质量、技术条件、产品包装要求等。

3．家具设计的人体工程学尺寸

人体工程学是一门研究人在某种工作环境中的解剖学、生理学和心理学等方面的各种因素；研究人和机器及环境的相互作用；研究人在工作中、家庭生活中和休假时怎样统一考虑工作效率、人的健康、安全和舒适等问题的学科。2003 年后，人体工程学渗透到室内设计中，其含义为：以人为主体，运用人体计测如生理、心理计测等手段和方法，研究人体结构功能、心理、力学等方面与室内环境之间的合理协调关系，以适合人的身心活动要求，取得最佳的使用效能，其目标应是安全、健康、高效能和舒适。

提起人体工程学就牵扯到人体的常用尺寸，比如挺直坐高、种族差异、身高、正常坐高、眼高、肩高、两肘宽、肘高、膝盖高度、膝腿部长度、膝盖长度、足尖长度、垂直手握高度、侧向手握距离、向前手握距离、肢体活动范围、人体活动空间、姿态变换、视野、视力、噪声、触觉、个人空间等要素。设计者通过研究人体基础数据和构造来打造符合人的最佳舒适度的标准尺寸。家具设计的人体工程学尺寸参考如下，单位为 cm。

衣橱：深度 60 ～65；衣橱推拉门 70，衣橱门宽度 40～65

推拉门：宽度 75～150，高度 190～240

矮柜：深度 35～45，柜门宽度 30～60

电视柜：深度 45～60，高度 60～70

单人床：宽度 90，105，120；长度 180，186，200，210

双人床：宽度 135，150，180；长度 180，186，200，210

圆型床：直径 186，210，240（常用）

室内门：宽度 80～95，高度 190，200，210，220，240

厕所、厨房门：宽度 80，90；高度 190，200，210

沙发：单人式：长度 80～95，深度 85～90；坐垫高 35～42；背高 70～90

　　　双人式：长度 126～150；深度 80～90

　　　三人式：长度 175～196；深度 80～90

　　　四人式：长度 232～252；深度 80～90

小型茶几：长方形：长度 60～75，宽度 45～60，高度 38～50（38 最佳）

中型茶几：长方形：长度 120～135；宽度 38～50；高度 60～75

　　　　　正方形：长度 75～90，高度 43～50

大型茶几：长方形：长度 150～180，宽度 60～80，高度 33～42（33 最佳）

　　　　　圆形：直径 75，90，105，120；高度 33～42

　　　　　方形：宽度 90，105，120，135，150；高度 33～42

书桌：固定式：深度 45～70（60 最佳），高度 75

　　　活动式：深度 65～80，高度 75～78

　　　书桌下缘离地至少 58；长度最少 90（150～180 最佳）

餐桌：高度 75～78，西式高度 68～72；一般方桌宽度 120，90，75；

　　　长方桌宽度 80，90，105，120；长度 150，165，180，210，240

圆桌：直径 90，120，135，150，180

书架：深度 25~40（每一格），长度 60~120；下大上小型书架的下方深度 35~45，高度 80~90

4．家具设计色彩搭配

家具设计时除了以上要素外，还有一个重要的考虑因素就是色彩搭配。色彩搭配要注意以下几点。

（1）色调配色：指具有某种相同性质（冷暖调、明度、艳度）的色彩搭配在一起，色相越全越好，最少也要三种色相以上。比如，同等明度的红、黄、蓝搭配在一起。大自然的彩虹就是很好的色调配色。

（2）近似配色：选择相邻或相近的色相进行搭配。这种配色因为含有三原色中某一共同的颜色，所以很协调。而且色相接近，会比较稳定，如果是单一色相的浓淡搭配则称为同色系配色。出彩搭配有紫配绿、紫配橙、绿配橙。

（3）渐进配色：按色相、明度、艳度三要素的程度高低依次排列颜色。特点是即使色调沉稳，也很醒目，尤其是色相和明度的渐进配色。例如彩虹既是色调配色，也属于渐进配色。

（4）对比配色：用色相、明度或艳度的反差进行搭配，有鲜明的强弱。其中，明度的对比给人明快清晰的印象，可以说只要有明度上的对比，配色就不会太失败。比如红配绿、黄配紫、蓝配橙。

（5）单重点配色：让两种颜色形成面积的大反差。"万绿丛中一点红"就是一种单重点配色。其实单重点配色也是一种对比，相当于一种颜色做底色，另一种颜色做图形。

（6）分隔式配色：如果两种颜色比较接近，看上去不分明，可以靠对比色加在这两种颜色之间，增加强度，整体效果就会很协调。最简单的加入色是无色系的颜色和米色等中性色。

（7）夜配色：严格来讲这不算是真正的配色技巧，但很有用。高明度或鲜亮的冷色与低明度的暖色配在一起，称为夜配色或影配色。它的特点是神秘、遥远，充满异国情调、民族风情，比如翡翠松石绿配黑棕。

1.4　家具分类

（1）按所用材料可分为：实木家具、板式家具、软体家具、藤编家具、竹编家具、钢木家具和其他人造材料制成的家具（例如玻璃家具、大理石家具等）。

（2）按功能可分为：客厅家具、卧室家具、餐厅家具、户外家具、书房家具、厨房家具（设备）和辅助家具等几类。

（3）按档次可分为：高档、中高档、中档、中低档、低档。档次的区分主要看价格。价格不是一成不变的，其实并没有一个具体的标准来准确划分，只要我们对产品熟悉了，自然会给产品进行定位。

（4）按产品产地可分为：进口家具和国产家具，也就是国际品牌和国内品牌。如北欧风情、达芬奇、芙莱莎、富克拉等属于国际品牌。但有些国际品牌也是在国内生产的，像英国品牌芝华仕沙发就是生产于深圳。目前国内家具最大的生产基地是广东，国内较为知名的品牌家具多产于深圳、东莞、广州、中山、顺德。但近几年浙江的家具也在迅速崛起，像大风范、国森、雄族等品牌也占据了一部分市场。北京曲美和标致最有代表性。其他向东北、四川、河北、山东也有些品牌家具，但占的比重比较小。

（5）从风格上可分为：现代家具、欧式古典家具、美式风格家具、中式古典家具（也就是红木家具）、韩式田园家具、欧式田园家具、儿童家具、青少年家具、田园铁艺家具、彩绘田园家具、田园饰品家具，还有近两年比较流行的新古典系列家具，等等。

接下来重点讲解一下不同风格的家具特点。

（1）新古典风格：是一种经过改良的古典主义风格。从简单到繁杂、从整体到局部，精雕细琢，镶花刻金都给人一丝不苟的印象。一方面保留了材质、色彩的大致风格，使人强烈地感受到传统的历史痕迹与浑厚的文化底蕴，同时又摒弃了过于复杂的肌理和装饰，简化了线条。无论是家具还是配饰均以其优雅、唯美的姿态，平和而富有内涵的气韵，描绘出居室主人高雅、贵族的身份。新古典风格效果如图 1-8 所示。

（2）中式风格：以宫廷建筑为代表的中国古典建筑的室内装饰设计艺术风格，气势恢弘、壮丽华贵，高空间、大进深，雕梁画栋、金碧辉煌，造型讲究对称，色彩讲究对比，装饰材料以木材为主，图案多龙、凤、龟、狮等，精雕细琢、瑰丽奇巧。中国传统的室内设计融合了庄重与优雅双重气质。中式风格效果如图 1-9 所示。

图 1-8

图 1-9

中式家具可以追溯到秦汉，历经唐、元、明、清时期，所以说中式家具有时可以称为古典家具。如明代家具有造型简练、以线为主、结构严谨、做工精细、装饰适度、繁简相宜、木材坚硬、纹理优美的特点。明代家具如图 1-10 所示。清代家具有造型浑厚、庄重；装饰上求多、求满、富贵、华丽的特点，如图 1-11 所示。

图 1-10

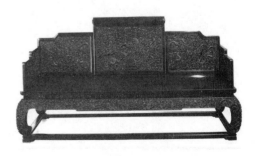

图 1-11

（3）现代风格：追求时尚与潮流，非常注重居室空间的布局与使用功能的完美结合。现代主义也称功能主义，是工业社会的产物，这种风格可分为几种流派，其中最具代表性的是高技派和风格派，如图1-12所示。

（4）儿童家具风格：专为儿童而设计和使用的家具，多彩的颜色和多种使用功能充分满足儿童好动的特点，一般集睡觉活动和学习于一体。A：实木儿童家具，在田园和乡村风格里有专门款式给儿童使用的。B：板式儿童家具，外形设计变化更多，更能彰显个性，满足了人们追求时尚和个性的要求，另外，板式儿童家具安装和拆卸都非常方便，如图1-13所示。C：其他材质儿童家具，包含藤编、竹编家具等，这一类使用较少。

图 1-12

图 1-13

（5）北欧风格家具：设计简约而不简单，摒弃了传统家具的繁复，使用功能多，直角的线和面勾画出一种简单的美。北欧家具一般都比较低矮，让人觉得更舒服。配饰也多以外国元素为主，灯光多为现代风格，布艺以深咖、深灰为主，材质上精挑细选，工艺上尽善尽美，回归自然，崇尚原木韵味，外加现代、实用、精美的设计风格，反映出现代都市人进入后现代社会的另一种思考方向。北欧风格家具效果如图1-14所示。

（6）东南亚风格：一种混搭的风格，不仅仅有印度、泰国、印尼等国家的风格体现，还融合了中国文化中的神秘感，就像是一个调色盘，把柔媚和雅致、精致和闲散、华丽和缥缈、绚烂和低调等情绪调成了一种沉醉色。效果如图1-15所示。

图 1-14

图 1-15

（7）欧式风格：多以深色为主，带有复杂的雕花，配以镶金描银和大理石，表现出一种欧洲上层社会的奢华生活。最显著的特点是家具上镶嵌宝石，款式厚重，框架为实木，表面多拼花木皮。餐椅也结合一些真皮的使用，沙发则完全使用真皮。墙壁多深色壁纸，装饰品多为油画、欧式灯、大花等。效果如图 1-16 所示。

（8）地中海风格：地中海是世界最大的陆间海，位于南欧、北非、西南亚之间。沿海拥有多样的风貌，如希腊岛屿村庄的蔚蓝海岸与白色沙滩，意大利、法国南部成片的向日葵和薰衣草花田，北非沙漠及岩石的天然景观。地中海风格的美反映在与大海、蓝天为伍，与光、大自然融合的特殊风情，它的基调是明亮、热烈和丰富的色彩，外加显著的民族性、地域性特色。地中海风格设计如图 1-17 所示。

图 1-16

图 1-17

（9）普罗旺斯风格："普罗旺斯"系列法式家具，灵感缘于古罗马帝国行省、薰衣草故乡、有"浪漫之城"之称的法国普罗旺斯，这个地方曾是画家保尔·塞尚的故乡，葡萄酒、历史城镇和文艺复兴风格建筑、阳光和蔚蓝的天空、迷人的地中海和让人心醉的薰衣草，使这里充满了艺术气息，令世人惊艳。"普罗旺斯"系列法式家具的设计采用古色古香的木色，抑或清新的法国古董白、细腻的彩绘、别致的花瓣雕刻、精美的拼花、圆润的曲线造型、法式的弯腿，每一处细节都由表及里地流露出法式家具的隽永质感，都在诠释法国闲适浪漫的田园生活。一直以来，普罗旺斯风格在设计师眼中属于法式休闲家具的标杆和样本，而在业主眼中，它则是营造浪漫休闲家居不可缺少的元素。效果如图 1-18 所示。

（10）巴洛克风格：这种艺术风格指自 17 世纪初至 18 世纪上半叶流行于欧洲的主要艺术风格。巴洛克风格虽然继承了文艺复兴时期确立起来的错觉主义再现传统，但却抛弃了单纯、和谐、稳重的古典风范，追求一种繁复夸张、富丽堂皇、气势宏大、富于动感的艺术境界。"巴洛克"成为独特的风格，是由于它在艺术精神和手法上，与盛期文艺复兴有明显的区别。如果文艺复兴可以归为古典主义，"巴洛克"则可以归为浪漫主义。效果如图 1-19 所示。

图 1-18

图 1-19

（11）洛可可风格：为法语"rococo"的音译，意思是此风格以岩石和蚌壳装饰为其特色，是巴洛克风格与中国装饰趣味结合起来的、运用多个 S 线组合的一种华丽雕琢的艺术样式。效果如图 1-20 所示。

（12）乡村风格：表达的是一种欧美质朴的乡村农村生活面貌，是一种田园牧歌的沉稳生活和豁达。主要特征是深色家具（类似咖啡的颜色），深色布艺，贴近生活的挂饰和动物造型装饰品，深色的鲜花和深绿色藤蔓，深色花纹的墙纸和深色的灯具。效果如图 1-21 所示。

图　1-20

图　1-21

（13）美式风格：美式风格很大气、古朴，富有质感，有做旧和使用的痕迹，对装修的"底色"要求很少，与其他式样的家具容易混搭，有历史感。涂抹的油漆也多为暗淡的亚光色。效果如图 1-22 所示。

图　1-22

1.5　制作之前的 Max 软件基本设置

上面介绍了家具设计的基础知识，接下来看一下家具模型制作之前的软件基本设置，这在以后的制作过程中非常重要。

在学习制作家具模型之前先对 3ds Max 软件进行了解和设置。首次安装打开 3ds Max 2016 软件时的初始界面如图 1-23 所示。Max 的初始界面可以分为几个区域，分别为菜单栏、工具栏、场景资源管理器、工作区域、命令面板。

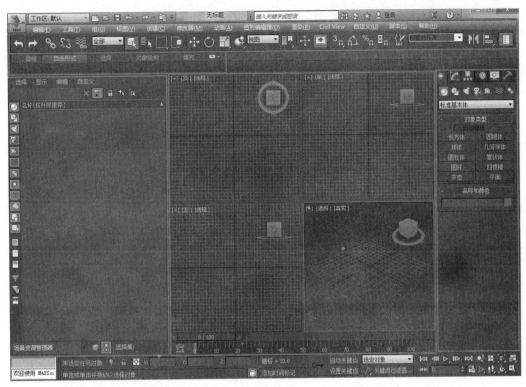

图　1-23

图 1-23 中左侧部分为 3ds Max 2016 版本新增加的场景文件管理区域，可以拖动上边框进行拖动关闭。

3ds Max 2016 默认的启动界面是黑色的，看上去虽然比较酷，但是为了录制视频的需要我们还是将界面颜色设置成之前的灰色。单击 自定义(U) 菜单，在下拉菜单中单击"加载自定义用户界面方案"命令，如图 1-24 所示，然后找到 3ds Max 的安装目录：Program Files\Autodesk\3ds Max 2016\zh-CN\UI，双击 ame-light 图标，此时 3ds Max 颜色发生了改变，在弹出的加载自定义用户界面方案对话框中单击"确定"，如图 1-25 所示，3ds Max 在下次启动时就默认为灰色界面了，如图 1-26 所示。

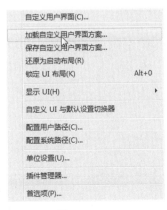

图　1-24

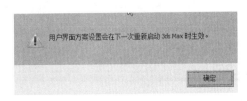

图　1-25

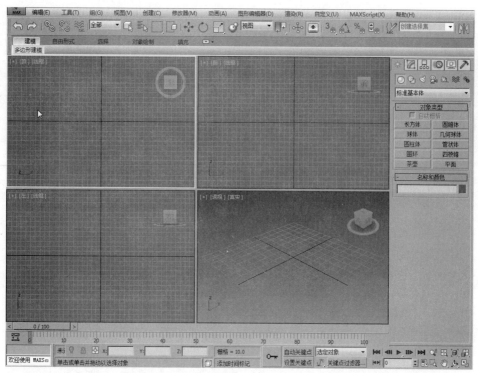

图 1-26

更改完界面之后来设置 ViewCube，该功能可以在各个视图中快速切换视图显示。如图 1-27 中的红色方框内的按钮。

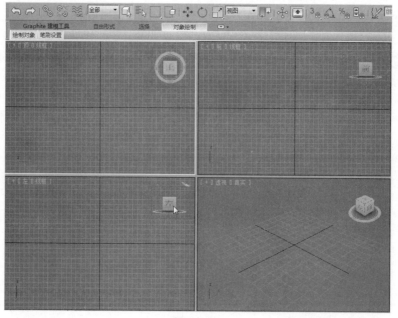

图 1-27

该功能笔者觉得虽然方便，但是在制作模型时会经常误点到它，所以此处建议修改一下其显示方式。在该四个按钮中的一个上右击，选择"配置"命令，在弹出的视口配置中选择

"仅在活动视图中"，"ViewCube 大小"选择"小"，"非活动不透明度"选择"25%"，如图 1-28 所示。设定好之后视图中就只有被激活的视图才显示该按钮。

设置完界面之后接下来设置常用的快捷键。本书中用到最多的就是多边形建模，该建模过程中经常用到模型的细分显示切换，但是该功能系统默认是没有快捷键的，所以这里需要手动设置一下。在"自定义"菜单中单击"自定义用户界面"命令，然后在弹出的自定义用户界面中选择"Editable Polygon Object"类别，找到"NURMS 切换（多边形）"选项，在右侧的"热键"区域中按下 Ctrl+Q 键，单击"指定"按钮，这样就设置了多边形的细分切换快捷键，如图 1-29 所示。

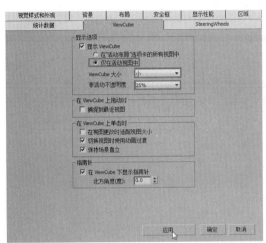

图　1-28

图　1-29

接下来看一下该如何使用。在视图中创建一个长方体模型，将长方体的分段数分别设置为 1，右击，在弹出的快捷菜单中依次选择"转换为"|"转换为可编辑的多边形物体"命令，按快捷键 Ctrl+Q 键，在弹出的参数面板中设置"迭代次数"值为 2，图 1-30 中左侧长方体是没有细分的效果，右侧是细分 2 级时的效果。

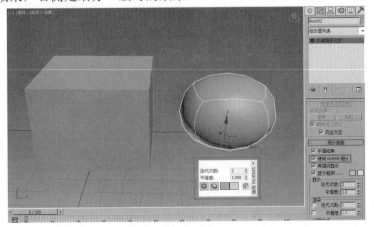

图　1-30

快捷键 Ctrl+Q 的作用效果其实也就是勾选了右侧的"迭代次数"开关，只是通过快捷键可以大大提高工作效率。

当模型场景文件较多时如果以边面显示快捷键为 F4，场景中所有模型均会以边面模式显示，这样非常占用系统资源。所以在必要的情况下只需所选物体以边面显示。那么该如何来设置呢？单击"自定义"菜单，选择"自定义用户界面"命令，在弹出的自定义用户界面中的"类别"下选择 Views，然后在下方找到"以边面模式显示选定对象"，在右侧的热键区域按快捷键 Shift+Ctrl+F4，单击"指定"按钮，这样就指定了 Shift+Ctrl+F4 键为选择物体以边面显示的快捷键，如图 1-31 所示。

图 1-31

当然除了该快捷键的设置方法之外，还可以单击视图中左上角的 真实+边面，依次选择 显示选定对象 以边面模式显示选定对象 同样能开启选择物体的边面显示效果。

在视图中创建一些不规则几何体模型，按快捷键 F4，效果如图 1-32 所示。

再次按 F4 键先关闭物体的边框显示，按设置的 Shift+Ctrl+F4 键，选择其中任意一个几何体，此时显示效果如图 1-33 所示。当然选定对象的边面模式显示也可以在视图中单击左上角的 真实 显示选定对象 以边面模式显示选定对象 来打开。

图 1-32

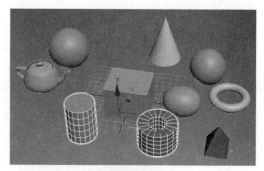

图 1-33

 注意

这样做的好处是在模型文件较多、非常复杂的场景下，想观察某个物体的布线效果，如果全部开启边面显示是非常消耗系统资源的，容易造成系统卡顿。通过开启选择物体的边面显示效果可以自显示选择物体的布线，其他物体可以不显示边面以节省系统资源。

1.6 多边形建模光滑硬边处理方法和小实例练习

单击 | | 墙矩形 按钮，在视图中创建一个如图 1-34 所示的墙矩形，右击图形，在弹出的快捷菜单中选择"转换为" | "转换为可编辑样条线"命令，将矩形转换为可编辑的样条线，单击 ![] 按钮进入修改面板，单击"修改器列表"右侧的小三角按钮，在修改器下拉列表中添加"挤出"修改器，设置数量值为 30，如图 1-35 所示。

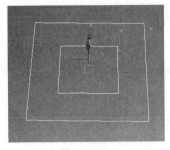

图 1-34

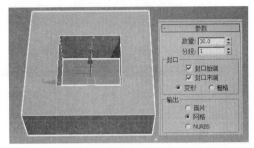

图 1-35

右击图形，在弹出的快捷菜单中选择"转换为" | "转换为可编辑多边形"命令，将模型转换为可编辑的多边形物体。按快捷键 Ctrl+Q 细分该模型，效果如图 1-36 所示。

再次按快捷键 Ctrl+Q 取消细分，按快捷键 1 进入点级别，分别选择四角对应的点，按快捷键 Ctrl+Shift+E 加线连接出线段，如图 1-37 所示。按快捷键 Ctrl+Q 细分该模型，效果如图 1-38 所示。

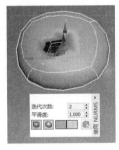

图 1-36

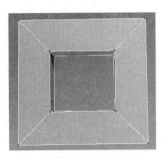

图 1-37

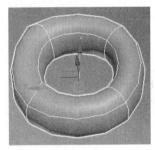

图 1-38

将该模型取消细分，向右复制 2 个模型，选择中间模型的一个边，如图 1-39 所示，单击 环形 按钮选择环形线段，按快捷键 Ctrl+Shift+E 加线，加线效果如图 1-40 所示。

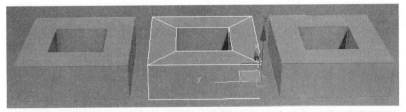

图 1-39

选择右侧模型的环形线段，右击，在弹出的快捷菜单中单击"连接"按钮前面的 ![] 图

15

标，在弹出的"连接"快捷参数面板中设置参数，调整线段偏移值向顶部靠拢，如图 1-41 所示。

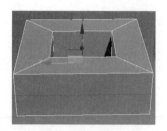

图 1-40

图 1-41

分别将底部模型细分，模型布线和细分效果对比如图 1-42 所示。

用同样的方法，在物体的内圈位置也做加线处理，为了便于区分，将加线的位置设置在不同位置，左侧模型不加线，中间模型加线的位置在高度上中间的位置，右侧模型加线的位置在顶部边缘位置，细分对比如图 1-43 所示。

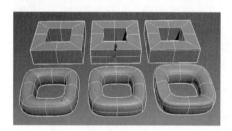

图 1-42

图 1-43

取消边面显示的细分效果对比如图 1-44 所示。

图 1-44

为了更加直观地理解多边形加线位置对模型细分后的营销效果，创建几个立方体，布线加线如图 1-45 所示，细分效果对比如图 1-46 所示。

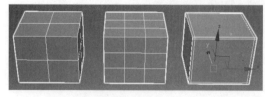

图 1-45

图 1-46

通过对比图大家应该明白一些光滑的棱角模型的制作方法了。那么接下来通过一个小实例来更加深入地学习一下。

小实例制作

（1）单击 ❄（创建）| ⏣（图形）| 多边形 按钮，在视图中创建一个多边形，将"边数"值设置为 3，切换到旋转工具，按下 A 键打开角度捕捉，旋转 90° 调整，如图 1-47 所示。右击图形，在弹出的快捷菜单中选择"转换为" | "转换为可编辑样条线"命令，将矩形转换为可编辑的样条线。按快捷键 2 进入边级别，选择 3 个边，单击 拆分 按钮在线段中间加点，如图 1-48 所示。

选择中间加的 3 个点，右击，在弹出的右键菜单中选择 bezier 点，用缩放工具向外缩放调整，如图 1-49 所示。然后选择 3 个角的点，右击，在弹出的右键菜单中选择 角点 ，如图 1-50 所示。

 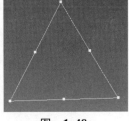 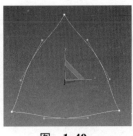 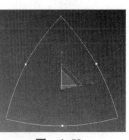

图 1-47　　　　　　图 1-48　　　　　　图 1-49　　　　　　图 1-50

单击 圆角 按钮将角点处理为圆角，如图 1-51 所示，在 - 插值 卷展栏中设置步数为 0，降低线段的细分程度，如图 1-52 所示。

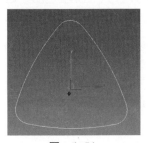 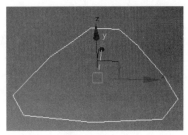

图 1-51　　　　　　　　　　　　图 1-52

（2）在修改器下拉列表中添加"挤出"修改器，挤出高度设置为 15，如图 1-53 所示，右击图形，在弹出的快捷菜单中选择"转换为" | "转换为可编辑多边形"命令，将模型转换为可编辑图形的多边形物体。选择右侧的一条边，如图 1-54 所示，按快捷键 Ctrl+Backspace 移除。

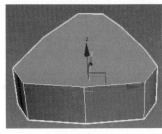 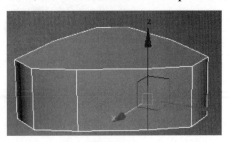

图 1-53　　　　　　　　　　　　图 1-54

选择对应的点按快捷键 Ctrl+Shift+E 连接出线段，如图 1-55 所示，同样的方法在纵向位置加线，如图 1-56 所示。

按 4 键选择底部面删除，单击 镜像按钮沿着 Y 轴镜像复制，如图 1-57 所示。

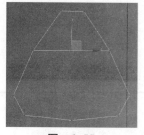

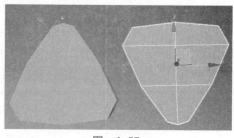

图 **1-55** 图 **1-56** 图 **1-57**

然后按住 Shift 键移动再次复制，调整好位置，如图 1-58 所示。单击 附加 按钮依次拾取复制的物体将其附加在一起。

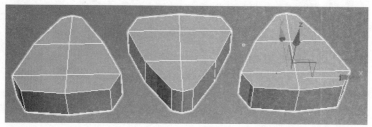

图 **1-58**

（3）按快捷键 2 进入边级别，选择物体之间底部对应的边，单击 桥 按钮生成面，如图 1-59 和图 1-60 所示。

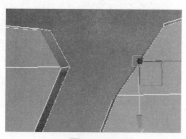
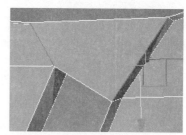

图 **1-59** 图 **1-60**

同样的方法将其他面桥接出来，如图 1-61 所示。

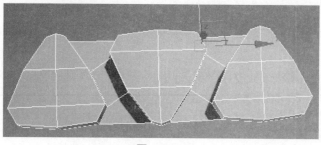

图 **1-61**

18

将该物体沿着 Y 轴镜像复制，如图 1-62 所示，然后桥接出对应的面，如图 1-63 所示。

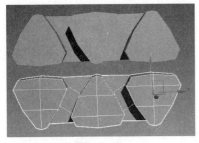

图 1-62

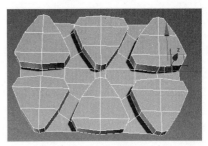

图 1-63

按快捷键 3 进入边界级别，选择底部边界，按住 Shift 键向外缩放挤出面，如图 1-64 所示。然后依次选择边缘的线段，用缩放工具将其缩放成笔直线段，如图 1-65 所示。

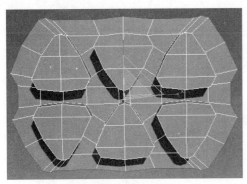

图 1-64

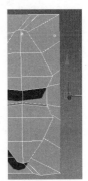

图 1-65

缩放调整后的整体效果如图 1-66 所示，然后单击 按钮进入修改面板，单击"修改器列表"右侧的小三角按钮，在修改器下拉列表中添加"对称"修改器，单击 对称 前面的"+"然后单击 镜像 进入镜像子级别，在视图中移动对称中心的位置，如果模型出现空白的情况，可以勾选"翻转"参数。对称效果如图 1-67 所示。

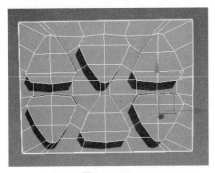

图 1-66

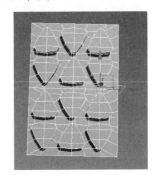

图 1-67

（4）移动点调整布线使其布线效果美观，然后选择底部边界线按住 Shift 键向下移动挤出面，如图 1-68 所示。按快捷键 Ctrl+Q 细分该模型，效果如图 1-69 所示。从图中观察可以发现，模型在细分后边缘光滑角度过大，失去了一些原有的形状。

切换到前视图，框选图 1-70 中的线段，右击，在弹出的快捷菜单中单击"连接"按钮前面的 图标，在弹出的"连接"快捷参数面板中设置参数，分别在顶部和底部位置加线，如图 1-71 所示。

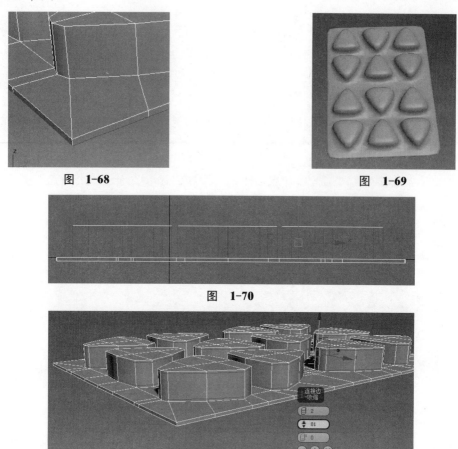

图 1-68

图 1-69

图 1-70

图 1-71

按快捷键 Ctrl+Q 细分该模型，效果如图 1-72 所示。边缘出现了很好的光滑的棱角效果。

图 1-72

通过本实例，我们又深入学习了多边形建模的一些小技巧和边缘棱角的表现方法，这对以后建模的掌握能起到至关重要的作用。只要了解了多边形建模的原理和处理方法，任何复杂的模型都可以通过该方法实现。

客厅家具设计

客厅类家具是家具设计中的重点，客厅的装修设计与家具的选择可以说占据了家装中非常重要的位置。人们讲究客厅家具的色调与居室装修协调，同时能体现主人的性情和爱好。客厅家具的设计应注重"以人为本"的功能需求，越来越多的群体认为家具应注重舒适实用性和美观性，随着人们审美观的不断变化，美观性的地位越来越占据重要位置，同时兼顾实用性、舒适性。

客厅家具的选择与布置上，多数年轻人会将目光流连于创意巧妙、明朗大方的现代主义作品上，喜欢在那种轻松的风格中寻找到属于自己的那一份梦想与感觉。因此，大多数青年风格的客厅家具不会出现烦琐臃肿的装饰，它们的色彩以中性为主，并搭配其他反差强烈、突出的亮丽色调，形成总体和谐、细节醒目的特色。而在造型上则大胆抛弃一切有碍于主体线条的结构，利用巧妙的结构与精密的细节处理来弥补因造型简洁而有可能带来的空洞感。另外，生活在城市中的人们更多地喜欢在家中添点自然气息，希望把紧张的工作压力分散在自由的环境中。

本章中我们主要从沙发、茶几、边几、角几、电视柜、墙边柜、鞋柜、花架、CD架、装饰柜等几个方面来讲解客厅类家具的设计与制作方法。

实例 01 沙发的制作

沙发目前已是家居当中必不可少的家具之一。在一天的劳累工作之后，回到家中躺在沙发上放松心情，看看电视、电影等就显得非常惬意。

沙发可以分为皮质沙发、布艺沙发、实木沙发和藤制沙发。皮质沙发和布艺沙发市场占有率比较高，实木沙发的比重越来越小。沙发风格可以分为中式沙发、欧式沙发、美式沙发、日式沙发。中式沙发中以实木沙发比重较多，强调冬暖夏凉，四季皆宜。欧式沙发的特点是富于现代风格，色彩比较清雅、线条简洁，适合大多数家庭选用。美式沙发主要强调舒适性，让人坐在其中感觉像被温柔地环抱住一般，但占地较多。日式沙发强调自然、朴素。

本实例就来学习制作现代组合沙发。

■ 设计思路

根据现代组合沙发中主要强调舒适性的特点来设计制作一组布艺沙发。根据场景的分析我们先来制作主沙发，最后制作茶几等模型。

技术要点

本实例沙发将实用性和美观性相结合，表现出沙发的设计特色。本节主要用到的技术要点如下。

- 创建长方体时参数中分段参数的控制。
- 多边形建模时加线的方法。
- 多边形建模时细分后物体边缘圆角的控制。
- 车削修改器的使用。
- 多维子材质的设置方法。
- 物体复制方法。

制作步骤

在制作之前，首先说明物体的创建注意事项：以长方体为例，要在视图中创建一个长方体，可以在顶视图中创建，当然也可以在前视图或者左视图或者是透视图中完成。长方体模型分别有长、宽、高参数，比如在前视图中创建一个长为 100cm、宽为 50cm 的长方体模型，我们习惯以横向代表模型的长度，但是在参数面板中会发现 100cm 是模型的宽度参数，而 50cm 变成了长度参数，如图 2-1 所示。

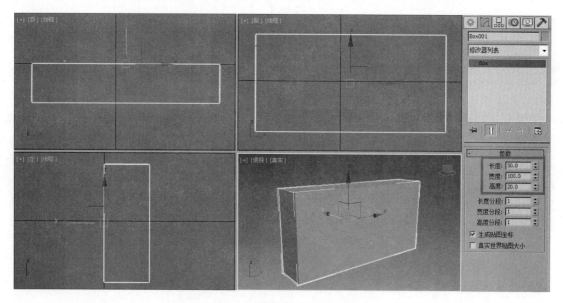

图　2-1

而当修改参数面板中的长度为 100cm、宽度为 50cm、高度为 20cm 时，模型的长度显示成了我们平时说的高度，如图 2-2 所示。

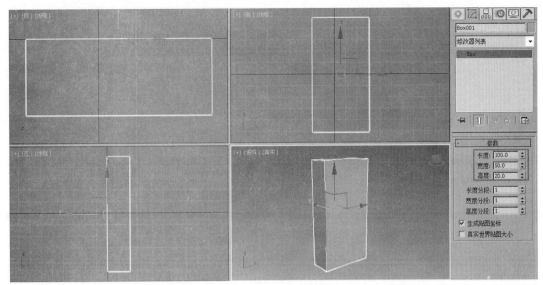

图　2-2

将该模型删除，并在透视图中创建一个长方体，参数中设置长、宽、高为 100cm、50cm、20cm，效果如图 2-3 所示。对比图 2-2 发现，在不同的视图中创建的长方体，在设置参数后的显示效果并不一样。另外需要注意的是，模型的长度在透视图中显示为 Y 轴方向，宽度显示为 X 轴方向，这和我们预想的也不太一样。

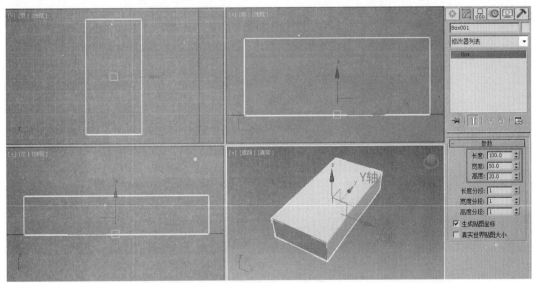

图　2-3

在后面的制作过程中要大量用到创建长方体或者其他物体，并要设置参数，有一些读者可能会非常不习惯。不过没关系，在设置时可以将宽度值作为长度来使用，长度值作为宽度来使用，也可以在创建模型时尽量在透视图中完成，然后调整一下自己比较习惯的视图方向即可。

在制作之前先设置系统单位。依次单击 自定义(U) 单位设置(U)... 按钮，在弹出的单位设置面板中单击公制下的小三角，选择"厘米"后单击"确定"按钮，如图 2-4 所示。

图 2-4

1. 基本框架和底座制作

（1）首先在透视图中创建一个长、宽、高为 80cm、240cm、250cm 的长方体模型，单击 ⟳ 按钮或者按快捷键 E 切换到旋转工具，按住 Shift 键沿着图 2-5 中黄色环形线旋转复制，在旋转时顶部可以实时显示旋转调整的角度。但是有一个问题，我们希望旋转 90°，可是在旋转时它的角度可以精确控制到两位小数，非常不容易控制，如图 2-6 所示。那么如何来精确控制角度呢，此时按下快捷键 A 打开角度捕捉，在旋转调整时它会以每 5°递增或递减进行角度调整，这样的话旋转 90°就非常容易控制了，如图 2-7 所示。此时松开鼠标左键会弹出一个复制的对话框，如图 2-8 所示。

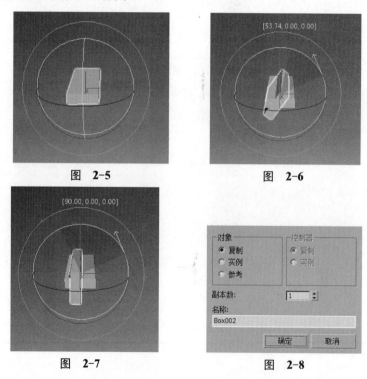

图 2-5　　　　　　　　　图 2-6

图 2-7　　　　　　　　　图 2-8

接下来详细讲解一下物体复制时参数中的 3 个选项的意义。在视图中创建一个茶壶模型，按住 Shift 键移动复制，在对象选项中选择"复制"，调整复制后的茶壶大小，如图 2-9 所示。

可以发现，调整复制后的物体参数，原物体不会跟着变化，反之调整原物体参数，复制后的物体也不会跟随变化。

图　2-9

如果在复制时选择"实例"方式进行复制，调整实例复制的物体参数时（比如这里将 壶嘴 壶盖 模型取消勾选），原物体也会跟随取消壶嘴和壶盖模型，如图 2-10 所示。反之调整原物体，实例复制的物体也会跟着变化。

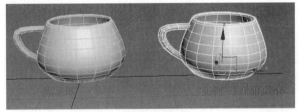

图　2-10

当以"参考"方式进行复制，调整物体参数时，原物体也会跟着变化。那么"实例"和"参考"两种复制方式不是一样吗？但是细致观察会发现修改器面板参数中它们还是有区别的，"复制"和"实例"方式复制的物体参数面板有参数可以进行参数调整，而"参考"复制的物体下没有参数，但在修改面板中物体名称的上方位置多了一个灰色框，如图 2-11 右图所示（左图为"复制"和"实例"方式复制的参数面板，右图为"参考"方式复制的物体面板）。

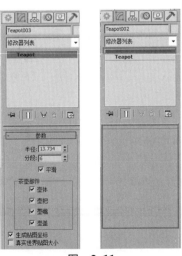

图　2-11

那么多出来的这个灰色框有什么作用呢？为了大家更容易理解，选择"参考"复制的物体在修改器下拉列表中添加"弯曲"修改器，调整弯曲角度如图 2-12 所示。从图中可以看出，当添加弯曲修改器调整参数后，"参考"复制的物体出现了弯曲变化，而原物体和"实例"方式复制的物体没有弯曲。

图　2-12

当鼠标在弯曲"Bend"修改器上按住向下拖动，使之拖放到灰色框下放时，原物体和"实例"方式复制的物体均出现了弯曲变化，如图 2-13 所示。

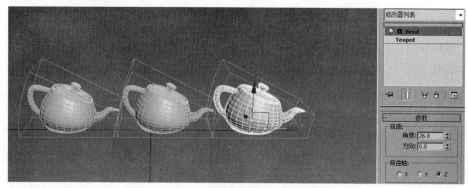

图　2-13

从图 2-12 和图 2-13 对比不难发现，它们的区别就在于灰色框上方和下方，当添加修改器命令在灰色框上方时，"参考"复制的物体命令是独立的，当添加修改器命令在灰色框下方时，"参考"复制的物体和原物体是关联在一起的，所以图 2-13 中的原物体才会跟随变化。而中间以"实例"方式复制的物体又和原物体是关联的，所以原物体的变化带动了"实例"方式复制的物体的变化。

（2）了解了复制物体的 3 种方式后，接下来继续复制、调整场景沙发模型。复制长方体模型，调整参数为 65cm、80cm、20cm，移动到左侧位置，如图 2-14 所示。

继续复制出其他物体，为了便于区别，给复制的物体换一种颜色，在修改器面板中单击颜色框 `Box004`，然后在弹出的颜色选择面板中选择一种青绿色，如图 2-15 所示。复制后的效果如图 2-16 所示。用同样的方法复制长方体模型，调整参数至图 2-17 的效果。

依次单击视图中左上角的"真实" `[+] [透视] [真实]` 文字，在弹出面板中选择 `显示选定对象` `以边面模式显示选定对象`，这样选择的物体会显示出边界线，没有选择的物体不会显示边界线。

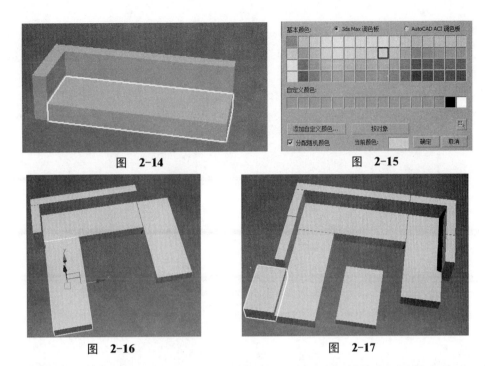

图 2-14　　　　　　　　　　　　　　　图 2-15

图 2-16　　　　　　　　　　　　　　　图 2-17

（3）右击模型，在弹出的快捷菜单中选择"转换为"｜"转换为可编辑多边形"命令，将模型转换为可编辑的多边形物体。

多边形物体的编辑调整是本书中重点讲解的建模方法。多边形物体是由点、线、边界、面、元素组成的物体，可以通过移动、旋转、缩放工具调整点、线、边界、面、元素形状。3ds Max 多边形建模方法比较容易理解，非常适合初学者以及进阶者学习，并且在建模的过程中用户有更多的想象空间和可修改余地。

那么物体如何转换为多边形物体呢？第一种方法可以在修改面板下拉列表中选择 <u>编辑多边形</u> 添加多边形编辑命令；第二种方法是右击物体，选择"转换为"｜"转换为可编辑多边形"命令来实现。多边形有 5 个级别 ⋯ ◁ ⦿ ▢ ⬡ ，分别对应的是顶点、边、边界、多边形、元素，展开"可编辑多边形"前面的"+"可以看到它们的级别，如图 2-18 所示。

多边形的 5 个级别分别对应的快捷键为 1、2、3、4、5，可以直接按对应的数字进入相对应的级别。按快捷键 1 进入顶点级别，可以选择点移动调整，如图 2-19 所示。在"边"级别下可以选择边移动缩放调整，如图 2-20 所示。

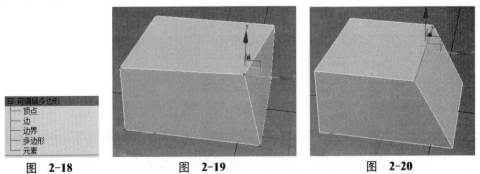

图 2-18　　　　　　　　图 2-19　　　　　　　　图 2-20

按快捷键 4 进入多边形级别，选择图 2-21 中的面，按 Delete 键删除，然后按快捷键 3

选择边界可以进行移动缩放调整，如图 2-22 所示。选择边界线也可以按住 Shift 键配合缩放和移动工具缩放挤出面或者移动挤出面调整，如图 2-23 所示。按快捷键 5 进入元素级别，可以选择不同的元素进行相应的操作，如图 2-24 所示。

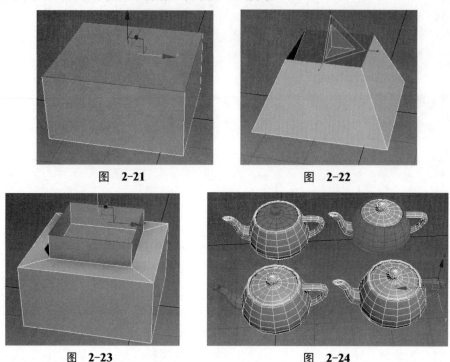

图　2-21　　　　　　　　　　　　　　图　2-22

图　2-23　　　　　　　　　　　　图　2-24

除此之外，多边形每个级别下都有不同的参数和工具，这些参数和工具在后面的实例中会逐一给大家讲解。自 2010 版本之后，Max 软件加入了更加强大的石墨建模工具，石墨建模工具位于工具栏的下方，如图 2-25 所示。

图　2-25

石墨建模工具有分别对应的参数工具面板，如图 2-26～图 2-28 所示。但要注意的是，石墨建模工具只针对多边形建模有效。

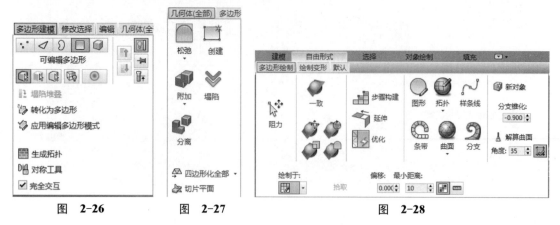

图　2-26　　　　　图　2-27　　　　　　　　图　2-28

简单学习了多边形建模工具以后，继续学习制作沙发模型。

按快捷键 4 进入边级别，在边级别下框选图 2-29 中的线段，按快捷键 Ctrl+Shift+E 加线，如图 2-30 所示。也可以单击 连接 按钮后面的 □ 图标，此时会弹出连接的参数面板，如图 2-31 所示。"连接"参数面板中有 3 个参数，第一个是连接线段的个数，可以通过单击上下小三角来增加数值或减少数值，也可以直接输入要连接加线的个数，这里暂时设置为 2，如图 2-32 所示。

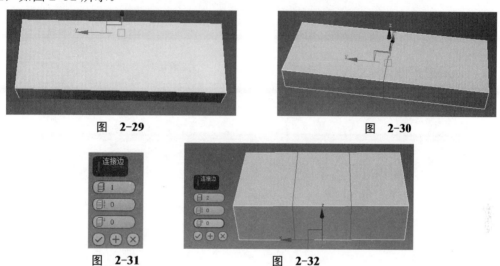

图 2-29

图 2-30

图 2-31

图 2-32

第二个参数是控制所加线段的两边偏移量，如图 2-33 所示。第三个参数是控制线段的单个方向偏移量，如图 2-34 所示。当然也可以同时调整这两个值达到需要加线的位置，如图 2-35 所示。了解了这几个参数的意义后，将线条调整至图 2-36 所示效果。

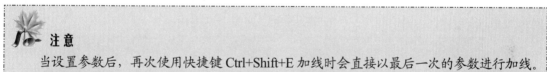

注意

当设置参数后，再次使用快捷键 Ctrl+Shift+E 加线时会直接以最后一次的参数进行加线。

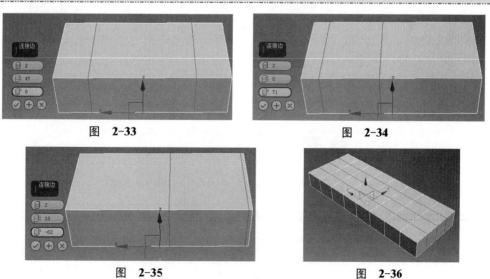

图 2-33

图 2-34

图 2-35

图 2-36

选择图 2-37 中的线段，单击 环形 按钮快速选择整个环形线段，如图 2-38 所示。按快捷键 Ctrl+Q 细分该模型，效果如图 2-39 所示。

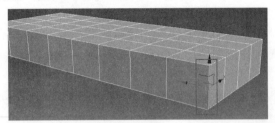

图　2-37

图　2-38

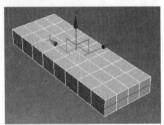

图　2-39

接下来要用到"倒角"工具，我们先来学习一下"倒角"参数。为了便于理解，在视图中创建一个球体并转换为可编辑多边形物体，选择几个面后单击 倒角 按钮后面的□图标，会弹出"倒角"快捷参数面板。首先来看参数设置，第一个数值参数是控制面的挤出高度，第二个数值参数是控制面的缩放效果，这两个参数比较容易理解。最上方有个小三角形状的图标是控制面的倒角挤出方式，默认是以"组"的方式进行挤出倒角，也就是说挤出的面是个组，挤出的方向均为一个方向，如图 2-40 所示。单击小三角选择第二种方式，该方式是以"局部"法线的方式进行挤出，它会以原有面的方向整体向外挤出，如图 2-41 所示。第三种方式是按"多边形"方向挤出面，它会以原有面的方向各自独立挤出面，如图 2-42 所示。

图　2-40

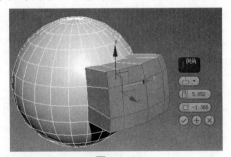

图　2-41

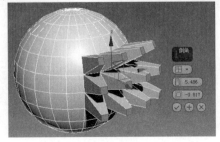

图　2-42

回到沙发场景中，选择上下段所有的面，单击 倒角 按钮后面的 ▣ 图标，在弹出的"倒角"快捷参数面板中设置倒角参数。先以"组"的方式向上挤出面，如图 2-43 所示，单击"+"再将挤出高度值设置为 0，调整收缩值的大小向内收缩面挤出，如图 2-44 所示。挤出面调整后选择图 2-45 中边缘的所有面。

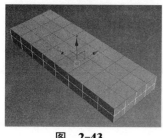
图 2-43

图 2-44

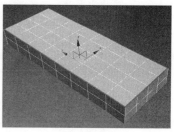
图 2-45

如果一个面一个面选择有点太浪费时间，可以先选择一个线段，如图 2-46 所示，然后单击 环形 按钮快速选择环形线段，如图 2-47 中红色线框位置的线段。

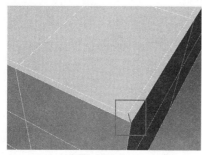

图 2-46

图 2-47

右击线段，在弹出的右键菜单中选择"转换到面"，如图 2-48 所示，这样就把选择的线段转换为面，快速选择了图 2-45 中的面。单击 倒角 按钮后面的 ▣ 图标，在弹出的"倒角"快捷参数面板中设置倒角参数将面向上倒角挤出，如图 2-49 所示。

图 2-48

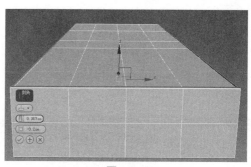
图 2-49

选择中间部分所有面，同样用倒角工具适当向上倒角挤出，如图 2-50 所示。按快捷键 Ctrl+Q 细分该模型，效果如图 2-51 所示。

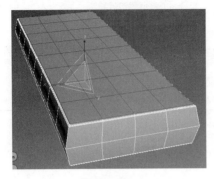

图 2-50

图 2-51

模型细分后，四角圆角值过大，需要调整。分别在模型的前后左右边缘位置加线，如图 2-52 和图 2-53 所示。再次细分后的效果如图 2-54 所示。圆角值得到了约束。

单击 按钮进入修改面板，单击"修改器列表"右侧的小三角按钮，在修改器下拉列表中添加"噪波"修改器，调整噪波参数如图 2-55 所示。添加"噪波"修改器的作用是适当调整模型面的凹凸变化效果，如图 2-56 所示。右击模型，在弹出的快捷菜单中选择"转换为"｜"转换为可编辑多边形"命令，将模型转换为可编辑的多边形物体，再次细分效果如图 2-57 所示。

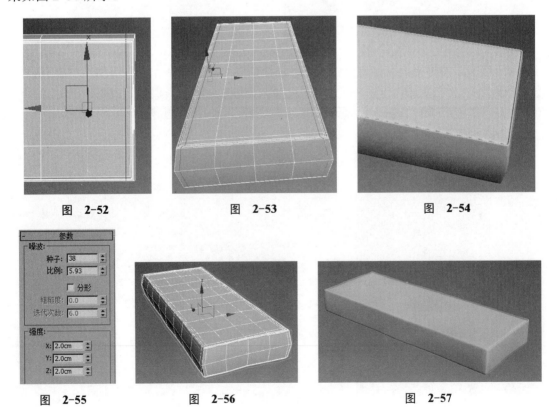

图 2-52   图 2-53   图 2-54

图 2-55   图 2-56   图 2-57

2. 靠背模型制作

（1）右击模型选择"全部取消隐藏"命令将隐藏的模型显示出来，单击 附加 按钮拾取沙发靠背模型，将其附加为一个物体，先在图 2-58 中的位置加线，然后按快捷键 4 进入面级别，选择长方体相邻中的面删除，注意两面都要删除，如图 2-59 所示。

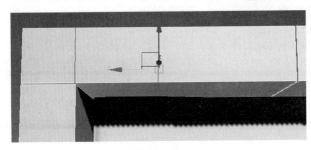

图 2-58   图 2-59

框选图 2-60 中的点，单击 焊接 后面的 □ 按钮，增大焊接距离值，将点焊接起来，如图 2-61 所示。然后选择斜对角的点，按快捷键 Ctrl+Shift+E 连接出两点之间的线段，如图 2-62 所示。

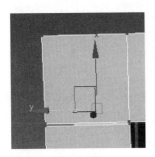
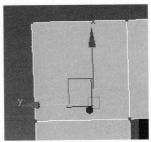
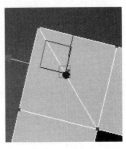

图 2-60   图 2-61   图 2-62

选择图 2-63 中的线段，按快捷键 Ctrl+Backspace 移除线段，移除后的效果如图 2-64 所示。在模型高度上加线调整，如图 2-65 所示。

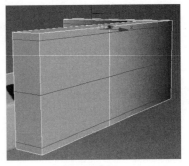

图 2-63   图 2-64   图 2-65

在两端的位置也分别加线，如图 2-66 所示。然后选择拐角位置的线段，单击 挤出 按钮后面的 □ 图标，在弹出的"挤出"快捷参数面板中设置挤出值，第一个参数是设置凸起或者凹陷的深度，第二个参数是设置线段向两边挤出的宽度，如图 2-67 所示。为了使模型细分后该位置的凹陷效果更明显，可以将挤出的线段再次切角，细分后效果如图 2-68 所示。

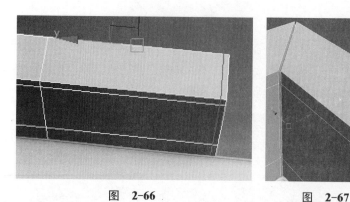

图 2-66   图 2-67   图 2-68

（2）在图 2-69 中的位置继续加线调整，然后单击 切角 按钮后面的 ⬚ 图标，在弹出的 "切角"快捷参数面板中设置切角的值将线段切角，如图 2-70 所示。

图 2-69   图 2-70

选择切角内的面用"倒角"工具向内挤出面并调整，如图 2-71 所示，按快捷键 Ctrl+Q 细分该模型，效果如图 2-72 所示。

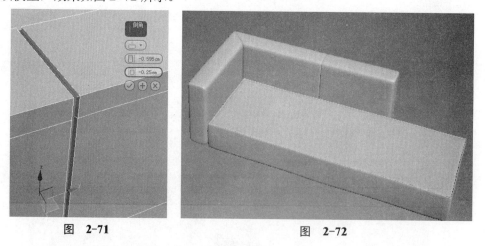

图 2-71   图 2-72

（3）制作边沿细节。选择靠背一侧的面，用倒角工具将面向内挤出，如图 2-73 所示，然后选择一周边缘位置的面，用倒角工具先向内挤出倒角后单击"+"按钮，再次设置倒角值再向外挤出，如图 2-74 和图 2-75 所示。细分后效果如图 2-76 所示。

（4）制作好一侧细节后，另外一侧的细节部分可以直接由另一侧的部分复制调整出来。首先在另一侧的中间位置加线，如图 2-77 所示，用缩放工具将所加线段缩放在一个平面内，如图 2-78 所示。

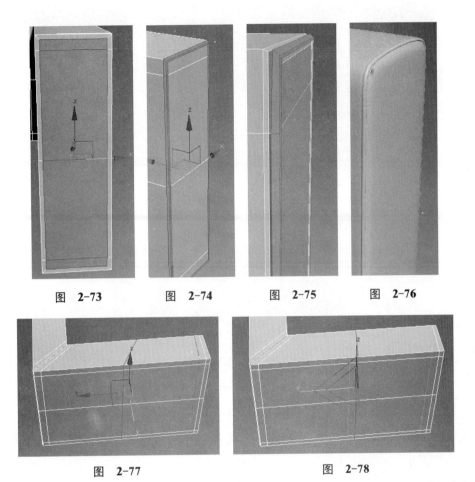

图 2-73   图 2-74   图 2-75   图 2-76

图 2-77   图 2-78

（5）选择图 2-79 中右侧的面，按住 Shift 键移动复制，此时会弹出一个对话框，如图 2-80 所示。"克隆到对象"是将复制的面独立为一个单独的对象，"克隆到元素"是将复制的面和原有物体保持一个整体。这里选择"克隆到元素"并单击"确定"按钮，旋转调整复制的面，删除另一侧相对应的面，如图 2-81 所示。将复制出的面移动到删除面中的位置后，框选中间的点，单击"焊接"按钮将点焊接起来，如图 2-82 所示。

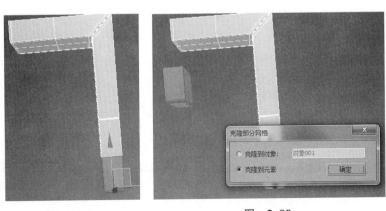

图 2-79   图 2-80

35

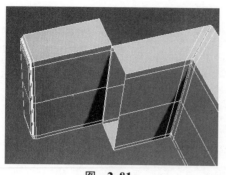
图 2-81

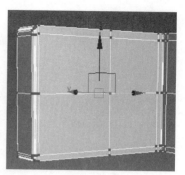
图 2-82

按快捷键 Ctrl+Q 细分该模型，效果如图 2-83 所示。

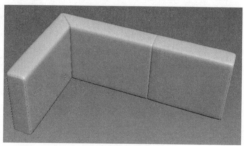
图 2-83

（6）调整好一个模型的细节后，复制该模型到图 2-84 中的位置，删除黄色长方体模型，然后调整复制的模型大小，如图 2-85 所示。

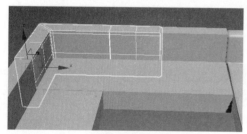
图 2-84

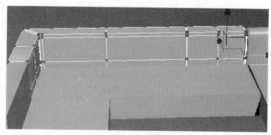
图 2-85

选择右侧部分面按住 Shift 键移动复制，此时选择"克隆到对象"，如图 2-86 所示，调整好位置和颜色后在修改器下拉列表下添加"对称"修改器对称复制调整出另一半模型，如图 2-87 所示。

图 2-86

图 2-87

3．底座和其他靠背模型的复制调整

（1）删除开始创建的坐垫底部长方体模型，选择右侧创建好的坐垫模型复制并调整，如图 2-88 所示。然后将该物体再次向上复制调整厚度，添加"噪波"修改器，设置噪波值后的效果如图 2-89 所示。

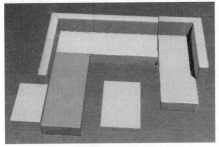
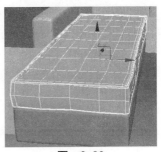

图　2-88　　　　　　　　　　　图　2-89

按快捷键 2 进入边级别，选择图 2-90 中的线段用"挤出"工具将线段向内挤出调整。注意在挤出后选择图 2-91 中的点，单击"目标焊接"按钮在点上单击拖放到另一个点上再次单击完成焊接，如图 2-91 所示。

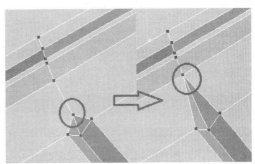

图　2-90　　　　　　　　　　　图　2-91

细分模型后效果如图 2-92 所示，两端效果不是很理想，在凹槽位置继续加线调整，如图 2-93 所示。再次细分后的效果如图 2-94 所示。

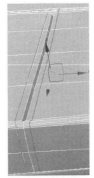

图　2-92　　　　　　　　　　　图　2-93

（2）复制调整其他坐垫模型。在调整时，如果坐垫模型不需要凹槽纹理，可以选择凹痕位置的线段按快捷键 Ctrl+Backspace 将凹痕位置线段移除，然后调整坐垫大小。复制调整后的效果如图 2-95 所示。

同样的方法复制调整图 2-96 中红色圆框中的物体。

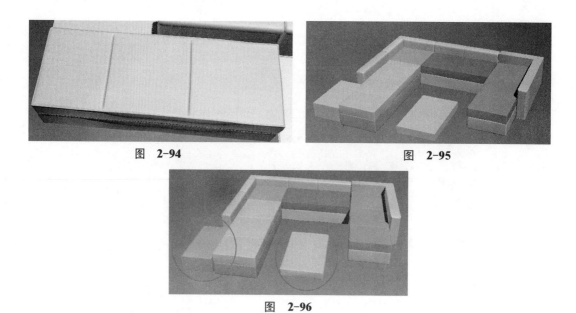

图 2-94   图 2-95

图 2-96

4．靠垫模型制作

（1）创建一个长、宽、高为 30cm、80cm、10cm 的长方体，长度分段为 3，宽度分段为 4，高度分段为 2，如图 2-97 所示。右击模型，在弹出的快捷菜单中选择"转换为"｜"转换为可编辑多边形"命令，将模型转换为可编辑的多边形物体。在图 2-98 所示的位置分别加线。

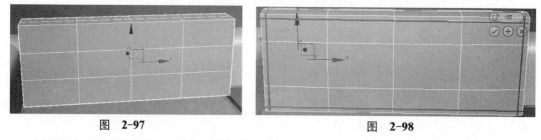

图 2-97   图 2-98

选择图 2-99 中的面先向内挤出再向外倒角挤出。同样的方法将中间的面也做倒角处理，如图 2-100 所示。

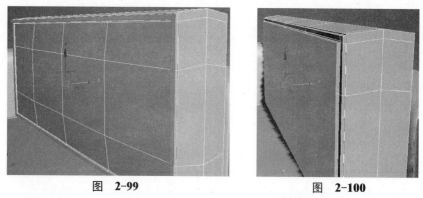

图 2-99   图 2-100

选择一半的点删除，如图 2-101 所示，利用调整点的位置来调整模型形状，使边缘有一定的高低起伏变化效果，如图 2-102 所示。

 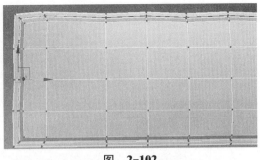

图 2-101   图 2-102

单击 按钮进入修改面板，单击"修改器列表"右侧的小三角按钮，在修改器下拉列表中添加"对称"修改器，单击 对称 前面的"+"然后单击 镜像 进入镜像子级别，在视图中移动对称中心的位置，如果模型出现空白的情况，可以勾选"翻转"参数。对称后效果如图 2-103 所示，将该模型塌陷为多边形物体后效果如图 2-104 所示。

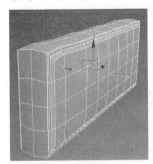 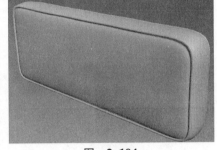

图 2-103   图 2-104

（2）选择图 2-105 中的面，先向内再向外倒角挤出，同样的方法将下方位置的面做同样的倒角设置，细分后效果如图 2-106 所示。

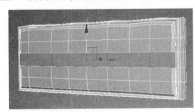 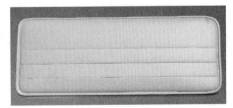

图 2-105   图 2-106

在图 2-107 中的位置加线，然后选择图 2-108 中的面，在修改器面板参数中设置 ID 为 2，如图 2-108 所示。

 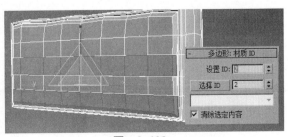

图 2-107   图 2-108

按 Ctrl+I 键反选面，设置 ID 为 1，如图 2-109 所示。

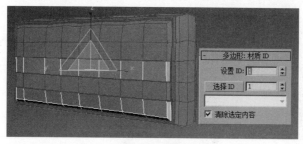

图　2-109

按快捷键 M 打开材质编辑器，在左侧材质类型中单击"多维/子对象"并拖动到右侧材质视图区域，如图 2-110 所示。双击材质面板，在右侧的参数中单击 删除 按钮，删除多余材质球，只保留两个材质即可，如图 2-111 所示。

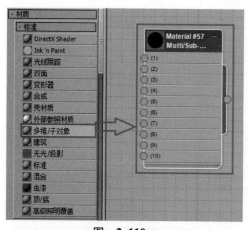

图　2-110

图　2-111

单击材质 2 中的 无 按钮，在弹出的材质/贴图浏览器中选择"标准"材质，然后单击漫反射右侧颜色框，选择一个深灰色颜色，单击材质 1 中的 无 按钮，在弹出的材质/贴图浏览器中选择"标准"材质，然后单击漫反射右侧颜色框，选择一个浅灰色颜色，如图 2-112 所示。

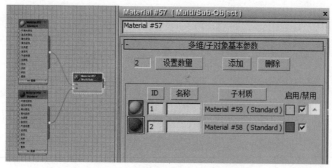

图　2-112

单击▦视口显示明暗处理材质，单击▦按钮将设置好的材质赋予靠背模型，效果如图 2-113 所示。

图　2-113

复制调整靠背模型如图 2-114 所示。

图　2-114

5．抱枕模型制作

（1）抱枕模型制作。在视图中创建一个长方体模型并转换为可编辑多边形物体，选择厚度上的环形线段用缩放工具向外适当缩放调整，如图 2-115 所示。然后用"切角"工具将线段切角，选择中心位置的面向前方移动调整使中间部位鼓起，如图 2-116 所示。

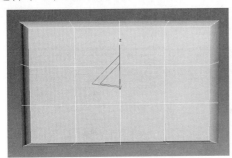

图　2-115

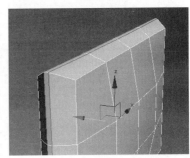

图　2-116

选择切线位置中间的面，以"局部法线"方向向四周挤出倒角，如图 2-117 所示。然后分别在模型上下左右边缘位置加线，加线后选择图 2-118 中的点，单击 焊接 后面的 □ 按钮，适当增大焊接距离值将点焊接起来，如图 2-119 所示，然后选择拐角位置线段按快捷键 Ctrl+Backspace 移除所选线段，如图 2-120 所示。使用同样的方法将其他角的线段做处理。

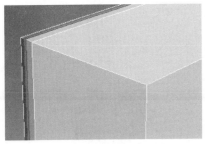

图　2-117

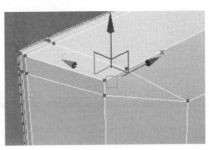

图　2-118

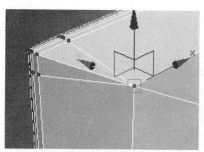

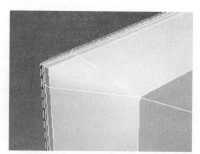

图 2-119　　　　　　　　　　　图 2-120

按快捷键 Ctrl+Q 细分该模型，效果如图 2-121 所示，然后调整点，控制抱枕形状，如图 2-122 所示。

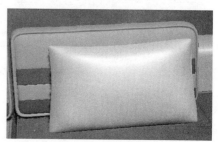

图 2-121　　　　　　　　　　　图 2-122

（2）选择图 2-123 中沙发上的点，用移动和旋转工具向上调整，在弯角的位置加线，如图 2-124 所示。调整弯角位置的线段，调整出褶皱效果，如图 2-125 所示，调整好的褶皱细分效果如图 2-126 所示。

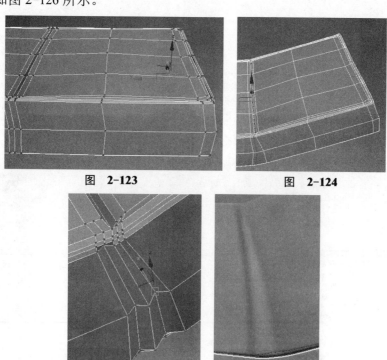

图 2-123　　　　　　　　　　　图 2-124

图 2-125　　　　　　　　　　　图 2-126

（3）复制并调整靠垫模型形状，使之有一定的随机变化效果，整体效果如图 2-127 所示。

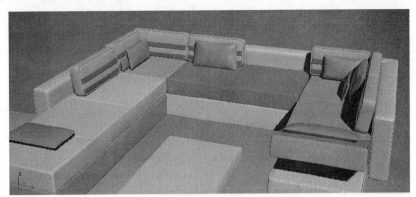

图 2-127

6．茶几模型制作

（1）选择茶几模型，适当加线后选择图 2-128 中的线段，单击 挤出 按钮后面的 ▢ 图标，在弹出的"挤出"快捷参数面板中设置挤出值，如图 2-129 所示。

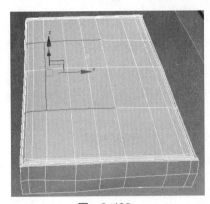 

图 2-128   图 2-129

右击模型，在弹出的右键菜单中选择"剪切"命令，加线调整模型布线，过程如图 2-130～图 2-132 所示。

 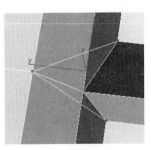 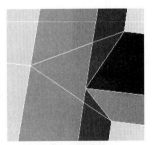

图 2-130   图 2-131   图 2-132

（2）删除右侧一半模型，在修改器下拉列表中添加"对称"修改器，对称出另一半后将模型塌陷，细分后效果如图 2-133 所示。然后创建长方体模型制作出如图 2-134 所示的形状模型，选择边缘位置的边，单击"切角"按钮将线段切角，如图 2-135 所示。

图 2-133　　　　　图 2-134　　　　　图 2-135

茶几整体效果如图 2-136 所示。

图 2-136

7．支架制作

（1）制作支架。单击 ■（创建）|　■（图形）|　　线　　按钮，在视图中创建如图 2-137 所示的样条线，在渲染卷展栏下勾选 ☑ 在渲染中启用　☑ 在视口中启用，设置厚度为 3，边数为 12，如图 2-138 所示。

图 2-137　　　　　图 2-138

（2）在底部位置创建一个圆柱体并转换为可编辑的多边形物体，如图 2-139 所示，然后选择图 2-140 中的线段向内挤出，选择挤出边缘的线段切角设置，如图 2-141 所示。

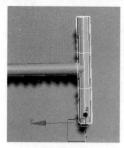

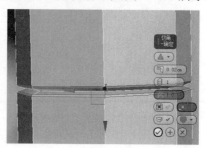

图 2-139　　　　图 2-140　　　　图 2-141

（3）选择一端的面删除，如图 2-142 所示，按快捷键 3 进入边界级别，选择边界线按住 Shift 键配合缩放和移动工具挤出面，调整如图 2-143 和图 2-144 所示。然后单击 封口 按钮将开口封闭起来，右击选择剪切工具加线，如图 2-145 所示。

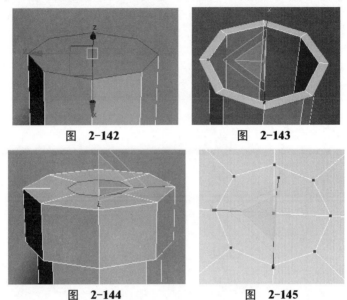

图 2-142   图 2-143

图 2-144   图 2-145

在图 2-146 中的位置加线，然后选择面向外倒角挤出，如图 2-147 所示。

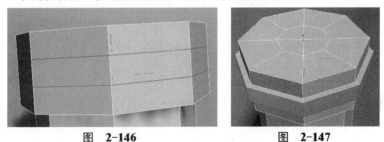

图 2-146   图 2-147

删除另一半模型，添加"对称"修改器将制作好细节的一半模型对称出来，然后在边缘位置加线，将拐角处的线段切角设置，如图 2-148 所示，细分后的效果如图 2-149 所示。

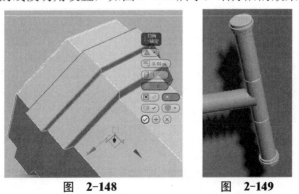

图 2-148   图 2-149

（4）制作滚轮模型。创建一个边数为 8、端面分段为 2 的圆柱体，如图 2-150 所示。选择一端内侧环形线段用缩放工具向外缩放，如图 2-151 所示。

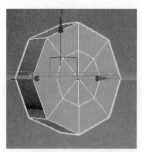 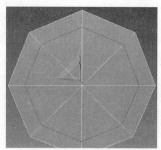

图　2-150　　　　　　　　　图　2-151

分别加线调整环形线段的位置调整出如图 2-152 所示形状，然后选择另一侧的面单击"倒角"按钮向内倒角挤出，如图 2-153 所示。

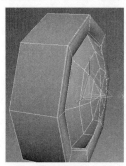 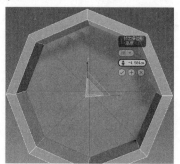

图　2-152　　　　　　　　　图　2-153

将边缘位置的线段切角，如图 2-154 所示，细分后的效果如图 2-155 所示。

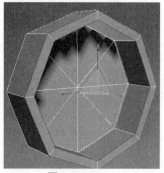 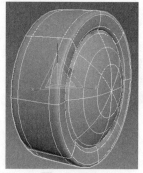

图　2-154　　　　　　　　　图　2-155

（5）单击 按钮镜像复制出另一半，如图 2-156 所示。然后在外侧位置创建一个圆环物体，如图 2-157 所示。

图　2-156　　　　　　　　　图　2-157

右击模型，在弹出的快捷菜单中选择"转换为"｜"转换为可编辑多边形"命令，将模型转换为可编辑的多边形物体。删除部分面，如图 2-158 所示。按快捷键 3 选择两个开口边界线，单击 封口 按钮将开口封闭起来，然后加线，如图 2-159 所示。

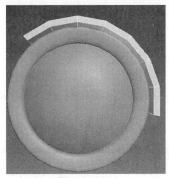
图 2-158

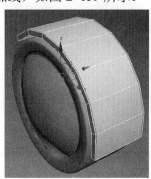
图 2-159

（6）在滚轮顶部位置创建一个圆柱体，如图 2-160 所示，将滚轮模型所有模型附加在一起，细分后的效果如图 2-161 所示。

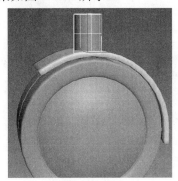
图 2-160

图 2-161

（7）将创建好的滚轮模型复制调整，如图 2-162 所示，然后在图 2-163 中的位置创建圆柱体模型作为玻璃桌面物体。

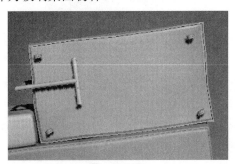
图 2-162

图 2-163

8．酒杯模型制作

（1）接下来利用样条线创建一个酒杯模型。首先来学习样条线的创建方法。单击 （创建）｜ （图形）｜ 线 按钮，在视图中通过单击或者单击拖动的方法可以创建样条线。通过单击的方法创建的点都是角点方式不带平滑效果，通过单击并拖动的方式创建的样条线带平滑效果，如图 2-164 所示。

47

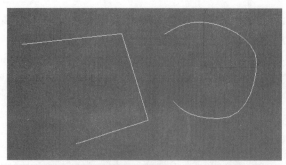

图 2-164

单击 按钮进入修改面板，展开样条线前面的"+"可以进入样条线的顶点、线段、样条线级别，它们对应的快捷键是 1、2、3，然后选择点或者线段、整个样条线进行对应的修改调整。按快捷键 1 进入点级别，选择一个点并右击，在弹出的右键菜单中可以设置点的模式，样条线中的点分为 Bezier 角点、Bezier 点、角点和平滑 4 种方式。接下来分别介绍这 4 种方式有何区别。选择其中一个点设置为 Bezier 点，可以看到 Bezier 点有两个手柄，拖动手柄可以调整样条线的平滑曲线，调整任意一个手柄另一端的手柄也会跟随变化，如图 2-165 和图 2-166 所示。

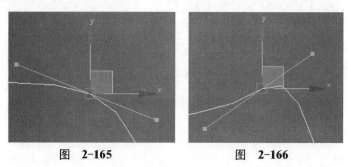

图 2-165   图 2-166

选择点并右击，在右键菜单中设置为 Bezier 角点方式，Bezier 角点也有两个手柄，但是它和 Bezier 点的区别就在于两个手柄可以分别单独控制调整，如图 2-167 所示。当设置为角点时效果如图 2-168 所示，角点没有可控手柄，创建的点是一个拐角。

当设置为圆点时的效果如图 2-169 所示。圆点也没有可控的手柄，但是创建的线段是自动带有平滑效果的。

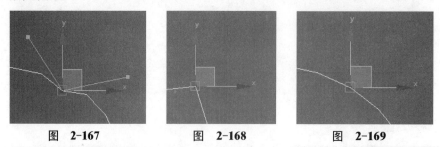

图 2-167   图 2-168   图 2-169

（2）了解了几种点的方式后，在视图中创建一个如图 2-170 所示的样条线，然后按快捷键 3 进入"样条线"级别，选择整个样条线，单击 轮廓 按钮在样条线上单击并拖动鼠标挤出轮廓，如图 2-171 所示。

| 图 2-170 | 图 2-171 |

（3）按快捷键 2 进入线段级别，删除底部内侧的线段，如图 2-172 所示。然后在修改器下拉列表中添加"车削"修改器，设置旋转轴，然后单击"车削"前面的"+"进入"轴"子级别，移动调整轴心位置，车削后的效果如图 2-173 所示。

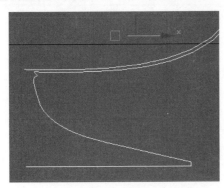 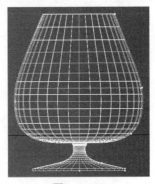

| 图 2-172 | 图 2-173 |

在车削修改参数面板中可以勾选 ☑ 焊接内核 使中心位置焊接得更加严密，为提高模型精度，分段数设置为 36，在调整时可以回到 ⊞ Line 的各个子级别调整样条线形状，调整的样条线的形状会直接影响"车削"命令后的模型，如图 2-174 和图 2-175 所示。

| 图 2-174 | 图 2-175 |

按快捷键 M 打开材质编辑器，在左侧材质类型中单击标准材质并拖拉到右侧材质视图区域，双击材质面板中任意参数选项，在右侧"不透明度"参数中设置不透明度值为 20，如图 2-176 所示。选择场景中的酒杯物体，单击 按钮将标准材质赋予所选择物体，最后的整体效果如图 2-177 所示。

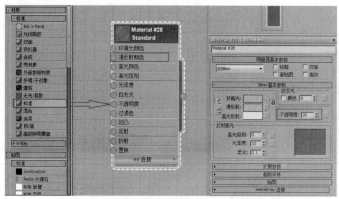

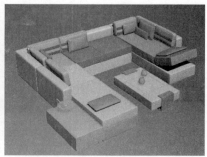

图 2-176　　　　　　　　　　　　　图 2-177

可以将制作好的沙发组合模型放置在一个室内环境中并设置灯光和材质，最后的白模渲染效果如图 2-178 所示。

图 2-178

➥ **本实例小结：** 通过对本实例的学习，要重点掌握多边形建模下各个级别的意义以及样条线下各个级别的使用方法，同时还要掌握"车削"修改器命令和多维子材质的简单设置。除此之外还学习了物体复制时几种不同类型的区别，不过用得最多的还是"复制"和"实例"这两种复制方法。

实例 02　茶几的制作

茶几按形状通常可以分为方形和矩形两种，一般用来放杯盘茶具等。

设计思路

本实例中制作的茶几为欧式风格的一种，主要强调茶几腿部曲线来达到美化的效果。

技术要点

本实例的茶几，从风格来看将实用性和美观性相结合，表现出欧式风格的美感。本实例主要用到的技术要点如下：

- 创建长方体时参数中分段参数的控制。
- 边界级别下面的连续挤出调整。
- 物体光滑棱角的表现方法。
- 物体轴心的拾取与切换。
- 模型导入方法。

制作步骤

1. 茶几腿部模型制作

（1）首先制作茶几腿部模型。在透视图中创建一个圆柱体并右击，在弹出的快捷菜单中选择"转换为"｜"转换为可编辑多边形"命令，将模型转换为可编辑的多边形物体。按快捷键 4 进入面级别，选择底部面按 Delete 键删除，按快捷键 3 进入边级别，选择底部边界线，按住 Shift 键向下移动挤出面，也可以配合缩放工具缩放挤出面调整，如图 2-179 所示。然后在图 2-180 中的位置加线后用缩放工具沿着 XY 轴方向向外适当缩放。调整好后再次选择底部边界线向下挤出面调整，如图 2-181 所示。

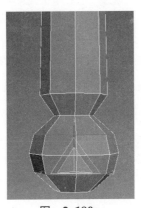
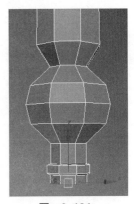

图 2-179　　　　　　　图 2-180　　　　　　　图 2-181

为了使腿部模型出现形状上的变化效果，将底部设计为方形的形状，所以要先将圆形的边界线调整为方形形状。选择四角的点用缩放工具缩放调整，如图 2-182 所示。然后选择边界线向下挤出面调整后，选择图 2-183 中的面倒角挤出，注意加线调整形状，如图 2-184 所示。

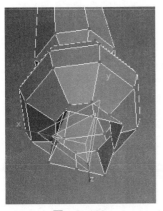
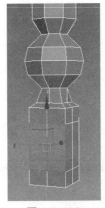

图 2-182　　　　　　　图 2-183　　　　　　　图 2-184

再次选择底部边界线按住 Shift 键向下移动挤出面调整形状至图 2-185 所示。根据形状需要加线调整出右侧的凸起效果，如图 2-186 所示。

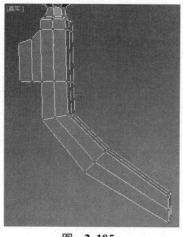

图 2-185　　　　　　　　　　图 2-186

在上方位置加线，如图 2-187 所示，然后选择加线位置线段单击"挤出"按钮，将线段向外挤出，如图 2-188 所示。继续加线向外缩放调整，如图 2-189 所示。

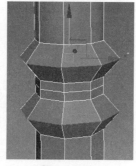

图 2-187　　　　　　　图 2-188　　　　　　　图 2-189

按快捷键 Ctrl+Q 细分该模型，效果如图 2-190 所示。细分后的效果边缘太过于圆滑，需要加线约束。分别在图 2-191 和图 2-192 中的位置加线，然后将图 2-193 中的线段切角。然后右击，在弹出的右键菜单中选择"剪切"工具，在图 2-194 中的位置加线调整。

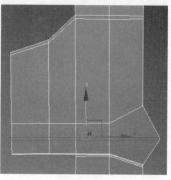

图 2-190　　　　　图 2-191　　　　　　图 2-192

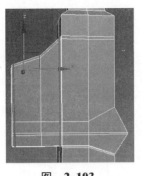

图 2-193　　　　　　　　　　图 2-194

将拐角位置线段切角处理如图 2-195 所示，再次细分后的效果如图 2-196 所示，边缘棱角得到了很好的约束调整。

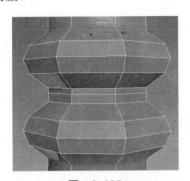

图 2-195　　　　　　　图 2-196

（2）在中间部位创建一个圆柱体并将其转换为可编辑多边形物体，如图 2-197 所示，分别删除顶部和底部的面，选择顶部边界线按住 Shift 键配合移动和缩放工具挤出面调整出如图 2-198 所示的形状。

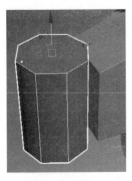
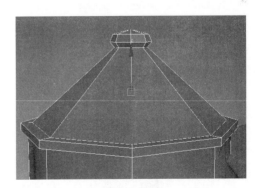

图 2-197　　　　　　　　　图 2-198

在 XY 平面方向分别加线，缩放工具缩放调整出面的曲线变化效果，如图 2-199 所示。然后在修改器下拉列表中添加"对称"修改器，对称出另一半模型，如图 2-200 所示。

将该模型塌陷后，切换到顶视图，单击视图▼小三角，在下拉列表中选择拾取，然后拾取中心位置的红色物体，此时坐标在视图显示上没有任何变化，长按▓（使用轴点中心）按钮，在弹出的列表中选择第三个▓（使用变换坐标中心），这样就把轴心设置在了红色物体的轴心上，如图 2-201 所示。

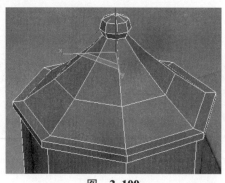

图 2-199

图 2-200

按下快捷键 A 打开角度捕捉开关，每隔 120° 旋转复制，副本数量设置为 2，单击确定后复制两个，如图 2-202 所示。

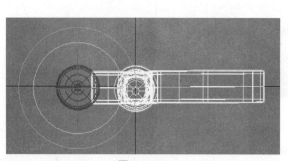

图 2-201

图 2-202

2．茶几面模型制作

（1）在顶部位置创建一个圆柱体并转换为可编辑多边形物体，删除底部所有面，选择边界线，如图 2-203 所示。按住 Shift 键配合移动和缩放工具向下挤出面调整，如图 2-204 所示。

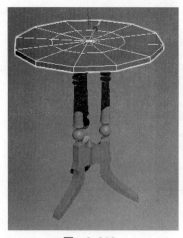

图 2-203

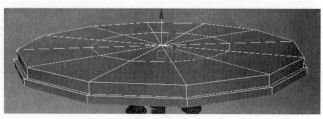

图 2-204

继续向下挤出面，调整出图 2-205 所示形状，然后选择边缘的线段，单击"切角"按钮设置一个很小的切角效果。单击修改器下放的颜色框，给模型换一种颜色显示，按快捷键 Ctrl+Q 细分该模型，效果如图 2-206 所示。

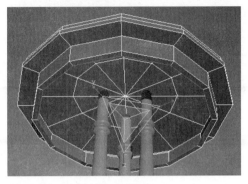

图 2-205　　　　　　　　　　　　　　图 2-206

（2）依次单击软件左上角图标，选择"导入"|"合并"命令，找到合适的茶具和烛台模型文件单击 打开(O) 按钮，然后在 OBJ 导入选项面板中单击 全部 按钮选择所有文件，单击 导入 ，这样就把选择的模型文件导入合并到了当前场景中，调整导入模型大小和位置，效果如图 2-207 所示。

按快捷键 M 打开材质编辑器，在左侧材质类型中单击标准材质并拖拉到右侧材质视图区域，选择场景中所有物体，单击 按钮将标准材质赋予所选择物体。单击修改面板下的颜色框，在弹出的对象颜色面板中选择"黑色"并确定，这样就把线框颜色设置成了黑色显示，显得更酷一些。最终的白模渲染效果如图 2-208 所示。

图 2-207　　　　　　　　　　　　　　图 2-208

↘ **本实例小结**：本实例要掌握的知识点是物体轴心的拾取与切换调整。特别适用于一个物体围绕另一个物体进行旋转复制时的操作。

实例 03　边几的制作

边几是指客厅中摆放在两个沙发之间的茶几，多是正方形或是圆形。在卧室或是浴室也常有人喜欢摆放边几，大多用来放电话、花瓶等装饰品。

■ 设计思路

本实例设计一个类似方形的边几，几腿部分增加流线造型，同时在腿部表面增加一些装饰。

■ 技术要点

本节中的边几从方形中演变改进，外形更加美观，制作时用到的主要技术要点如下：

● 多边形建模参数设置。
● 多边形建模边缘棱角的处理方法。
● 阵列工具的使用方法。
● 物体的路径动画约束。
● 快照工具复制物体方法。

■ 制作步骤

1. 边几面制作

依次单击 ☀（创建）| 复合面板| 切角长方体 按钮，在透视图中创建一个长、宽、高为 60cm、80cm、4cm，圆角为 0.2cm 的切角长方体。切角长方体和长方体的区别就在于多了一个圆角值，可以创建出边缘圆滑的长方体模型，如图 2-209 所示。

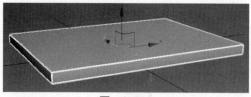

图　2-209

2. 腿部模型制作

（1）单击 ☀（创建）|　○（几何体）|　管状体 按钮，在视图中创建一个管状体，设置半径一为 40cm，半径二为 33cm，高度为 3cm，如图 2-210 所示，右击管状体，在弹出的快捷菜单中选择"转换为"|"转换为可编辑多边形"命令，将模型转换为可编辑的多边形物体。选择上方一半的面删除，如图 2-211 所示。

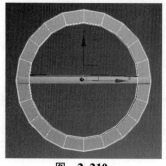

图　2-210

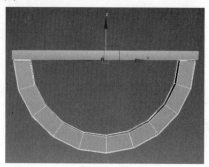

图　2-211

（2）单击 按钮，沿着 Z 轴方向镜像复制，如图 2-212 所示，然后单击 附加 按钮
拾取复制的另一半模型将其附加起来，在图 2-213 中的位置做加线处理。

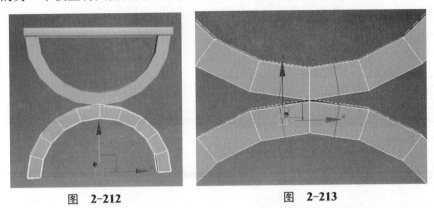

图 2-212　　　　　　　　　图 2-213

选择图 2-214 中的面按 Delete 键删除，然后单击 目标焊接 按钮将上下对应的点焊接起
来，如图 2-215 所示。

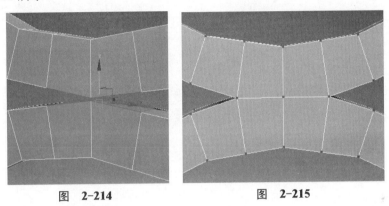

图 2-214　　　　　　　　　图 2-215

（3）在图 2-216 中的位置创建一个圆柱体参考物体，该物体只是为点的位置调整做参考，
调整完后即可删除。在图 2-217 中上下位置分别加线。

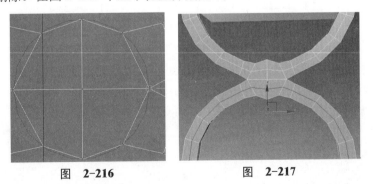

图 2-216　　　　　　　　　图 2-217

右击选择"剪切"工具加线，然后参考圆柱体的形状调整点的位置至图 2-218 所示，删除创
建的圆柱体参考模型，并删除物体另一半模型，在修改器下拉列表下添加"对称"修改器，如果
模型出现如图 2-219 中空白的情况，勾选"翻转"参数即可正常显示模型，如图 2-220 所示。

将该物体重新塌陷为多边形物体，在厚度方向上边缘位置加线，如图 2-221 所示。然

后选择图 2-222 中的线段单击"切角"按钮适当切角。按快捷键 Ctrl+Q 细分该模型,效果如图 2-223 所示。

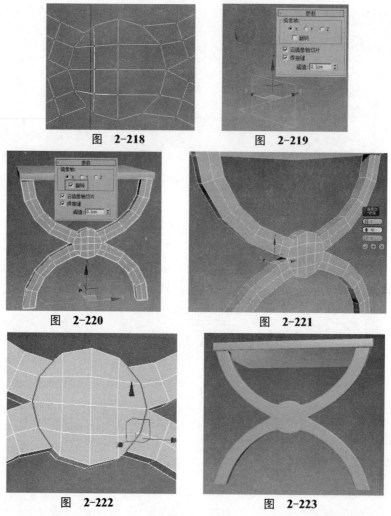

图 2-218　　　　　　图 2-219

图 2-220　　　　　　图 2-221

图 2-222　　　　　　图 2-223

(4) 创建一个半径为 0.25cm,分段为 20 的球体,在转换为可编辑多边形物体后删除球体一半模型,移动到桌面一角的位置,如图 2-224 所示。该物体希望沿着桌面一侧的边缘位置复制,如果用常用的复制方法,数量和距离都不容易控制,如图 2-225 所示。那么如何来解决这个问题呢?可以使用阵列工具来代替。下面来学习阵列工具的使用方法。

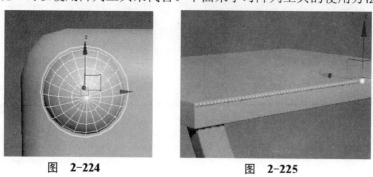

图 2-224　　　　　　图 2-225

单击工具菜单中的"阵列"命令打开阵列工具面板，如图 2-226 所示。

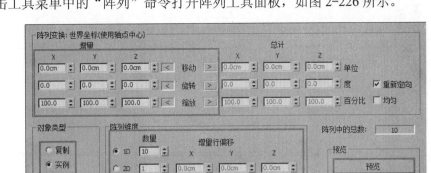

图 2-226

为了方便讲解，这里以茶壶模型为例学习阵列工具参数的设置。阵列参数面板中用到最多的有 3 个区域。第一个是用来调整阵列的移动增量、旋转角度、缩放大小控制；第二个是调整阵列个数的多少；第三个就是设置阵列的物体的对象类型。首先来学习一维模型的阵列方法。在视图中创建一个茶壶模型，打开阵列工具，先单击"预览"按钮将阵列的效果预览显示，因为这里没有调整任何参数，所以不会有变化。当逐步增大 X 轴方向的移动增量值时，在默认数量值为 10 时的效果如图 2-227 所示。

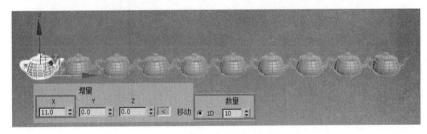

图 2-227

接下来再调整 Y 轴的旋转角度，阵列后效果如图 2-228 所示。

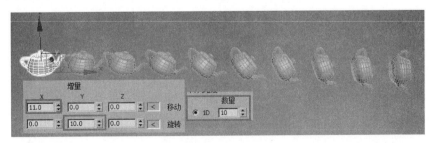

图 2-228

如果配合缩放值，可以将模型逐步缩小或放大调整。以上是一维模型的阵列复制，接下来看二维模型的复制。勾选 2D，将数量也设置为 10，同时沿着 Y 轴每隔 10cm 进行位置复制，效果如图 2-229 所示。

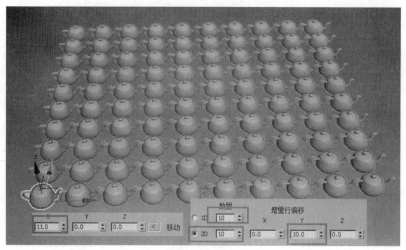

图 2-229

再配合角度旋转时的阵列效果如图 2-230 所示。

图 2-230

接下来看一下空间上物体的阵列方法。在三维空间上阵列需先勾选 3D 选项，然后设置在 Z 轴上要复制列的数量，再设置 Z 轴每列的距离值，如图 2-231 所示。阵列效果如图 2-232 所示。

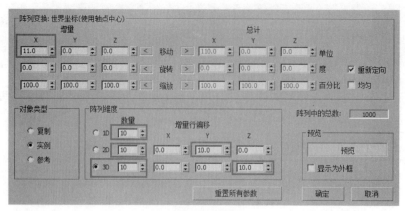

图 2-231

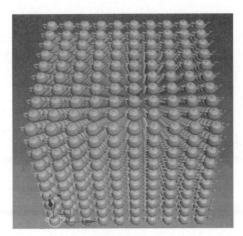

图　2-232

如需调整角度和缩放值，在增量参数区域调整旋转角度和缩放比例即可。

（5）学习了阵列工具的使用方法后，选择半球模型打开阵列工具面板，先单击 预览 按钮，调整 X 轴增量为 1.4 左右，然后再根据视图中的预览效果调整复制的数量值，直到满意为止，调整好后单击"确定"按钮完成阵列复制。效果如图 2-233 所示。

图　2-233

选择所有阵列复制的半球模型再向下复制调整，如图 2-234 所示。

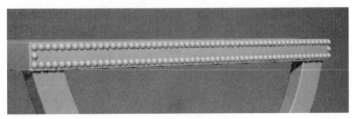

图　2-234

（6）接下来希望半球模型沿着图 2-235 中红色线的位置进行复制调整，如果一个一个复制再调整位置，就太麻烦了。这里给大家讲解一个快速的方法，那就是"快照"工具的使用，使用快照工具的前提是要先设置路径约束动画。

首先进入"线段"级别，选择图 2-236 中红色位置的线段，单击 利用所选内容创建图形 将线段分离出来。适当将样条线向外移动，将半球体再复制一个，依次单击 动画(A) 约束(C) 路径约束(P) ，拾取分离出来的样条线，这样就把半球体模型约束到了路径上，拖动底部的时间滑块发现该物体会沿着样条线的路径进行位置移动。

单击 工具(T) 快照(P)... 命令打开快照命令面板，如图 2-237 所示。快照命令面板参数非常少，也非常容易理解。经常用到的是"范围"参数，再设置副本数即可。"范围"参数的意思就是从 0～100 帧之间要复制多少个物体，当然也可以根据需要自行设定范围，如 0～60 帧等。

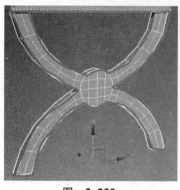

图 2-235   图 2-236   图 2-237

设置副本数量为 100，在"克隆方法"中选择"复制"，单击"确定"按钮，效果如图 2-238 所示。副本数量为 200 时的效果如图 2-239 所示。在起初不知道要复制多少个时，可以先设置一个值试验观察一下，再逐步调整。

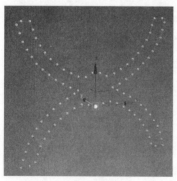
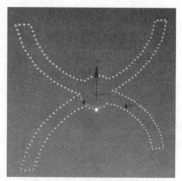

图 2-238   图 2-239

通过不断地重复试验，这里将副本数设置为 280 比较合适，效果如图 2-240 所示。然后复制调整出中间的部分，如图 2-241 所示。选择一侧的半球镜像复制到另一侧，再选择整个腿部模型，复制调整出另一侧位置模型。最后效果如图 2-242 所示。

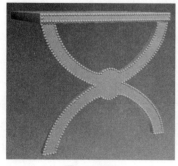
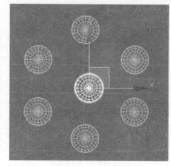

图 2-240   图 2-241   图 2-242

（7）在图 2-243 中的位置创建一个长方体模型，然后在其中的一个棱上创建一个圆柱体，如图 2-244 所示。

图 2-243

图 2-244

将创建的圆柱体复制到其他 3 个边上，如图 2-245 所示。然后复制调整出另一侧支撑模型，如图 2-246 所示。

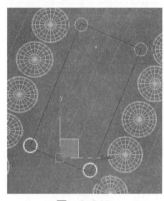

图 2-245

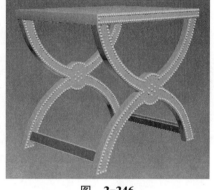

图 2-246

按快捷键 M 打开材质编辑器，在左侧材质类型中单击标准材质并拖拉到右侧材质视图区域，选择场景中所有物体，单击 按钮将标准材质赋予所选择物体，最终的白模渲染效果如图 2-247 所示。

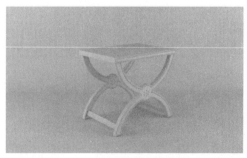

图 2-247

↘ **本实例小结**：本实例重点讲解了物体的阵列以及快照复制物体的方法。阵列工具也许大家会经常用到，所以相关的教程也非常多，但是快照工具是一个不常用的命令，相关教程也非常少，在一些特定场景中你会发现快照工具变得非常好用。所以快照工具也要熟练掌握。

实例 04　角几的制作

角几是一种比较小巧的桌几，它可灵活移动，造型多变不固定。它一般被摆放于角落、沙发边或者床边等，其目的在于方便放置日常经常移动的小物件。

设计思路

本实例兼顾美观与小巧的特点制作一个圆形的角几。

技术要点

本实例从角几的小巧以及美观出发，在制作时用到的知识点如下：

● 切片平面工具的使用。
● 多边形建模下的常用命令。

制作步骤

本实例模型线从桌面做起，然后是支架和底座。

1. 桌面模型制作

在透视图中创建一个半径为 30cm、高度为 2cm、端面分段为 2、边数为 18 的圆柱体。右击圆柱体，在弹出的快捷菜单中选择"转换为"丨"转换为可编辑多边形"命令，将模型转换为可编辑的多边形物体。选择图 2-248 中的线段，用缩放工具沿着 XY 轴方向向外缩放调整，如图 2-249 所示。然后选择中间的面，单击 倒角 按钮后面的 □ 图标，在弹出的"倒角"快捷参数面板中设置倒角参数将面向下倒角挤出，如图 2-250 所示。选择边缘棱角的线段单击"切角"按钮，设置一个很小的切角，如图 2-251 所示。

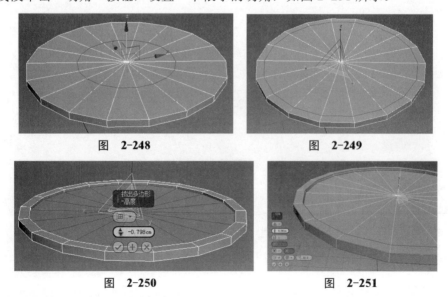

图　2-248　　　　　　　　　　图　2-249

图　2-250　　　　　　　　　　图　2-251

2．腿部模型制作

（1）在角几面的底部位置创建一个圆柱体并转换为可编辑多边形物体，分别删除顶部和底部的面，如图 2-252 所示，然后选择顶部边界线，按住 Shift 键配合移动和缩放工具挤出面并调整，如图 2-253 所示。

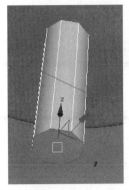

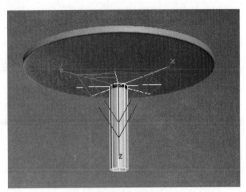

图　2-252　　　　　　　　　　　　图　2-253

顶部位置的形状希望调整成一个方形形状，选择图 2-254 中的 4 个点，用缩放工具沿着 XY 轴方向缩放调整至图 2-255 所示的方形形状。

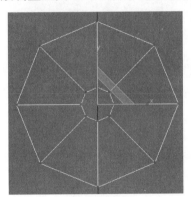

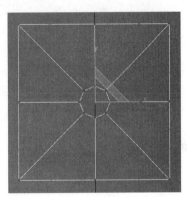

图　2-254　　　　　　　　　　　　图　2-255

再次选择边界线向上挤出面并调整，如图 2-256 所示，然后向内缩放挤出，如图 2-257 所示。

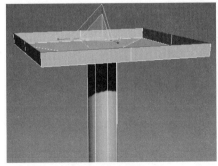

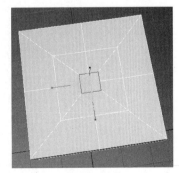

图　2-256　　　　　　　　　　　　图　2-257

单击 ▆▆ 封口 按钮将中间的开口边界封闭起来，右击选择"剪切"工具将点连接起来，如图 2-258 所示。同样的方法选择底部开口边界线向下挤出面并调整，如图 2-259 所示。

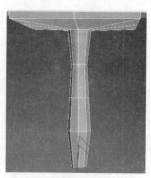

图 2-258   图 2-259

继续挤出面和加线并调整，然后选择图 2-260 所示的面以"局部法线"方向向外挤出倒角制作出更多细节。然后再次选择底部边界线向下挤出面并调整至图 2-261 所示位置。

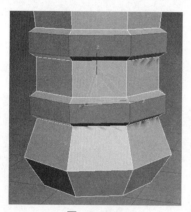
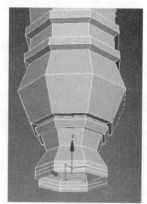

图 2-260   图 2-261

用缩放工具多次向内缩放挤出面后单击 封口 按钮将开口封闭起来，然后用"剪切"工具连接出线段调整布线，如图 2-262 所示。调整好后，选择底部环形面分别向外挤出倒角，效果如图 2-263 所示。

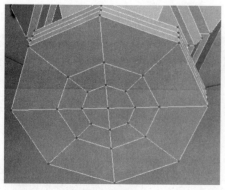

图 2-262   图 2-263

调整支柱模型的长短和整体比例后分别在图 2-264 和图 2-265 中的位置设置加线及切角。按快捷键 Ctrl+Q 细分该模型，效果如图 2-266 所示。

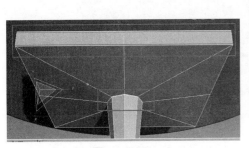
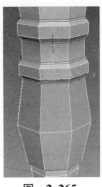
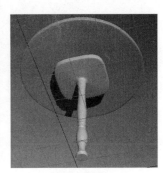

图 2-264 图 2-265 图 2-266

细分后的效果中顶部四角圆角太大，需要在边缘位置加线约束，如果用加线的方法加线后的效果如图 2-267 所示，方向不统一调整起来比较麻烦。所以这里可以用"切片"工具进行快速切片。按快捷键 Alt+Q 孤立化显示该模型，单击 编辑几何体 卷展栏下的 切片平面 按钮，此时会出现一个黄色的方框，如图 2-268 所示。该平面可以旋转、缩放、移动调整，将黄色框移动旋转到图 2-269 中的顶部边缘位置，然后单击 切片 按钮完成切片。

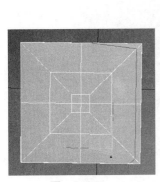
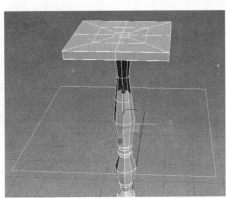

图 2-267 图 2-268 图 2-269

所切线段会以红色线段显示，切片平面投影在物体上时也会以红色线段显示，如图 2-270 所示。所以通过平面在物体上的投影位置可以很方便地判断所要切线的位置。用该方法在其他 3 边做切片设置，如图 2-271 所示。

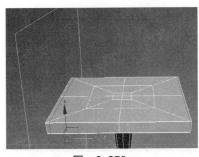
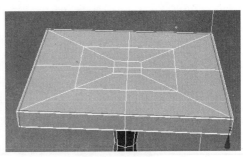

图 2-270 图 2-271

再次单击 切片平面 按钮退出切片平面工具，进入点级别，选择图 2-272 所示的点，单击 焊接 按钮将选择点焊接在一起，如图 2-273 所示。

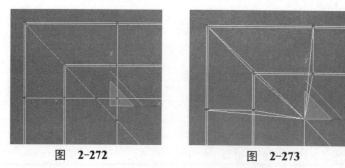

图 2-272　　　　　　　　图 2-273

再次细分后效果如图 2-274 所示，四角形状得到了约束。

（2）在底部位置创建一个长方体模型并转换为可编辑多边形物体，如图 2-275 所示。将中间的点向内缩放调整至图 2-276 所示，然后选择四角线段，单击 切角 按钮后面的 □ 图标，在弹出的"切角"快捷参数面板中设置切角的值将线段切角，如图 2-277 所示。

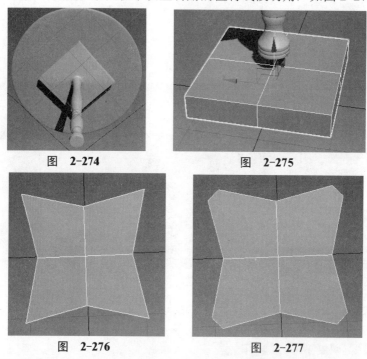

图 2-274　　　　　　　　图 2-275

图 2-276　　　　　　　　图 2-277

右键选择剪切工具进行加线处理，如图 2-278 所示，同样的方法继续加线调整至图 2-279 所示形状。

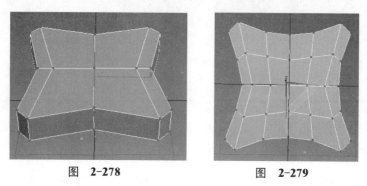

图 2-278　　　　　　　　图 2-279

在厚度上下边缘位置也做加线设置，如图 2-280 所示。

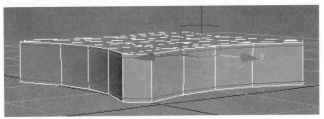

图　2-280

单击 按钮，然后在四角的位置切线，如图 2-281 所示。其他 3 个角也做同样的处理。切线后要随手将图 2-282 中多余的点用 "目标焊接" 工具焊接到其他点上，如图 2-283 所示。

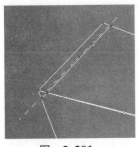

图　2-281

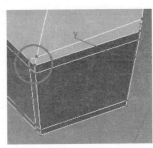

图　2-282

图　2-283

按快捷键 Ctrl+Q 细分该模型，效果如图 2-284 所示。

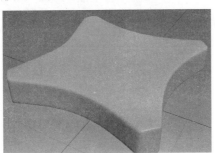

图　2-284

（3）在底部创建圆柱体，如图 2-285 所示，然后复制调整到其他 3 个角，位置如图 2-286 所示。调整后的整体效果如图 2-287 所示。

图　2-285

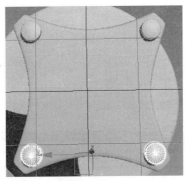

图　2-286

图　2-287

69

整体调整模型比例，最终的白模渲染效果如图 2-288 所示。

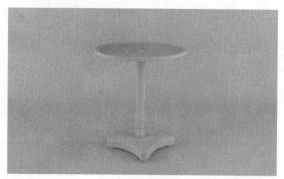

图 2-288

➥ **本实例小结**：本实例要重点掌握"切片平面"和"快速切片"工具的使用，这两种方法适用于不规则物体的切线调整。

实例 05　电视柜的制作

电视柜也是常用的家具之一，也称为视听柜，主要用来摆放与电视相关的电器。随着人民生活水平的提高，与电视相配套的电器设备相应出现，导致电视柜的用途从单一向多元化发展，不再是单一地摆放电视，而是将电视、机顶盒、DVD、音响设备、碟片等产品一齐收纳和摆放。近几年电器快速发展，电视向液晶智能电视发展，厚度变得越来越薄，所以现在直接挂墙上的比较多，这就使得电视柜更多的变成了一个装饰家具。

设计思路

本实例中制作的电视柜是一个现代风格的家具。现代风格推崇简约时尚，所以在设计时不要设计得过于复杂，但也不能太过于简陋，因为除了电视柜原本的作用外，还有一个非常重要的作用就是装饰性。

技术要点

- "对齐"工具的使用方法。
- 栅格和捕捉设置。
- 通过样条线绘制条纹。

制作步骤

电视柜的制作简单，特别是柜体可以直接用长方体进行编辑修改，需要注意的地方就是电视柜的尺寸要把握好。

（1）创建一个长、宽、高为 140cm、34cm、4cm，圆角为 0.2cm 的切角长方体模型，然后向上复制一个并调整长度后给它换一种颜色，如图 2-289 所示。

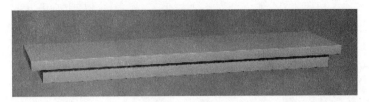

图　2-289

在复制物体后将上方的物体和底部物体进行精确对齐，这时就要用到对齐工具。先来学习一下对齐工具的使用。为了便于理解，这里创建一个球体和一个长方体。选择长方体模型，单击 品 面板，单击 仅影响轴 居中到对象 将长方体轴心设置到物体的中心位置。选择球体模型，单击 凸 按钮拾取长方体模型会弹出对齐参数面板，默认方式为轴点对轴点方式，如图 2-290 和图 2-291 所示。

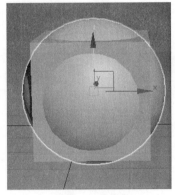

图　2-290

图　2-291

因为开始调整了长方体物体的轴心为物体的中心点位置，所以轴点对轴点时它们会在物体的中心位置互相对齐；如果开始没有调整长方体轴心点（轴心点在底部位置），那么它们的轴心对齐效果会是图 2-292 所示效果，也就是说长方体的底部中心位置和球体的中心位置对齐。此时如果希望对齐到图 2-290 中的效果，可以勾选中心对中心的方式，如图 2-293 所示。

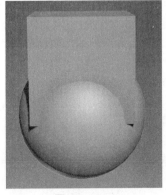

图　2-292

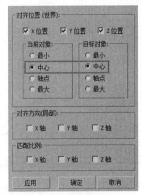

图　2-293

选择球体模型，随机移动一下位置，如图 2-294 所示。如果希望球体的底部位置和长方体的顶部面对齐，该如何调整参数呢？先选择球体，再次单击 按钮拾取长方体模型，在对齐参数面板中先将两物体 XYZ 轴以轴点对轴点方式或者中心对中心方式对齐，单击"应用"按钮，如图 2-295 所示（Z 轴勾不勾选无所谓），然后取消勾选 XY 轴，勾选 Z 轴，设置"当前对象"为最小值、"目标对象"为最大值，单击"确定"按钮即可，如图 2-296 所示。

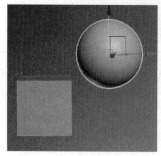

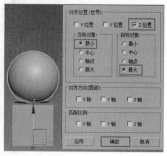

图　2-294　　　　　　　　图　2-295　　　　　　　　图　2-296

该如何来理解"当前对象"和"目标对象"呢？"当前对象"就是选择的对象，"目标对象"就是拾取的要对齐的对象。"最小"和"最大"又该如何理解呢？大家在高中时都学过，X 轴箭头所指方向为正方向，反之为负方向，Y 轴同理，XY 轴的交叉点为原点（0，0）位置，X 轴原点位置向右箭头所指方向为正值，反方向为负值，所以正方向所指位置的尽头就是 3D 中的最大位置，负方向尽头就是最小值。Z 轴同理。Z 轴方向一般所指向上位置为最大，向下位置为最下。本实例球体的底部就是当前对象的最小位置，长方体的顶部就是目标对象的最大位置。所以物体之间的对齐顺序也很重要，如果选择长方体对齐目标球体模型，在保持相同的参数下对齐效果会不同，如图 2-297 所示。

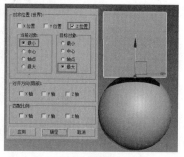

图　2-297

（2）学习了对齐工具的使用方法后，继续回到电视柜场景中。选择长方体模型继续向上复制后对齐，然后再创建一个底部的腿部支撑物体，如图 2-298 所示。

图　2-298

创建长方体模型复制并调整，如图 2-299 所示。

图　2-299

使用同样的方法复制并调整，如图 2-300 所示。

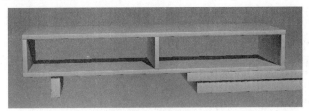

图　2-300

复制调整出背板模型，如图 2-301 所示。

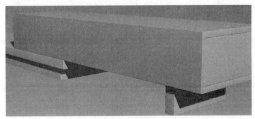

图　2-301

分别复制调整出图 2-302 中的物体和图 2-303 中的背板模型。

图　2-302

图　2-303

在复制调整时，高度值有时不会控制得太精确，会出现图 2-304 中的镂空效果，不过没关系，用缩放工具调整物体厚度即可。

图　2-304

（3）将顶部的长方体模型转换为可编辑多边形物体，选择右侧的面挤出，如图 2-305 所示，然后调整布线，如图 2-306 所示。

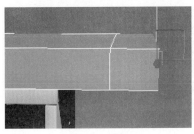

图　2-305

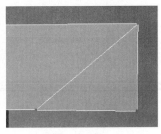

图　2-306

选择底部面向下挤出，如图 2-307 所示。

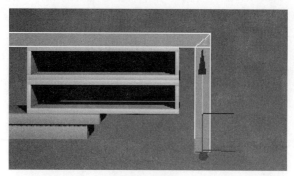

图　2-307

如果希望底部的面和电视柜其他部位的底部平行，用肉眼观察很难精确控制。要想得到精确的对齐效果可以使用捕捉下轴约束功能。

在捕捉开关按钮上右击，在弹出的栅格和捕捉设置面板中进入"选项"面板，勾选"启用轴约束"，如图 2-308 所示。然后在"捕捉"面板中只勾选"顶点"，如图 2-309 所示。

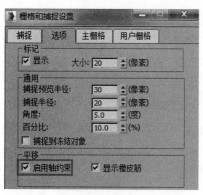

图　2-308

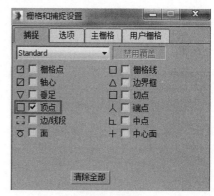

图　2-309

设置完成后按快捷键 S 打开捕捉开关，选择挤出的底部面，沿着 Y 轴方向移动，在移动时将鼠标拖拉到其他模型要对齐的底部位置某一个点上进行捕捉，因为勾选了启用轴约束功能，移动的面会自动和捕捉的点对齐，如图 2-310 所示。该方法在点、面精确对齐调整时非常有效，既快捷又方便，所以该知识点一定要掌握。

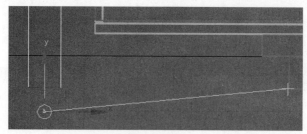

图　2-310

在图 2-311 位置加线，然后用点的"目标焊接"工具焊接点并调整，将图 2-312 中多余的线段移除。

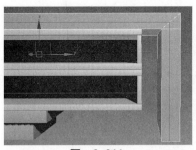

图 2-311　　　　　　　图 2-312

选择图 2-313 中的面向前方位置稍作移动调整。

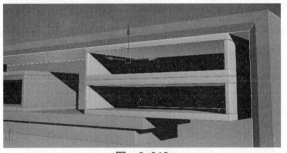

图 2-313

选择中间的线段进行切角设置，如图 2-314 所示，然后在图 2-315 中的红色线段位置处分别加线调整。

图 2-314　　　　　　　图 2-315

选择拐角位置线段切角，如图 2-316 所示，同时在厚度方向上的两侧位置加线，如图 2-317 所示。最后为了使模型布线均匀，可以适当添加线段，如图 2-318 所示。

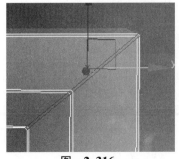

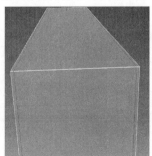

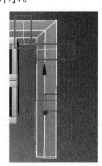

图 2-316　　　　　　图 2-317　　　　　　图 2-318

为了便于区分，给模型换一种颜色显示，整体效果如图 2-319 所示。

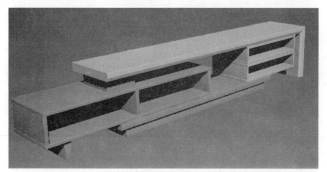

图　2-319

（4）电视柜的顶面模型创建。创建一个长方体模型并转换为可编辑多边形物体，通过加线等方法调整出基本形状，然后将中心线段切角，如图 2-320 所示。

图　2-320

（5）在抽屉的位置创建一个长方体模型，加线调整如图 2-321 所示。

图　2-321

选择图 2-322 中的面向外挤出面并调整。然后在中心位置加线调整如图 2-323 所示。

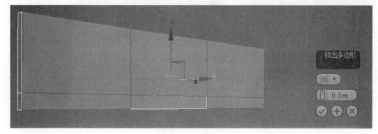

图　2-322

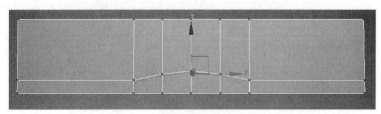

图 2-323

在挤出面的厚度边缘位置加线，如图 2-324 所示，按快捷键 Ctrl+Q 细分该模型，效果如图 2-325 所示。

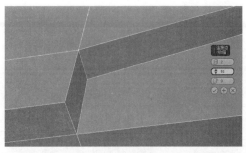

图 2-324

图 2-325

细分后拱形位置边沿圆角太大。在边缘位置加线约束细分后圆角过大的问题，如图 2-326，再次细分后问题得到解决，如图 2-327 所示。

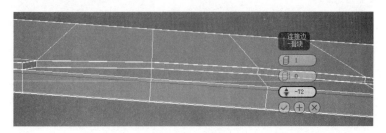

图 2-326

图 2-327

虽然底部边缘得到了约束，但是拱形边缘拐角位置没有得到约束，在图 2-328 所示的位置加线即可。

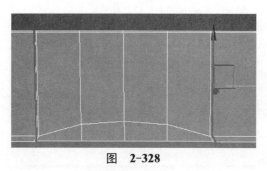

图 2-328

单击 ※（创建）| ◎（图形）| ▭线▭ 按钮，在视图中创建如图 2-329 所示的样条线，然后向下复制调整，如图 2-330 所示。

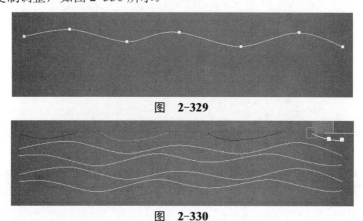

图 2-329

图 2-330

选择所有样条线，按快捷键 Alt+Q 孤立化显示，如图 2-331 所示，然后单击 ▭附加▭ 按钮拾取所有样条线将其附加在一起，如图 2-332 所示。在渲染卷展栏下勾选 ☑ 在渲染中启用 ☑ 在视口中启用，设置厚度为 0.4，边数为 8，效果如图 2-333 所示。

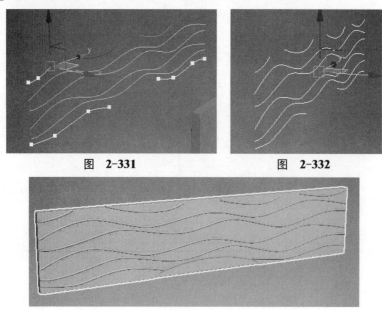

图 2-331   图 2-332

图 2-333

选择所有样条线和抽屉面模型，选择"组"菜单中的"组"命令设置一个组，复制出其他抽屉模型，如图 2-334 所示。

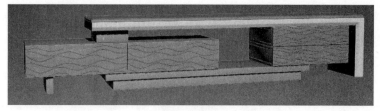

图　2-334

最终的白模渲染效果如图 2-335 所示。

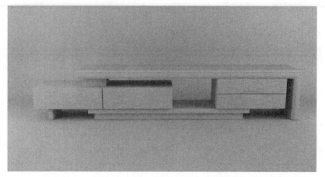

图　2-335

↘ **本实例小结**：本实例要重点掌握对齐工具的使用方法以及多边形边界下点和面的"轴约束"精确位移调整。最后需要注意的一点是，模型的整体比例和大小控制。

实例 06 　墙边柜的制作

墙边柜一般是指贴近墙体的柜子，设计空间比较多，能灵活运用多处存储的空间。

设计思路

本节中设计制作的墙边柜为实木柜，有点类似于红木、橡木家具中的一种，考虑其实用性要多一些存储空间，考虑其美观性要注意外观的轮廓变化。

技术要点

- 柜体的快速制作方法。
- 多边形建模下的参数设置。
- 面的连续挤出倒角设置。
- 切片平面工具的使用。

■ 制作步骤

1．柜体制作

本实例中的柜体不再用长方体侧板进行拼接，而是直接由一块长方体模型通过面的挤出方法一次性将所有面制作出来。首先在透视图中创建一个长、宽、高分别为 97cm、34cm、93cm 的长方体模型，右击该模型，在弹出的快捷菜单中选择"转换为" | "转换为可编辑多边形"命令，将模型转换为可编辑的多边形物体。选择正面的面，然后单击 插入 后的 ▢ 按钮设置插入值大小为 1.3cm，如图 2-336 所示。单击 挤出 按钮后面的 ▢ 图标，在弹出的"挤出"快捷参数面板中设置挤出值将面向内挤出，如图 2-337 所示。

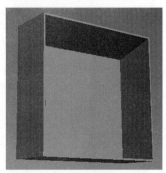

图 2-336　　　　　　　图 2-337

2．抽屉制作

（1）创建一个长、宽、高为 23cm、95cm、34cm 的长方体并复制，如图 2-338 所示。将其中的一个长方体转换为可编辑多边形物体，选择顶部面先向内再向下挤出面并调整，如图 2-339 所示。

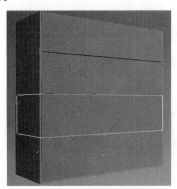
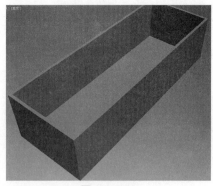

图 2-338　　　　　　　图 2-339

选择图 2-340 中的面用同样的方法向内挤出面并调整。

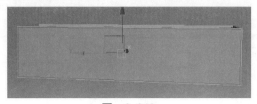

图 2-340

选择图 2-341 中的线段，长按 ![] 选择第二个 ![]（使用选择中心）用缩放工具将线段向内缩放调整位置，然后再次选择正前方的面设置倒角，过程如图 2-342 和图 2-343 所示。

图 2-341

图 2-342

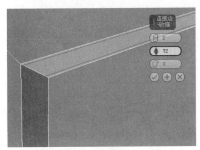

图 2-343

分别在棱角的边缘位置加线，如图 2-344 所示，设置拐角位置线段切角，如图 2-345 所示。

图 2-344

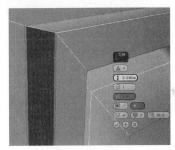

图 2-345

分别在左右、前后两端位置加线，如图 2-346 和图 2-347 所示。

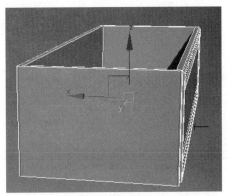

图 2-346

图 2-347

单击 切片平面 按钮，调整切片平面到物体的顶部位置，如图 2-348 所示，单击 切片 按钮完成切片操作，同样的方法在底部位置边缘也做切片平面处理。

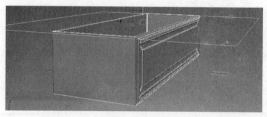

图　2-348

最后在图 2-349 和图 2-350 中的位置加线，使模型布线更加均匀一些。

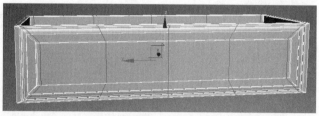

图　2-349

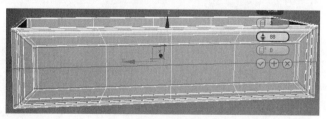

图　2-350

（2）制作好底部抽屉物体之后，向上复制调整，选择图 2-351 中的线段移除，然后选择点将抽屉缩小一半，如图 2-352 所示（注意此处不能整体缩放，否则模型会出现变形效果）。

复制调整后的效果如图 2-353 所示。

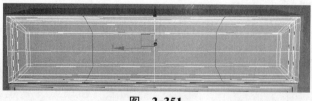

图　2-351

图　2-352

图　2-353

3．柜面制作

（1）在顶部位置创建一个长、宽、高为100cm、38cm、0.6cm的长方体作为柜面的修改基本物体，右击该物体，在弹出的快捷菜单中选择"转换为"｜"转换为可编辑多边形"命令，将模型转换为可编辑的多边形物体。选择顶部面用"倒角"工具连续向上挤出倒角，调整出图2-354所示形状（也可以使用边界线的挤出方法来调整）。然后分别在模型边缘位置加线，如图2-355和图2-356所示。

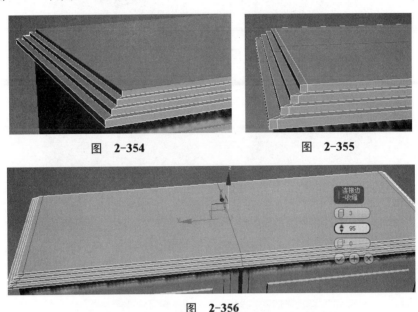

图 2-354 图 2-355

图 2-356

（2）分别在物体棱角的边缘位置加线或者将棱角的线段切角，如图2-357所示。细分后效果如图2-358所示。

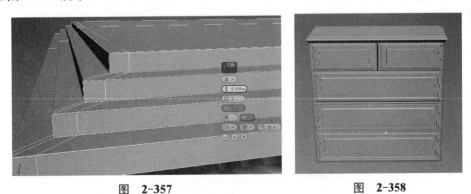

图 2-357 图 2-358

4．底部腿模型制作

在底部位置创建一个圆柱体并转换为可编辑多边形物体，删除顶部和底部的面，然后选择顶部边界线向上挤出面并调整，如图2-359所示。注意顶部面的处理方法，先向内缩放挤出面后，单击"封口"按钮将开口封闭起来，然后右击选择"剪切"工具加线调整布线，如图2-360所示。

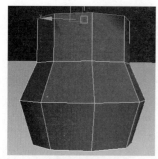

图 2-359

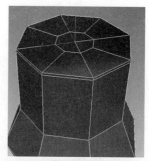

图 2-360

同样的方法选择图 2-361 中底部边界线后，配合缩放和移动工具按住 Shift 键缩放挤出面调整至图 2-362 所示形状。

图 2-361

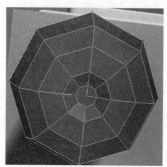

图 2-362

在图 2-363 中的位置加线后用缩放工具向外缩放，然后将图 2-364 中的线段切角。

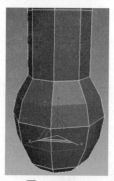

图 2-363

图 2-364

细分后复制调整出其他底部腿部模型，如图 2-365 所示。

图 2-365

5．拉手模型制作

（1）在抽屉的位置创建一个球体，如图 2-366 所示，在转换为可编辑多边形物体后删除底部点，如图 2-367 所示。

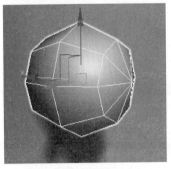 

图 2-366   图 2-367

（2）选择底部边界线，用缩放工具按住 Shift 键向内缩放挤出面调整，如图 2-368 所示。然后沿着 Z 轴的方向缩放使其缩放在一个平面内，如图 2-369 所示。

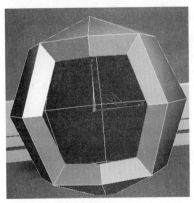 

图 2-368   图 2-369

（3）选择底部的 4 个点用缩放工具向内缩放使开口形状调整成一个圆形，如图 2-370 所示。如果觉得用该方法调整不够严谨，可以选择底部边界线，单击 建模 循环 循环 工具，在循环工具面板中单击 呈圆形 按钮，快速将开口形状设置为圆形效果，如图 2-371 所示。

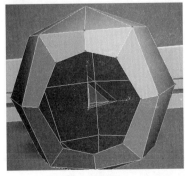 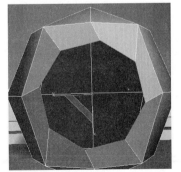

图 2-370   图 2-371

此处出现了扭曲现象，用旋转工具旋转调整一下即可。然后再次选择开口边界线，按住

Shift 键挤出面并调整，如图 2-372 所示。调整好后在修改器下拉列表中添加"对称"修改器，效果如图 2-373 所示。

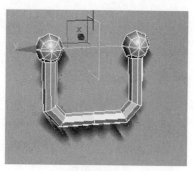

图 2-372   图 2-373

（4）对该物体再次转换为可编辑多边形物体后，加线细分调整，如图 2-374 所示。

图 2-374

将该模型复制调整，整体效果如图 2-375 所示。整体调整模型比例后的最终白模渲染效果如图 2-376 所示。

图 2-375   图 2-376

➥ **本实例小结**：本实例没有太多新的知识点，重点复习运用多边形的加线方法和棱角的光滑表现方法。

实例 07 鞋柜模型的制作

鞋柜主要就是为了实现鞋子的储藏功能，同时在款式上不断变化和创新，使其能够和不同的家居环境相配合，起到储藏鞋子和装饰的双重作用。目前最常用的是玄关鞋柜，玄关鞋柜是现在新款鞋柜中将储藏、装饰以及实用性表现得最好的鞋柜。

设计思路

根据鞋柜的用途以及空间的考虑，本实例中制作的鞋柜是一个带有百叶窗门板的传统鞋柜，上下两层，上层为抽屉样式，下层为鞋柜。

技术要点

本实例模型的制作并不复杂，用到的知识点也不是很多，主要用到的技术要点如下：
- 模型之间的对齐调整。
- 多边形物体光滑棱角的处理方法。
- 对称修改器的使用方法。

制作步骤

1．柜体和抽屉模型制作

（1）在透视图中创建一个长、宽、高为 50cm、36cm、80cm 的长方体并转换为多边形物体，选择正面的面用"倒角"工具向内挤出面再向后挤出面并调整，如图 2-377 所示，然后在内部顶部位置创建一个长方体模型并复制，如图 2-378 所示。

图　2-377　　　　　　　　图　2-378

（2）单击 附加 按钮，拾取复制的抽屉模型将其附加在一起选择顶部面向下倒角挤出，如图 2-379 所示，然后选择两个抽屉前方的面，用"倒角"工具向外挤出倒角至图 2-380 所示效果。

图　2-379　　　　　　　　图　2-380

87

分别在图 2-381~图 2-386 中绿色线的位置加线。

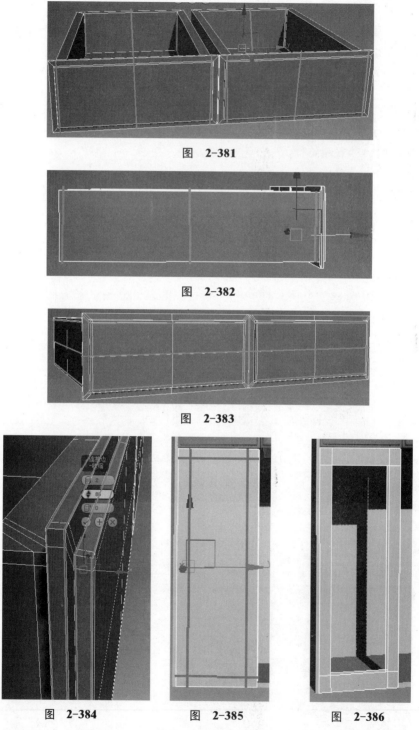

图 2-381

图 2-382

图 2-383

图 2-384   图 2-385   图 2-386

2. 柜门制作

（1）创建一个长方体模型并转换为多边形物体，在图 2-385 中的位置加线，然后选择中间的面删除。按快捷键 3 进入边界级别，框选边界线单击"桥"按钮生成中间的面，如图 2-387 中红色区域所示。选择前方的面挤出倒角，如图 2-388 所示。

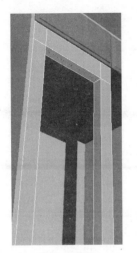

图　2-387　　　　　　　　图　2-388

分别在顶部、底部、左右两侧边缘位置以及拐角位置加线，然后选择拐角处线段切角（注意内侧面的两侧位置也要加线处理），如图 2-389 和图 2-390 所示。

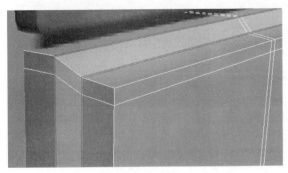

图　2-389　　　　　　　　图　2-390

（2）在该物体的顶部内部位置创建一个长方体，适当旋转调整，如图 2-391 所示。

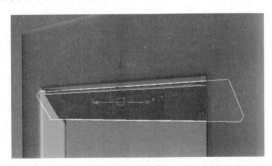

图　2-391

（3）按住 Shift 键向下复制调整，如图 2-392 所示，然后复制调整出另一侧百叶窗模型，如图 2-393 所示。

图 2-392   图 2-393

3．柜面和底座模型制作

（1）柜面的制作。在顶部位置创建一个长方体模型并转换为可编辑多边形物体，选择顶部面向上挤出倒角，如图 2-394 所示。

图 2-394

在修改器下拉列表中添加"对称"修改器对称出底部一半模型，如图 2-395 所示。

图 2-395

右击模型，在弹出的快捷菜单中选择"转换为"｜"转换为可编辑多边形"命令，将模型塌陷为可编辑的多边形物体。在图 2-396 中边缘位置加线，细分后效果如图 2-397 所示。

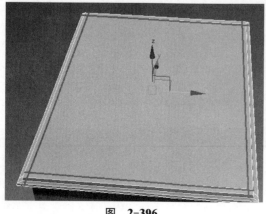

图 2-396   图 2-397

（2）将顶面物体向下复制后删除底部对称模型，然后选择底部边界线向内缩放挤出面，如图 2-398 所示，注意因为四角位置加线较多，需要将多余的点焊接起来。选择图 2-399 中的点，单击 `焊接` 按钮将点焊接起来。

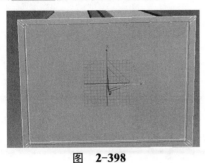 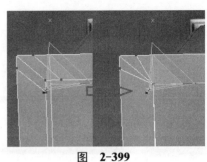

图 2-398   图 2-399

继续选择边界线向下挤出面，如图 2-400 所示。

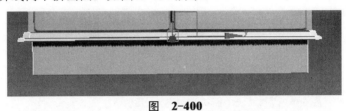

图 2-400

加线调整至图 2-401 所示形状。

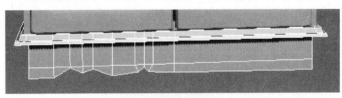

图 2-401

（3）图 2-402 中红色线位置的线切角处理，然后分别在前后、上下、左右边缘位置加线约束后删除另一半模型，如图 2-403 所示，通过"对称"修改工具对称出另一半模型细节，如图 2-404 所示。

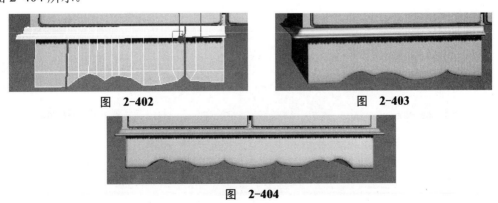

图 2-402   图 2-403

图 2-404

4．拉手模型制作

（1）创建一个圆柱体，将边数设置为 6，如图 2-405 所示。右击圆柱体，在弹出的快捷

菜单中选择"转换为"|"转换为可编辑多边形"命令，将模型转换为可编辑的多边形物体。选择面，用"倒角工具"倒角挤出面并调整，如图2-406所示。

（2）选择边界线按住Shift键配合旋转、缩放和移动工具挤出面，调整至图2-407所示形状。

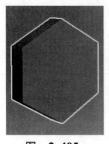
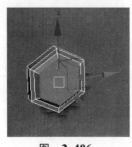
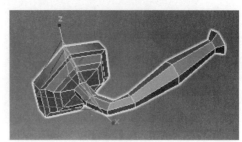

图 2-405　　　　　　　图 2-406　　　　　　　　图 2-407

（3）选择拐角位置线段切角后添加"对称"修改器，如图2-408所示。

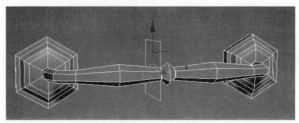

图 2-408

按快捷键Ctrl+Q细分该模型，然后向右复制，如图2-409所示。

图 2-409

（4）将该物体再次复制旋转，删除对称一半的模型，然后适当修改调整至图2-410所示位置。

图 2-410

（5）接下来创建出内部的层板模型，层板非常简单，就是一些长方体模型，但是需要注意的是层板之间的高度至少在16～20cm，稍微高点的鞋子距离留够40cm左右即可。创建好的层板效果如图 2-411 所示，整体效果如图 2-412 所示。

图　2-411

图　2-412

最后的白模渲染效果如图 2-413 所示。

图　2-413

　　❧ **本实例小结**：本实例模型在制作时需要注意模型的尺寸和内部层板的层高，要根据现实生活中的人体工程学进行设计制作，充分利用空间。

实例 08　花架的制作

　　随着人们生活水平的提高，越来越多的人喜欢在客厅养殖一些花草来增加客厅氛围，这当然就少不了花架的使用。花架上放置的花花草草，也是家中一道亮丽的风景。

■ 设计思路

　　本实例中制作的花架参考古典家具特点，是一个中式风格的花架。材质以木制材质为主。

技术要点

本节主要用到的技术要点如下：
- 物体轴心的拾取与切换。
- 阵列工具使用。
- 弯曲修改器的使用方法。
- FFD修改器使用方法。
- 涡轮平滑修改器使用方法。
- PS中图片路径的导出方法。
- Max中路径的导入方法。

制作步骤

1．顶部面制作

通过前几个实例的学习可以发现，桌面面部模型都有一个共同的特点，就是其形状基本上都是上下大小，略有变化，会有一定的凸起、凹陷等大小纹路的变化。

（1）创建一个半径为10cm的圆柱体，设置端面分段为2，边数为12，右击圆柱体，在弹出的快捷菜单中选择"转换为"｜"转换为可编辑多边形"命令，将模型转换为可编辑的多边形物体。选择顶部中心的面向下倒角挤出，如图2-414所示。然后选择底部边界线按住Shift键向下移动或缩放挤出面，调整至图2-415所示位置。

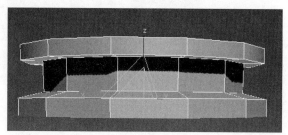

图 2-414　　　　　　　　　　图 2-415

（2）选择底部点将底部面沿着XY轴方向适当放大调整，然后选择边缘的线段切角设置，内侧的边同样也做切角设置，如图2-416和图2-417所示。

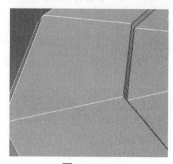

图 2-416　　　　　　　　　　图 2-417

（3）再次将底部面向内缩放挤出后再向上挤出凹陷，效果如图 2-418 所示。

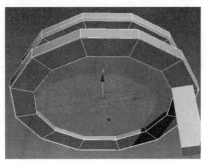

图　2-418

2．腿部模型制作

（1）在边缘位置创建一个长方体模型。右击模型，在弹出的快捷菜单中选择"转换为"｜"转换为可编辑多边形"命令，将模型转换为可编辑的多边形物体。删除底部面，选择底部边界向下挤出面并调整，如图 2-419 所示。

分别在图 2-420 中所示位置加线，高度位置上适当调整腿部粗细变化，细分后效果如图 2-421 所示。

 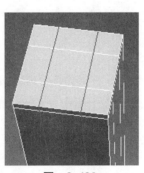 

图　2-419　　　　　图　2-420　　　　　图　2-421

（2）切换到旋转工具，依次单击视图　　　▼｜拾取　，拾取顶部圆形模型，切换到 ▣（使用选择中心）坐标。单击"阵列"菜单选择"阵列"工具，参数设置如图 2-422 所示，阵列效果如图 3-423 所示。

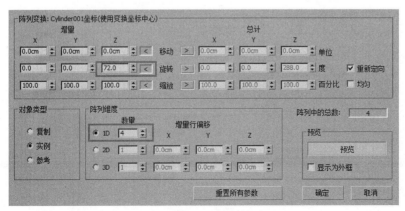 

图　2-422　　　　　　　　　　　　　　　图　2-423

3. 雕花制作

（1）在腿部模型之间创建一个长方体模型将长度分段数设置高一些，如图 2-424 所示。

图 2-424

（2）选择部分面挤出倒角调整出所需效果。用到的工具有面的倒角命令、桥接命令、边界线的移动挤出面命令、加线等。调整过程如图 2-425 和图 2-426 所示。

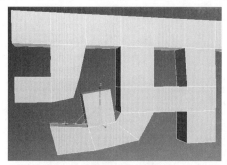 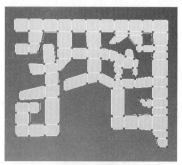

图 2-425   图 2-426

边缘在没有加线约束的情况下细分效果如图 2-427 所示。边缘位置加线以及厚度边缘位置加线，添加"弯曲"修改命令，配合弯曲轴角度和方向调整至图 2-428 所示位置。

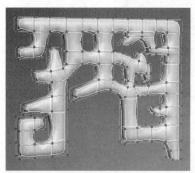 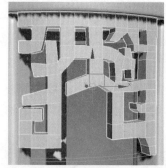

图 2-427   图 2-428

（3）在修改器下拉列表中添加 FFD 3×3×3 修改器，单击前面的"+"展开子级别，进入 控制点 级别，切换到顶视图，选择控制点进行位置移动调整，如图 2-429 所示。

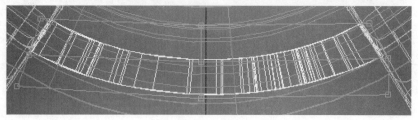

图 2-429

提示

  FFD 3×3×3 修改器的意思就是分别在 XYZ 轴上添加 3 个控制点，调整控制点可以整体调整模型的形状，类似于多边形下的使用软选择工具。除了 FFD 3×3×3 修改器之外，还有 FFD 4×4×4 修改器和 FFD（圆柱体）、FFD（长方体）修改器。FFD 4×4×4 修改器就是分别在 XYZ 轴分别添加 4 个控制点，FFD（长方体）修改器则可以自定义在 XYZ 轴上添加的控制点个数，更加灵活方便。

  在修改器下拉列表下继续添加"涡轮平滑"修改命令给模型细分，如图 2-430 所示。如果发现模型有不满意的地方可以回到可编辑多边形级别加线调整，如图 2-431 所示。

  调整好模型后切换到旋转工具，同样拾取桌面模型坐标，用阵列工具复制出剩余模型，如图 2-432 所示。

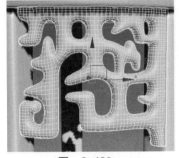

图 2-430   图 2-431   图 2-432

  （4）在腿部模型内部创建一个管状体模型并转换为可编辑多边形物体，分别选择外侧部分线段后挤出调整，然后选择面向外挤出倒角，如图 2-433 所示。然后在高度上边缘位置加线，如图 2-434 所示，细分后效果如图 2-435 所示。

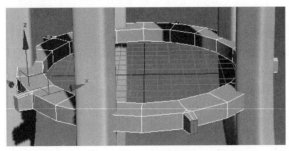

图 2-433

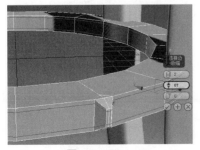
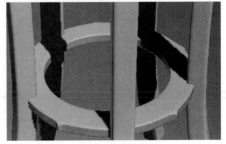

图 2-434   图 2-435

（5）在 Photoshop 中打开一张如图 2-436 所示的图片，在背景层上双击将其转换为普通层。

图　2-436

单击 魔棒工具，在白色花纹上单击选择白色，在 路径 面板下单击 按钮转换为工作路径，单击 文件(F) 导出(E) 路径到 Illustrator... ，选择要保存的位置和名称后保存。回到 Max 中单击"导入"|"导入"命令，找到在 PS 中导出的 AI 路径，在"导入"面板中选择合并对象到当前场景，如图 2-437 所示。然后在"图形导入"面板中选择单个对象后确定，如图 2-438 所示。

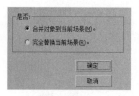

图　2-437

图　2-438

导入路径后的效果如图 2-439 所示。在修改器下拉列表中添加"挤出"修改器，设置挤出高度后效果如图 2-440 所示。

图　2-439

图　2-440

右击模型，在弹出的快捷菜单中选择"转换为"｜"转换为可编辑多边形"命令，将模型转换为可编辑的多边形物体。按快捷键 Ctrl+Q 细分该模型，效果如图 2-441 所示。从图中观察可以发现模型在细分后出现了比较杂乱的效果，这是由于对挤出的模型没有调整布线的原因。在修改器下拉列表中添加"四边形网格化"修改命令，效果如图 2-442 所示。

图　2-441　　　　　　　　　　　　　　　图　2-442

通过添加"四边形网格化"修改命令可以快速将模型自动设置为四边面效果，调整参数面板中的比例值可以调整布线的密集程度，值越小模型布线越密，如图 2-443 所示。设置好参数后将该模型缩放调整大小和位置，效果如图 2-444 所示。

图　2-443　　　　　　　　　　　　　　　图　2-444

（6）制作完一个花架模型后，再整体复制一个并缩放调整大小，如图 2-445 所示，然后导入花盆、植物模型移动到合适位置，效果如图 2-446 所示。

图　2-445　　　　　　　　　　　　　　　图　2-446

99

按快捷键 M 打开材质编辑器,在左侧材质类型中单击标准材质并拖动到右侧材质视图区域,选择场景中所有物体,单击 ⚙ 按钮将标准材质赋予所选择物体,最后的白模渲染效果如图 2-447 所示。

图　2-447

➥ **本实例小结**:本实例中新增知识点比较多,有物体轴心的拾取与切换、阵列工具使用、弯曲修改器的使用、FFD 修改器使用方法、涡轮平滑修改器使用方法、PS 中图片路径的导出方法、Max 中路径的导入方法等。这些知识点都比较重要,一定要熟练掌握。

实例 09　CD 架的制作

CD 架顾名思义是用来存放 CD 碟的架子,一般有落地用和案台用两种,材质分为木质、金属、塑料等多种材料。

设计思路

根据现代家具简约时尚的特点,本实例中制作的 CD 架主要从实用着手,设计新颖。虽没有太多的复杂工艺,但也不失大体。每一层给它一个 45° 的倾斜角度相互叠加。

技术要点

本节主要用到的技术要点如下:
● 局部坐标的切换与实用方法。
● 超级布尔运算方法。
● 模型的导入方法。

制作步骤

本实例制作时也是遵循从下到上的制作顺序。

（1）先创建一个长、宽为 30cm 的切角长方体作为底座，然后在上方位置创建一个矩形，如图 2-448 所示。按快捷键 1 进入顶点级别，选择顶部的点，单击 圆角 按钮在点上单击并拖动鼠标将直角设置为圆角，如图 2-449 所示。

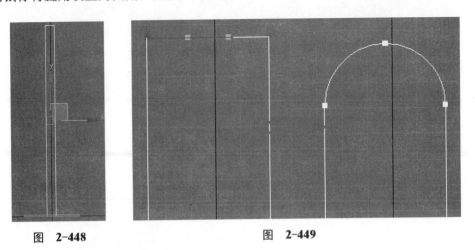

图 2-448   图 2-449

在修改器下拉列表中添加"倒角"修改命令（"倒角"修改器命令和多边形建模下的倒角命令不同，它有几个比较常用的参数，分别是级别 1、级别 2、级别 3，每个级别下均有高度和轮廓参数。一般情况下，级别 1 和级别 3 控制模型的扩大和缩小范围，级别 2 控制基础的高度。首先调整级别 1 的高度和轮廓值，将样条线下挤出一定高度和面的扩大范围，再设置级别 2 下的挤出高度，轮廓值不做修改，最后设置级别 3 下的缩小范围和高度值，级别 1 和级别 3 中的高度值一般设置一致，轮廓值互为相反），参数和效果如图 2-450 所示。将该物体复制后缩小调整或者再次创建一个样条线添加"挤出"修改，移动到红色物体的内部，如图 2-451 所示。注意底部位置一定要长于红色物体，如图 2-452 所示。

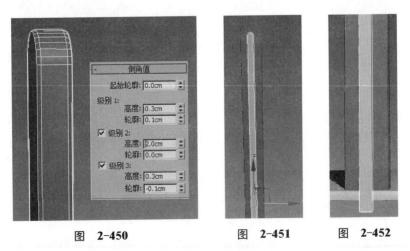

图 2-450   图 2-451   图 2-452

在创建面板下的 复合对象 面板中单击 ProBoolean （超级布尔运算），选择 ● 差集 单击 开始拾取 按钮拾取外侧的物体模型完成布尔运算，运算效果如图 2-453 所示。然后将该物体复制调整到另一侧，如图 2-454 所示。

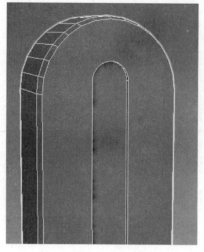

图　2-453　　　　　　　　图　2-454

（2）创建一个长方体模型，调整好角度和位置如图 2-455 所示。然后将该长方体模型旋转 90°复制调整大小，依此类推，复制调整好后的效果如图 2-456 所示。

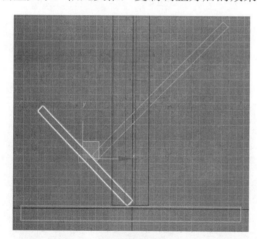
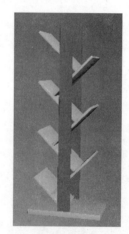

图　2-455　　　　　　　　图　2-456

（3）在顶部位置创建一个圆柱体作为它们之间的连接杆模型，如图 2-457 所示。

图　2-457

（4）单击"导入"|"导入"命令，选择 CD 盒模型导入到当前场景中后调整位置，如图 2-458 所示，然后复制出其他的 CD 盒模型，如图 2-459 所示。

最终的白模渲染效果如图 2-460 所示。

图　2-458　　　　　　　图　2-459　　　　　　　图　2-460

↘ **本实例小结**：本实例重点学习物体间的布尔运算方法，布尔运算下有很多运算方式，有差集、交集、并集等，这里只讲解了差集的运算效果，读者在学习过程中都要试验一下看看不同的运算类型运算后有什么区别。

实例 10　装饰柜的制作

装饰柜主要是用来做装饰的柜子。大多数人的家里都有各式各样的柜子，从床头柜、酒柜到鞋柜等，不一而足。这些柜子不仅起到装饰品的作用，更有其实用效果。装饰柜当然除了做装饰之外，也可以作为储物空间使用。

■ 设计思路

美式家具主要强调视觉美观效果，具有自由表现力，其色彩、结构、线条这些简单的元素在家具设计中尽显创意的光芒，并在概念艺术影响下形成了独树一帜的审美观。美式家具给人的感觉让人仿佛回到大自然的怀抱，因而讲究自然舒适、温馨写意的美式家具开始越来越受人们的喜爱。

■ 技术要点

本实例中的美式装饰柜效果，从美观与储物两方面结合，给人一种大气的效果，主要用到的制作技术要点如下：

● 样条线的创建方法及参数设置。
● “倒角剖面”修改器的使用方法。
● “阵列”工具复制物体的方法。
● “快照”工具沿路径复制物体的方法。

■ 制作步骤

本实例中先制作出柜面和底部面，然后是支撑腿部模型，最后是雕花以及边缘纹理的处理。

1．柜面、底部面制作

（1）本实例中柜面的制作不再直接用长方体创建修改，而是用样条线绘制出它的形状，用倒角剖面的方法生成三维模型。首先单击 ☀（创建）｜ 🗇（图形）｜ 线 按钮，在视图中创建如图 2-461 所示的样条线。

单击 按钮沿着 X 轴镜像复制，单击 附加 按钮拾取另外一条样条线将两者附加为一条样条线，选中对称中心位置的点，单击 焊接 按钮将相邻的两个点焊接在一起，如图 2-462 所示。

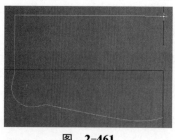

图 2-461

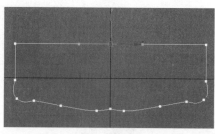

图 2-462

（2）在前视图中创建一个如图 2-463 所示的样条线，单击 圆角 按钮，将拐角处的直角点处理成带有弧度的圆角点，如图 2-464 所示。

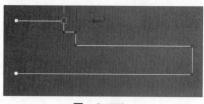

图 2-463

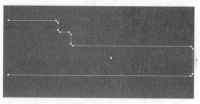

图 2-464

（3）选择步骤（1）中创建的样条线，在修改器下拉列表下添加"倒角剖面"修改器，单击 拾取剖面 按钮拾取步骤（2）中创建的样条线，这样就完成了由二维曲线生成三维模型的转换，效果如图 2-465 所示。

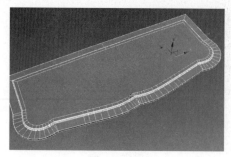

图 2-465

（4）将步骤（1）中创建的样条线向下复制两条，先选择其中一条，在参数面板中修改"插值"面板下的"步数"值为 1（这样做是为了降低样条线的精度便于后期多边形的布线调整），在修改器下拉列表下添加"挤出"修改器，设置挤出厚度值为 38 左右，然后将该物体塌陷为可编辑的多边形物体，效果如图 2-466 所示。

图 2-466 中的模型如果需要细分，很明显当前状态下布线效果不理想，需要重新调整布线，调整的方法也很简单，在背部位置的边上加线，然后选择前后对应的点按快捷键 Ctrl+Shift+E 加线连接即可，也可以右击选择"剪切"工具手动剪切调整布线，除此之外，还可以用"切片"工具和"快速切片"工具来调整。不管用哪种方法，自己感觉最快捷的方法就是好方法。调整之后的布线效果如图 2-467 所示。

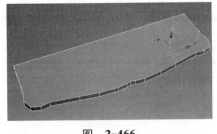
图　2-466

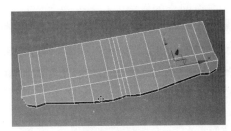
图　2-467

选择顶部面，用"倒角"工具调整出图 2-468 所示的效果。

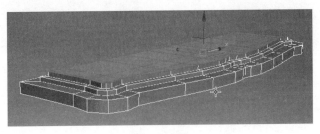
图　2-468

（5）在面级别下选择背部如图 2-469 中的面删除，然后选择边界用缩放工具沿着 Y 轴方向多次缩放在一个水平面内，单击"封口"按钮做封口处理，然后调整一下布线效果，在边缘位置加线，效果如图 2-470 所示。

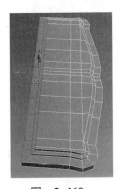
图　2-469

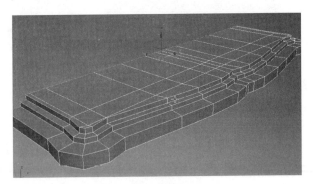
图　2-470

选择拐角处的环形线段进行切角处理，细分效果如图 2-471 所示。

105

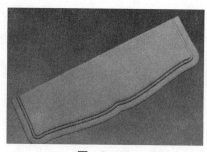

图 2-471

2．柜体制作

（1）在前面步骤复制的样条线添加"挤出"修改器，设置挤出值为 400mm，调整位置效果如图 2-472 所示。

（2）选择柜体物体，在修改器下单击 ⊞ Line 级别，这样物体又回到了样条线级别，可以对样条线队形修改调整处理。移动修改圆角处的点向内凹陷的效果如图 2-473 所示。

图 2-472

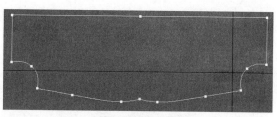

图 2-473

单击修改器列表下的 挤出 级别，这样模型又回到了添加"挤出"修改器后的效果，在拐角的凹陷位置创建一个圆柱体并转换为可编辑的多边形物体，对其进行多边形形状调整至如图 2-474 所示的形状。将该物体向上复制一个并再次修改形状至如图 2-475 所示。

图 2-474

图 2-475

（3）在两者中间位置创建一个圆柱体，然后在上方物体的表面处创建一个球体，为了节省面数可以将球体转换为多边形物体然后删除一半，向下复制几个移动旋转调整至模型表面，如图 2-476 所示。

（4）选择这几个物体然后单击 视图 按钮选择"拾取"，在视图中拾取图 2-476 中的模型，单击 图标切换坐标方式，在工具栏空白处右击选择 附加 ，此时会弹出一个"附加"工具栏 ，单击 阵列工具，在弹出阵列面板中设置 Z 轴的旋转角度和数量值，单击 预览 按钮，阵列效果如图 2-477 所示。

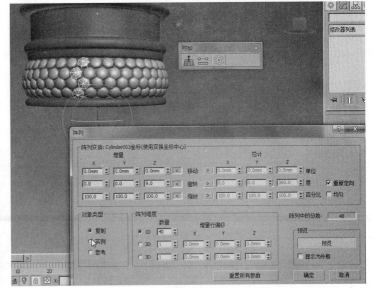

图 2-476

图 2-477

同样在该模型表面上创建一个如图 2-478 所示的形状物体，调整好旋转轴心，利用阵列工具复制调整出一圈模型，效果如图 2-479 所示。

图 2-478

图 2-479

（5）在底部创建出腿部支撑模型，如图 2-480 所示。然后对上方的立方体修改调整至图 2-481 所示形状。

图 2-480

图 2-481

（6）在立方体的表面位置创建一个圆柱体，设置边数为 6，右击圆柱体，在弹出的快捷菜单中选择"转换为"｜"转换为可编辑多边形"命令，将模型转换为可编辑的多边形物体，加线调整至如图 2-482 所示。继续挤出调整面至图 2-483 所示效果。

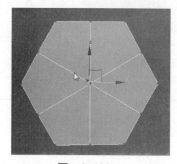

图 2-482

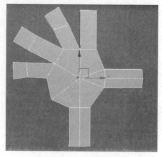

图 2-483

将该物体沿着 X 轴镜像复制将其附加在一起，中间部分连接起来效果如图 2-484 所示。将该物体沿着 Z 轴镜像复制将其附加在一起，中间部分连接起来效果如图 2-485 所示。

在中心位置创建一个长方体调整形状细分，然后选择雕花部分模型复制调整到其他面上，如图 2-486 所示。

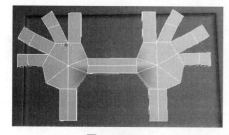

图 2-484

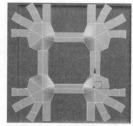

图 2-485

图 2-486

（7）同样的方法制作出底部雕花模型如图 2-487 所示。将右侧腿部支撑模型复制出来，效果如图 2-488 所示。

图 2-387

图 2-488

（8）在前面创建的样条线上创建一个长方体，依次单击"动画"｜"约束"｜"路径约束"命令，然后在视图中单击图 2-489 中绿色的样条线，这样就把长方体模型约束在了该路径上。拖动软件底部的时间滑块会发现长方体将沿着路径移动。

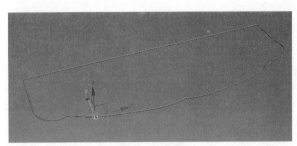

图　2-489

单击"工具"菜单，选择 快照(P)... ，在弹出的"快照"面板中设置副本的数量为 80，其他值保持不变（该面板参数的意义就是从 0~100 帧复制多少个副本），快照后效果如图 2-490 所示。

图　2-490

右击选择"全部取消隐藏"，将隐藏的物体显示出来，效果如图 2-491 所示。

图　2-491

（9）将柜体模型沿 Z 轴复制，删除多余面只保留正面左侧的面，通过加线、倒角等工具制作出柜门效果，制作过程如图 2-492～图 2-495 所示。

创建出拉环模型如图 2-496 和图 2-497 所示。

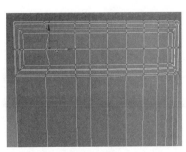

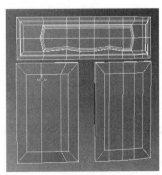

图　2-492　　　　　　　　　图　2-493　　　　　　　　　图　2-494

109

图 2-495 图 2-496 图 2-497

将右侧柜门和拉手模型对称复制出来，按快捷键 M 打开材质编辑器，在左侧材质类型中单击标准材质并拖拉到右侧材质视图区域，选择场景中所有物体，单击 按钮将标准材质赋予所选择物体，效果如图 2-498 所示。

最终的白模渲染效果如图 2-499 所示。

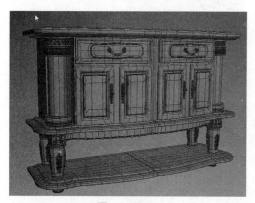

图 2-498 图 2-499

➘ **本实例小结**：本实例中制作的装饰柜模型算是比较复杂的一种，重点学习阵列工具、路径约束、快照工具等新的物体复制方法。这几个工具的使用也比较重要，读者在学习时一定要多加练习，熟练掌握其中技巧。

餐厅家具设计

餐厅是人们吃饭就餐的场所，餐厅中的家具是人们日常生活和社会活动中使用的具有坐卧、餐食等功能的器具。餐厅家具主要以木材为主。

餐厅家具从款式、色彩、质地等方面要精心选择，因为它的舒适性直接影响到食欲。最常见的餐桌是方桌和圆桌，近年来长圆桌也比较盛行。

本章将通过餐桌、餐椅、酒柜、餐边柜、卡座、吧台、垃圾柜这几个方面来详细地讲解一下餐厅家具的设计与制作。

实例 01　餐桌的制作

餐桌是人们吃饭用的桌子。餐桌按形状可分为圆形餐桌、长方形餐桌以及椭圆形餐桌。

独居时，家中空间如果不大，餐桌的长度最好不要超过 1.2m，二人世界则适合 1.4～1.6m 的餐桌，多口之家则适用 1.6m 或者更大的餐桌。

餐桌的形状对家居的氛围有一些影响。长方形的餐桌更适用于较大型的聚会；而圆形餐桌令人感觉更有家庭氛围；不规则桌面则更适合艺术气息的装修风格。

■ 设计思路

根据现代餐桌简洁大方的特点制作一个椭圆形的 6 人餐桌。

■ 技术要点

本实例中的现代餐桌从风格出发，展现实用性和舒适性相结合的效果，表现出现代餐桌简洁大方的特点。本节主要用到的技术要点如下：

- 对齐工具的使用。
- 利用创建样条线挤出修改模型。
- 边缘棱角连续倒角方法。

■ 制作步骤

先制作桌面然后制作出腿部和底座模型，最后制作餐椅模型。接下来看一下该餐桌的制作过程。

1. 餐桌制作

（1）在透视图中创建一个半径为 110cm，端面分段为 4，高为 6.5cm，边数为 18 的圆柱体，如图 3-1 所示。在厚度的上下边缘位置加线，如图 3-2 所示。

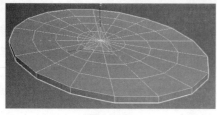

图　3-1

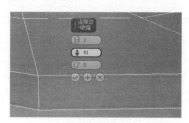

图　3-2

按快捷键 Ctrl+Q 细分该模型，然后在底部位置创建一个长 135cm、宽 8cm、高 7cm、圆角为 0.5cm 左右的切角长方体模型，如图 3-3 所示。单击"对齐"按钮拾取顶部桌面物体，设置对齐参数如图 3-4 所示，将桌面的底部和长方体的顶部位置对齐。

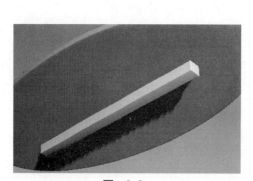

图　3-3

图　3-4

（2）单击（创建）｜（图形）｜　线　按钮，在视图中创建如图 3-5 所示的样条线。

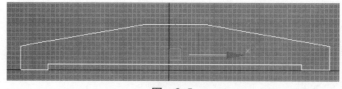

图　3-5

在修改器下拉列表下添加"挤出"修改器，设置挤出高度为 5，效果如图 3-6 所示。

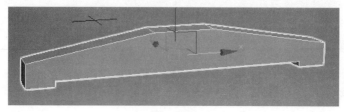

图　3-6

右击，在弹出的快捷菜单中选择"转换为"｜"转换为可编辑多边形"命令，将模型转换为可编辑的多边形物体。分别在顶部和底部位置加线，然后在对应的点之间连接线段调整布线，如图 3-7 所示。选择两侧边缘的线段，用"切角"工具连续切角，设置如图 3-8 所示。

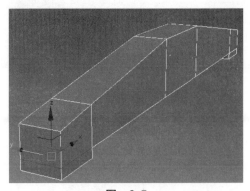

图　3-7　　　　　　　　　　　　　图　3-8

（3）复制底座模型到另一侧，然后将顶部切角长方体模型向下复制，调整宽度，如图 3-9 所示。将粉色物体旋转 90°复制调整高度，将其塌陷为可编辑多边形物体，选择顶部点向内缩放调整大小，如图 3-10 所示。

将调整好的底座模型复制调整出另一边模型，整体效果如图 3-11 所示。

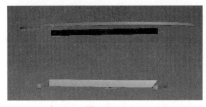

图　3-9　　　　　　　　图　3-10　　　　　　　图　3-11

2．餐椅制作

（1）创建一个长方体模型并转换为可编辑多边形物体，选择点调整形状，如图 3-12 和图 3-13 所示。

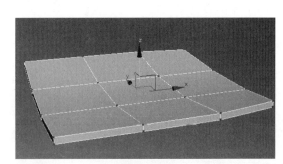

图　3-12　　　　　　　　　　　　图　3-13

选择图 3-14 所示的面删除，然后按快捷键 3 进入边界级别选择边界线，按住 Shift 键移动挤出面调整，如图 3-15 所示。

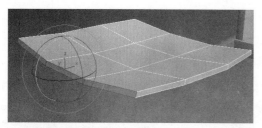

图 3-14 图 3-15

单击 封口 按钮将顶部开口封闭起来，然后加线调整好布线后选择点，移动调整形状至图 3-16 所示。同时注意靠背模型的凹陷调整至如图 3-17 所示。

图 3-16 图 3-17

在右侧位置加线调整，选择左侧一半的点删除，如图 3-18 所示。在修改器下拉列表下添加"对称"修改器，对称复制出另一半模型，如图 3-19 所示。

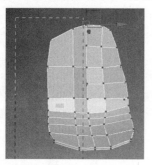
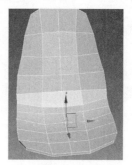

图 3-18 图 3-19

将该模型塌陷为多边形物体后，继续调整整体形状，细分后效果如图 3-20 所示。在模型厚度的边缘位置加线，如图 3-21 所示。

（2）创建一个长方体模型作为一只腿部支杆模型，如图 3-22 所示。将该模型转换为可编辑多边形物体后，选择四角的点向内缩放调整，如图 3-23 所示。

图 3-20 图 3-21 图 3-22 图 3-23

用缩放工具调整椅子腿部模型粗细变化，然后在顶端和底端位置加线约束，如图 3-24 所示，细分后的效果如图 3-25 所示。

（3）在图中创建一个圆形和矩形，如图 3-26 所示。右击矩形，在弹出的快捷菜单中选择"转换为"｜"转换为可编辑样条线"命令，将矩形转换为可编辑的样条线，选择右侧的两个点，单击 圆角 按钮将角点处理为圆角，如图 3-27 所示。框选中间的两个点用"焊接"工具将其焊接起来，然后在修改器下拉列表下添加"挤出"修改器，如图 3-28 所示。

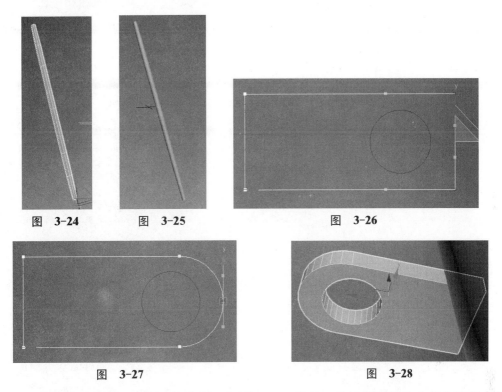

图 3-24　　　图 3-25　　　　　　　图 3-26

图 3-27　　　　　　　　　图 3-28

调整该模型到支撑腿部顶端的位置，如图 3-29 所示。然后复制调整出其他腿部支撑杆模型，如图 3-30 所示。

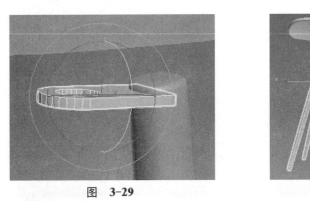

图 3-29　　　　　　　　图 3-30

选择椅子的坐垫模型，在腿部支撑杆相对应的面上加线调整，如图 3-31 和图 3-32 所示。

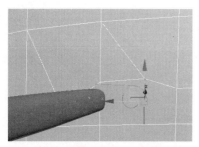

图 3-31

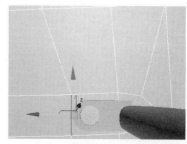

图 3-32

选择加线调整后的面，用"挤出"工具将面挤出，如图 3-33 所示。然后适当缩放调整，如图 3-34 所示。

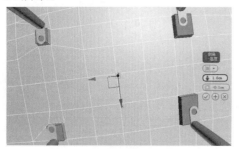

图 3-33

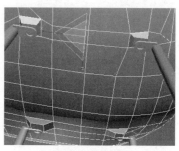

图 3-34

在挤出面的高度上加线，如图 3-35 所示。细分后效果如图 3-36 所示。

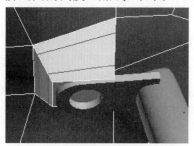

图 3-35

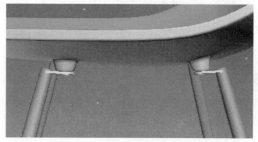

图 3-36

在对应的开口位置创建一个圆柱体来模拟螺丝钉的固定效果，如图 3-37 所示。

（4）创建一个圆柱体，调整其位置和长短，如图 3-38 所示。然后将该物体转换为可编辑多边形物体，选择一端的面挤出面，如图 3-39 所示。在挤出的面上加线，如图 3-40 所示。选择中心的点用"切角"工具将选择点切角，如图 3-41 所示。选择切角位置的面并删除，如图 3-42 所示。

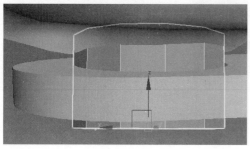

图 3-37

图 3-38

　　按快捷键 3 进入边界级别，选择图 3-43 中的边界线，单击"桥"按钮生成图 3-44 中红色区域面。

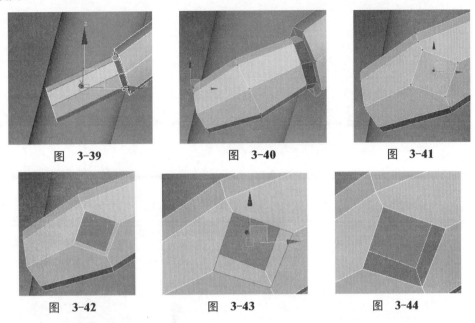

图 3-39　　　　　　　　图 3-40　　　　　　　　图 3-41

图 3-42　　　　　　　　图 3-43　　　　　　　　图 3-44

　　用同样的方法调整另一侧效果，细分后效果如图 3-45 所示。在开口位置创建一个圆柱体作为固定物体，如图 3-46 所示。

　　镜像复制出的交叉杆模型如图 3-47 所示，然后复制出另外一侧模型，如图 3-48 所示。

　　选择整个椅子模型进行复制调整，如图 3-49 所示。

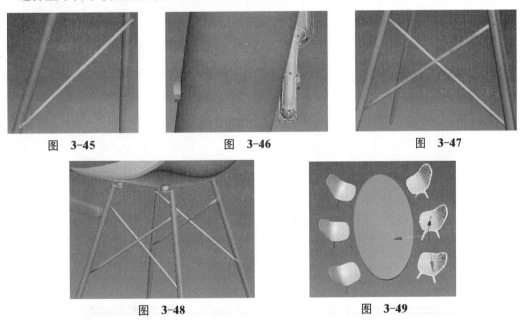

图 3-45　　　　　　　　图 3-46　　　　　　　　图 3-47

图 3-48　　　　　　　　图 3-49

3．茶壶及碗的制作

（1）在桌面上创建一个茶壶然后复制一个，在参数面板中取消勾选壶把、壶嘴、壶盖选

117

项，如图 3-50 和图 3-51 所示。

图 3-50   图 3-51

（2）将茶壶模型转换为可编辑多边形物体，将底部缩放调整至图 3-52 所示效果，然后选择底部面，用"倒角"工具挤出面，修改至图 3-53 所示效果。

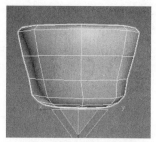

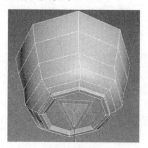

图 3-52   图 3-53

在顶端外侧位置加线后选择面向外倒角挤出面，如图 3-54 所示。在内侧位置加线如图 3-55 所示。

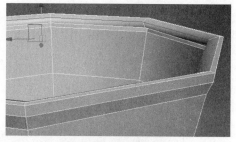

图 3-54   图 3-55

选择碗底座边缘的线段切角，如图 3-56 所示。细分后效果如图 3-57 所示。

图 3-56   图 3-57

（3）向上复制调整并适当旋转，如图 3-58 所示。最后的整体效果如图 3-59 所示。

图　3-58

图　3-59

按快捷键 M 打开材质编辑器，在左侧材质类型中单击标准材质并拖拉到右侧材质视图区域，选择场景中所有物体，单击 按钮将标准材质赋予所选择物体，将制作好的餐桌模型放置于一个室内场景中，最后的白模渲染效果如图 3-60 所示。

图　3-60

↘ **本实例小结：** 本实例模型并不复杂，在制作时需要注意它们的尺寸和整体比例即可。另外需要注意的一点是餐椅模型的曲面调整要流畅美观。

实例 02　餐椅的制作

餐椅是专供就餐用的椅子，是餐厅家具的一种。餐椅按照材质可以分为实木椅、钢木椅、曲木椅、铝合金椅、藤椅、塑料椅、玻璃钢椅、亚克力椅、板式椅、杂木椅和圆椅等。按餐椅用途可以分为中餐椅、西餐椅、咖啡椅、快餐椅、酒吧椅、办公椅等。

餐椅坐高应等于小腿长度，坐下后小腿自然下垂时脚掌正好落地。座高太高，小腿悬空，大腿下面受压迫；座高太低，大腿不能自然放到座面上，人体重量集中到臀部受压，久了也会不舒服。

■ 设计思路

本实例中学习制作一个实木餐椅。实木的特点在于表面的花纹纹理，加上多色彩，再配合欧美风格的雕花装饰,显得尊贵高尚。

■ 技术要点

- 阵列工具快速复制物体方法。
- 石墨建模工具下"条带"工具绘制花纹方法。
- 多边形建模下的常用命令。

■ 制作步骤

本实例制作的餐椅模型,先制作坐垫模型然后是前椅腿和后椅腿部,最后制作靠背模型。

1.前支撑腿模型制作

(1)在视图中创建一个长方体模型并转换为可编辑的多边形物体,通过加线调整制作出坐垫形状,如图 3-61 所示。该模型要注意中间向上凸起,四角的棱角效果要处理好。然后在底部边缘位置加线,如图 3-62 所示,选择底部加线位置的面,用"倒角"工具向外倒角挤出面,如图 3-63 所示。细分后效果如图 3-64 所示。

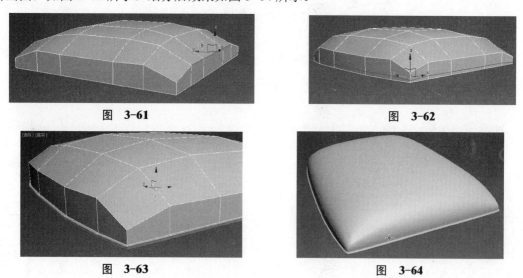

图 3-61   图 3-62

图 3-63   图 3-64

(2)在视图中创建一个圆柱体并转换为可编辑的多边形物体,选择顶部面删除,按快捷键 3 进入边界级别,按住 Shift 键配合移动、缩放等操作挤出面调整,调整过程如图 3-65~图 3-67 所示。边缘棱角的处理有两种方法,第一种可以选择棱角处的线段用"切角"工具将线段切角处理,第二种可以用加线的方法在棱角的边缘位置加线。不管用哪种方法原理都是一样的,处理后的细分效果如图 3-68 所示。

(3)在椅腿顶部位置创建一个长方体如图 3-69 所示,分别加线后选择图 3-70 中的面向内倒角挤出,分别在边缘位置加线,约束后的细分效果如图 3-71 所示。

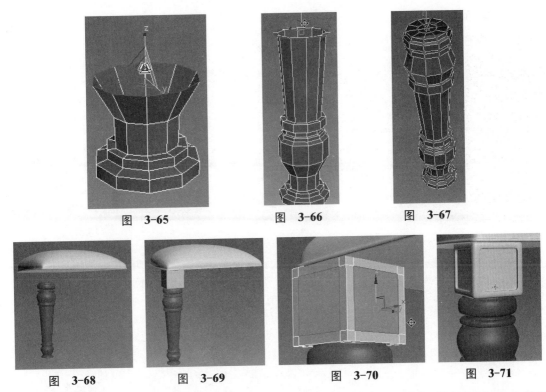

图 3-65　　　　　　　　图 3-66　　　　　　　　图 3-67

图 3-68　　　　　图 3-69　　　　　　图 3-70　　　　　　图 3-71

（4）单击软件左上角图标选择"导入"｜"合并"命令，选择第 2 章中实例 10 中的装饰柜模型，将所有物件全部导入进来，保留图 3-72 中的雕花模型，删除其他所有装饰柜模型，将雕花模型移动复制并调整到立方体表面，如图 3-73 所示。再次导入装饰柜模型，保留图 3-74 中的雕花模型，将该雕花模型移动复制到餐椅腿部模型表面上，如图 3-75 所示。

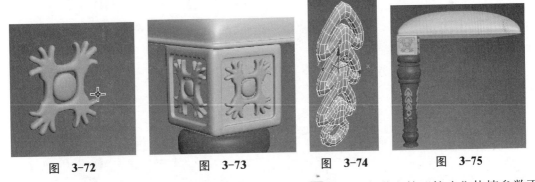

图 3-72　　　　　　图 3-73　　　　　　图 3-74　　　　　图 3-75

选择餐椅腿部模型的边，单击 挤出 按钮后面的 图标，在弹出的"挤出"快捷参数面板中设置线段的挤出参数，如图 3-76 所示。细分效果如图 3-77 所示。

（5）在腿部模型表面位置创建一个如图 3-78 所示形状的物体，单击工具栏 视图 ▼框下的小三角按钮，在下拉列表中选择 拾取 ，拾取腿部模型，再长按 按钮，在下拉工具列表中单击 按钮切换所拾取模型的坐标轴，依次单击"工具"｜"阵列"命令，在弹出的阵列面板中设置轴向，选择角度和复制的数量，单击 预览 按钮可以快速预览阵列之后的效果。这里说明一下，在复制模型时角度值和数量值可以在预览之后逐步进行调整直至达到满意效果。预览效果如图 3-79 所示。

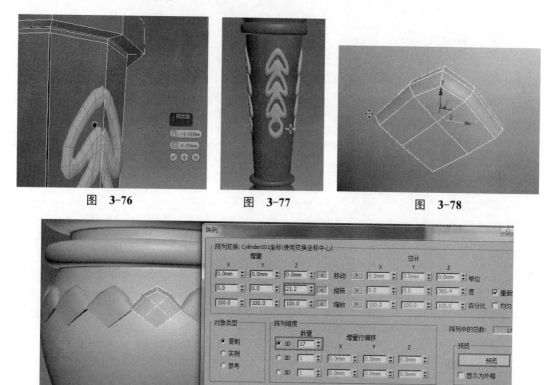

图 3-76 图 3-77 图 3-78

图 3-79

选择其中一个物体向下复制，再次用阵列工具复制出所需效果，如图 3-80 所示。将制作好的腿部模型按住 Shift 键移动复制到右侧，效果如图 3-81 所示。

图 3-80

图 3-81

2. 后腿模型制作

（1）在视图中创建一个长方体模型，右击该模型，在弹出的快捷菜单中选择"转换为"|"转换为可编辑多边形"命令，将模型转换为可编辑的多边形物体，然后修改长方体形状。修改制作的方法是：删除顶端和底端的面，选择边界线按住 Shift 键移动或者缩放挤出调整面，然后调整位置，过程如图 3-82 和图 3-83 所示。

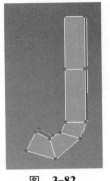

图 3-82

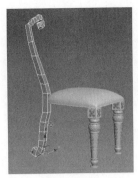

图 3-83

分别在两侧的前后位置加线，如图 3-84 和图 3-85 所示。这样加线的目的是为了后面边缘面的凸起操作做准备。

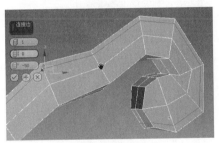

图 3-84

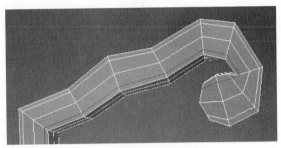

图 3-85

选择边缘所有的面，用"倒角"工具将选择面向外倒角挤出，如图 3-86 所示。在需要表现棱角的位置将线段切角处理，如图 3-87 所示。细分后效果如图 3-88 所示。

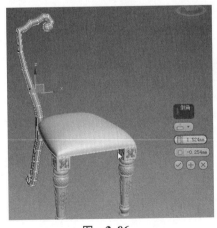

图 3-86

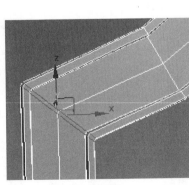

图 3-87

图 3-88

（2）依次单击"自由形式"｜"多边形绘制"｜"条带"，选择"绘制于：曲面"，单击"拾取"按钮后拾取靠背模型，再次单击"条带"按钮，在物体的表面上绘制出所需要的形状，如图 3-89 所示。

按快捷键 4 进入面级别，选择所有面，单击"倒角"按钮将所选面向外挤出倒角，按快捷键 Ctrl+Q 细分光滑显示该模型，效果如图 3-90 所示。

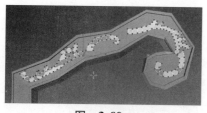
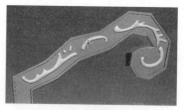

图 3-89　　　　　　　　　　　　图 3-90

　　用同样的方法将其他的条纹模型绘制出来，如图 3-91 所示。最后将正面的条纹模型镜像复制，移动旋转调整到背部，如图 3-92 所示。

　　（3）将左侧的所有靠背模型镜像复制调整到右侧，如图 3-93 所示。

图 3-91　　　　　　图 3-92　　　　　　图 3-93

3．靠背模型制作

　　（1）在靠背位置创建一个长方体并转换为可编辑的多边形物体，通过加线和面的挤出、倒角、点的焊接及位置的移动调整等操作将长方体模型修改为所需形状，修改过程请参考图 3-94～图 3-99。

　　适当加线调整模型布线，细分效果如图 3-100 所示。

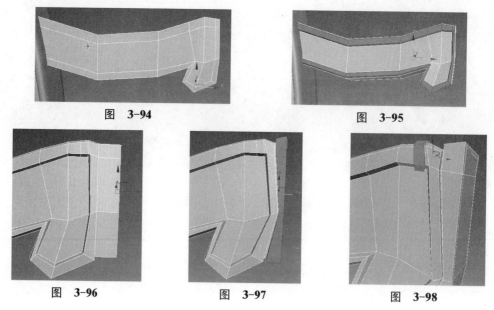

图 3-94　　　　　　　　　　　　图 3-95

图 3-96　　　　　　　图 3-97　　　　　　　图 3-98

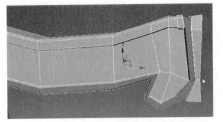
图　3-99

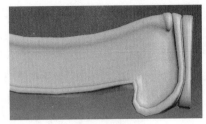
图　3-100

在修改器下拉列表下添加"对称"修改器，对称出右半部分模型，细分效果如图 3-101 所示。

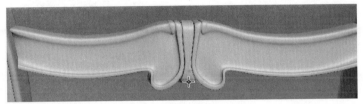
图　3-101

（2）用"条带"工具在物体表面上绘制，效果如图 3-102 所示。

按快捷键 4 进入面级别，框选所有面，单击"倒角"按钮进行倒角设置，按快捷键 Ctrl+Q 细分光滑显示该模型，效果如图 3-103 所示。然后将绘制的图案镜像复制到右侧。

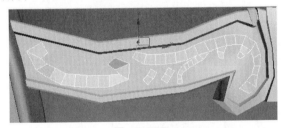
图　3-102

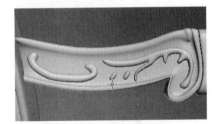
图　3-103

（3）创建一个长方体模型并转换为多边形物体，通过边界线段的挤出操作拖拉出面进行调整，过程如图 3-104 和图 3-105 所示。

单击"镜像"工具以镜像实例方式复制出另外一半，单击"附加"按钮拾取镜像复制的模型进行附加，然后用点的"目标焊接"工具将对称中心处的点焊接起来，效果如图 3-106 所示。

图　3-104

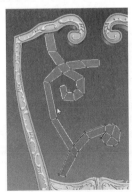
图　3-105

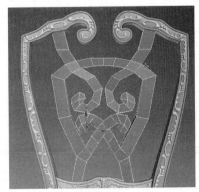
图　3-106

选择正反所有面，单击 倒角 按钮后面的 ▫ 图标，在弹出的"倒角"快捷参数面板中设置参数，将面向内挤出后再向外凸起挤出操作，细分效果如图 3-107 所示。

分别将拐角处的线段做切角处理，同时还需要在边缘位置进行加线来约束细分之后出现的较大变形效果，调整后细分效果如图 3-108 所示。

图 3-107　　　　　　　　图 3-108

（4）在顶端中心位置创建一个长方体并对其进行多边形形状调整，调整效果如图 3-109 所示。按"1"键进入"点"级别，右击选择"剪切"工具在物体表面上切线，调整布线如图 3-110 所示。

分别选择部分面用"倒角"工具向外挤出倒角，如图 3-111～图 3-116 所示。

选择后面一半的点删除，如图 3-117 所示，然后在下拉修改列表中添加"对称"修改器将制作好的细节对称出来，如图 3-118 所示。再次将该模型塌陷为多边形物体后，选择 X 轴对称中心位置的面，如图 3-119 和图 3-120 所示，按 Delete 键删除。

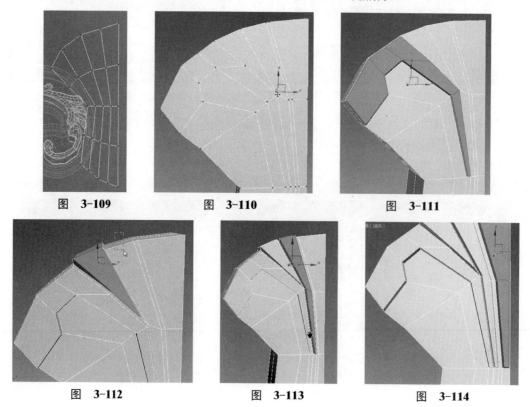

图　3-109　　　　图　3-110　　　　图　3-111

图　3-112　　　　图　3-113　　　　图　3-114

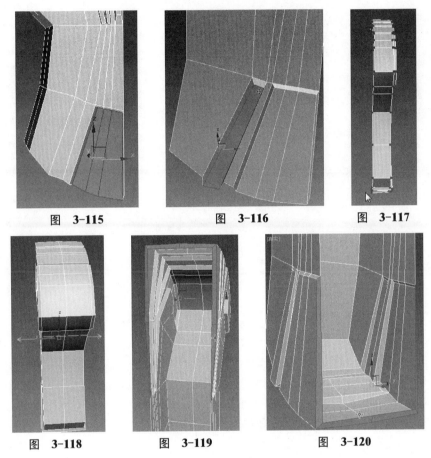

图 3-115　　　　图 3-116　　　　图 3-117

图 3-118　　　　图 3-119　　　　图 3-120

　　按快捷键 Ctrl+Q 细分该模型，效果如图 3-121 所示。将右侧模型对称调整出来后的细分效果如图 3-122 所示。

　　（5）在该物体上再创建一个如图 3-123 所示的物体。

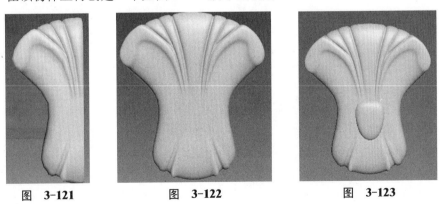

图 3-121　　　　图 3-122　　　　图 3-123

　　调整后的效果如图 3-124 所示。按快捷键 M 打开材质编辑器，在左侧材质类型中单击标准材质并拖动到右侧材质视图区域，选择场景中所有物体，单击 [图标] 按钮将标准材质赋予所选择物体，效果如图 3-125 所示。

　　最终的白模渲染效果如图 3-126 所示。

图　3-124　　　　　　　图　3-125　　　　　　　图　3-126

　　本实例中的餐椅也算是比较复杂的一种，难点在于后方的腿部模型和靠背模型的调整上，因为它们的形状具有一定的流线性，并不是单独沿着某一个轴向进行调节，需要对 X、Y、Z 轴 3 个轴向同时进行调整。同时上面的雕花纹路也是难点之一。

实例03　酒柜的制作

　　酒柜不仅是家庭中一个漂亮的装饰品，更是会给家庭招来吉运的风水吉祥物。

　　在家居装修之前一定要先进行测量从而确定酒柜的尺寸。酒柜的尺寸设计也要以实用性为原则，酒柜的尺寸不能为了追求美观而缺少实用性，这样只会给日后的生活带来不便。酒柜的尺寸要充分考虑与家居的协调搭配，不能因为酒柜的尺寸问题破坏了整体家居的协调性。

■ 设计思路

　　本实例中设计的酒柜分为上中下 3 层，下层是一个储物柜，上层用来放置酒，中间部位设计为抽屉。

■ 技术要点

- 样条线的创建修改。
- "倒角剖面"快速生成三维模型。
- 多边形编辑下的参数控制。
- 石墨建模工具下的条带工具的使用。
- 石墨建模工具下延伸工具使用。
- 透明物体的简单设置。

■ 制作步骤

　　本实例中通过创建酒柜的剖面曲线，用"倒角剖面"的方法直接生成三维模型，然后对模型进行多边形的细节调整。

1．柜体制作

（1）在透视图中创建一个长 180cm、宽 140cm、高 40cm 的长方体模型，加线调整位置，先将酒柜划分出几个区域，如图 3-127 所示。参考长方体的划分区域比例，创建一个图 3-128 所示的样条线。

（2）切换到顶视图，按 A 键打开捕捉开关，捕捉长方体顶部的两个点创建一个相同宽度和长度的矩形，创建好后用移动工具向前移动，如图 3-129 所示。在修改器下拉列表下添加"倒角剖面"修改器，拾取图 3-128 中创建的样条线，拾取后的倒角剖面效果如图 3-130 所示。

单击▣显示面板，勾选☑图形，可以将场景中所有样条线隐藏起来。将倒角剖面物体塌陷为多边形物体，分别在图 3-131 和图 3-132 中的位置加线。

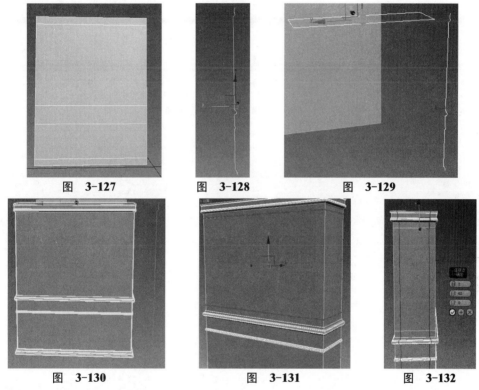

图 3-127　　　　　图 3-128　　　　　图 3-129

图 3-130　　　　　图 3-131　　　　　图 3-132

（3）将两个侧面中间的面删除，然后选择边界线向内挤出面调整，如图 3-133 所示。在图 3-134 中的位置加线，然后删除部分面，同样的方法选择边界线向内挤出面并调整，如图 3-135 所示。

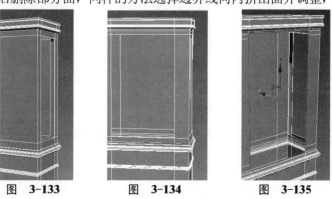

图 3-133　　　　　图 3-134　　　　　图 3-135

（4）在物体边缘上继续加线，如图 3-136 所示，然后切角设置如图 3-137 所示。选择切角位置的面向内倒角挤出，如图 3-138 所示。

图　3-136　　　　　　图　3-137　　　　　　　　　图　3-138

在顶端的位置继续加线后选择面向内挤出，如图 3-139 所示。然后在图 3-140 中的位置分别加线。

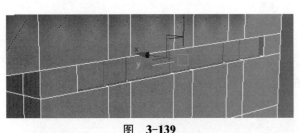

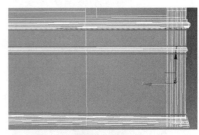

图　3-139　　　　　　　　　　　　　　　图　3-140

（5）分别选择图 3-141～图 3-143 中的面，向内挤出面并调整。

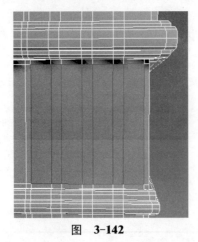
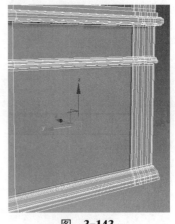

图　3-141　　　　　　图　3-142　　　　　　　图　3-143

（6）制作一半模型后，将对称中心位置多余的面删除，然后在修改器下拉列表中添加"对称"修改器对称出另一半，如图 3-144 所示。

选择图 3-145～图 3-148 中的面，单击 自动平滑 按钮，将选择的面自动平滑处理。

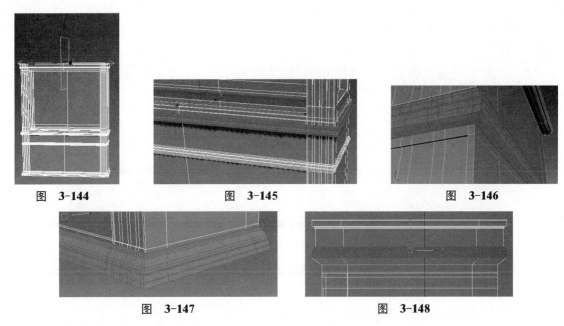

图 3-144   图 3-145   图 3-146

图 3-147   图 3-148

2．柜门框和柜门制作

（1）在酒柜上半部分镂空位置创建一个面片物体，分别加线和切线调整至图 3-149 所示的形状，然后选择部分面删除，如图 3-150 所示。

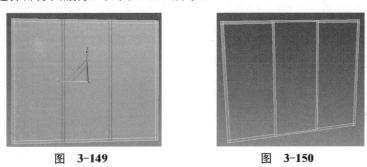

图 3-149   图 3-150

按快捷键 3 进入边界级别，框选所有的边界线，按住 Shift 键向内挤出面调整，如图 3-151 所示。然后再创建一个长方体模型加线调整，如图 3-152 所示，删除部分面效果如图 3-153 所示。

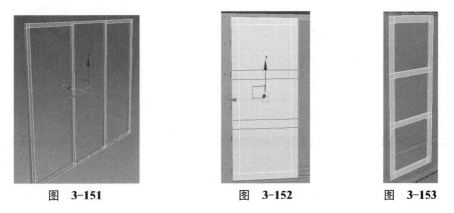

图 3-151   图 3-152   图 3-153

（2）创建一个面片物体作为玻璃物体，如图 3-154 中蓝色模型，复制调整出侧面的玻璃模型，如图 3-155 所示。

图 3-154

图 3-155

3. 抽屉及雕花制作

（1）创建一个长方体并将其转换为可编辑多边形物体，在边缘位置分别加线，如图 3-156 所示，然后选择中间的面向内挤出，最后在边缘棱角位置和拐角位置分别加线约束调整细分效果，如图 3-157 所示。

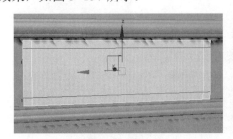

图 3-156

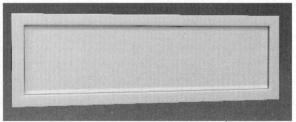

图 3-157

将抽屉模型向右复制，再向下复制，然后调整大小，如图 3-158 所示。

（2）创建一个如图 3-159 所示的面片模型并转换为可编辑多边形物体，右击选择"剪切"工具在表面上加线，然后用面的倒角工具挤出面调整至图 3-160 所示形状，将图 3-161 中的面向内挤出。

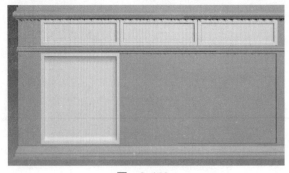

图 3-158

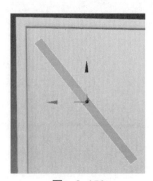

图 3-159

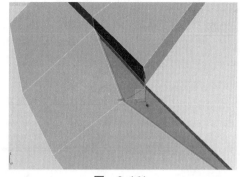

图 3-160　　　　　　　　　　　　　　　图 3-161

　　加线调整形状至图 3-162 所示效果，然后选择一圈的边界线，按住 Shift 键沿着 X 轴方向移动挤出面并调整，如图 3-163 所示，接着在图 3-164 中的位置加线。

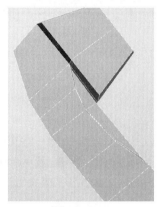

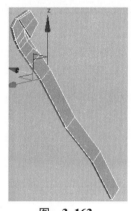

图 3-162　　　　　　　　图 3-163　　　　　　　　图 3-164

　　（3）旋转复制出其他 3 个模型，如图 3-165 所示，单击 附加 按钮拾取复制的 3 个物体将其附加起来，删除中心位置的面，如图 3-166 所示。

　　用"桥"工具将对应的线段之间生成面，如图 3-167 所示，继续加线调整中心位置形状至图 3-168 所示。

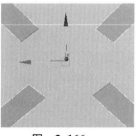

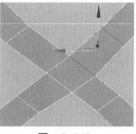

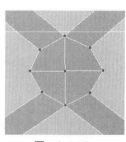

图 3-165　　　　　图 3-166　　　　　图 3-167　　　　　图 3-168

　　（4）在中心位置创建一个长方体模型，加线选择面挤出，调整至图 3-169 所示形状，细分后效果如图 3-170 所示。将制作好的条纹模型向右复制调整，如图 3-171 所示。

　　（5）柜门框雕花模型制作。在酒柜边框位置先创建一个面片物体并转换为可编辑多边形物体，依次单击 自由形式 | 多边形绘制 | ⌀ · 小三角 | ⌀ 绘制于：曲面 按钮，然后单击 拾取 按

钮拾取黄色边框模型，单击 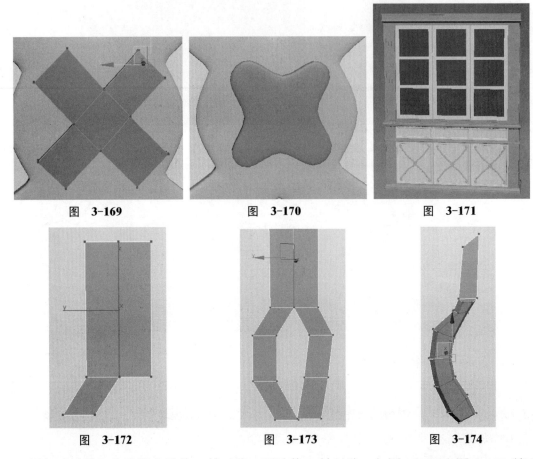 按钮，按快捷键 Ctrl+Shift 在边上单击并拖动可以快速挤出面并调整，如图 3-172 所示。同样的方法调整至图 3-173 所示形状。删除另一半，选择底部面向外倒角挤出，如图 3-174 所示。细分效果如图 3-175 所示。

图　3-169　　　　　　图　3-170　　　　　　图　3-171

图　3-172　　　　　　图　3-173　　　　　　图　3-174

添加"对称"修改器先沿着 X 轴对称，再沿着 Y 轴对称，如图 3-176 和图 3-177 所示。

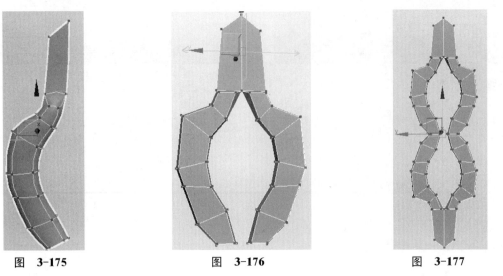

图　3-175　　　　　　图　3-176　　　　　　图　3-177

将该物体塌陷为多边形物体，选择内侧中心位置面桥接出中间面如图 3-178 所示。按快捷键 3 选择外部边界线，按住 Shift 键缩放挤出面并调整至图 3-179 所示形状。

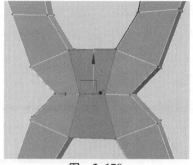

图　3-178　　　　　　图　3-179

（6）在该模型的中间部分创建一个圆柱体并转换为多边形物体，调整出图 3-180 所示形状。然后再创建复制出图 3-181 中的物体模型，单击 按钮在左侧位置创建一个如图 3-182 中的面片物体，然后配合面的"倒角"、边界线的挤出缩放等工具调整出图 3-183 中的形状，最后镜像复制出右侧位置模型，如图 3-184 所示。

同样的方法创建出图 3-184 中的模型雕花，创建的方法大致相同不再详细赘述。将制作好的雕花模型分别复制并调整，如图 3-185 所示。

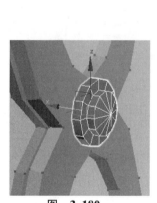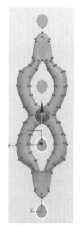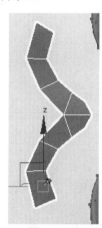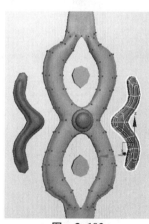

图　3-180　　　　图　3-181　　　　图　3-182　　　　图　3-183

图　3-184　　　　　　　　　　图　3-185

（7）支撑腿模型制作。创建一个长方体物体并转换为可编辑多边形物体，加线将底部面挤出并调整形状，如图3-186所示，在左右前后两侧边缘加线，如图3-187所示。

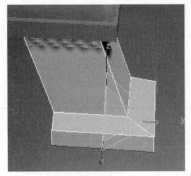

图 3-186

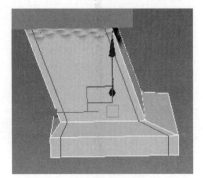

图 3-187

选择图3-188中的面向上倒角挤出，然后将棱角位置的线段切角设置如图3-189所示。

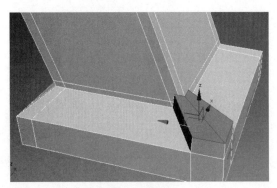

图 3-188

图 3-189

继续加线约束后细分效果如图3-190所示，将制作好的腿部支撑物体模型进行复制，如图3-191所示。

图 3-190

图 3-191

按快捷键M打开材质编辑器，在左侧材质类型中单击标准材质并拖拉到右侧材质视图区域，选择场景中酒柜模型，单击 ⬢ 按钮将标准材质赋予所选择物体。然后再次拖拉出一个标准材质，单击漫反射右侧的颜色框，在弹出的颜色面板中设置一个深绿色，赋予场景中柜门上的玻璃物体，并将不透明度设置为30，如图3-192所示。

最终的白模渲染效果如图3-193所示。

图 3-192   图 3-193

↘ **本实例小结**: 本实例重点学习使用"倒角剖面"修改器快速制作模型轮廓的方法。注意使用倒角剖面修改器前,绘制的样条线比例和大小非常重要,会直接影响到三维模型的形状和比例。另外还要熟练使用石墨建模工具下的"条带"工具和"延伸"工具的使用方法,这在以后的建模中可以大大节省时间。

实例 04   餐边柜模型的制作

餐边柜一般是有收纳功能的储物柜,可以放置碗碟筷、酒类、饮料类以及临时放汤和菜肴用的柜子。如果家庭空间较大,设计的餐边柜要大体量多功能,注意柜子的内部设计,尽可能更好地利用空间。

■ 设计思路

本实例中制作的餐边柜考虑了实用性与空间性,注重柜子内部格局的设计,尽可能使空间利用率最大化,在柜体的中间部位加装柜门,里面可以存放餐巾布、食物等比较琐碎的物品。

■ 技术要点

本实例餐边柜中用到的技术要点如下:
● 房间的创建方法。
● 透明玻璃材质的设置。

■ 制作步骤

1. 室内房间制作

(1) 室内房间的制作可以用长方体模型代替,但是创建的长方体模型的法线方向是向外的,因为房间的模拟要用到长方体内部面,所以内部的面在默认情况下渲染出来是一片漆黑。

要想渲染长方体内部面，必须先将法线翻转。翻转的方法也很简单，将长方体模型转换为可编辑多边形物体后选择所有面，单击 翻转 按钮即可。

将长方体模型加线删除部分面，如图 3-194 所示，在一角位置创建一个长方体模型，然后选择线段向外挤出面模拟墙体的厚度，如图 3-195 所示。

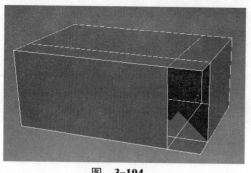
图 3-194

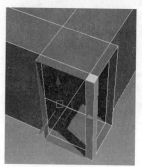
图 3-195

（2）在图 3-196 中的位置创建一个面片物体并复制，右击，选择对象属性，在对象属性面板中勾选"透明"选项将物体以透明显示。然后将图 3-197 中的线段挤出面制作出窗口效果。在窗口的位置创建一个面片物体，同样将其设置为透明物体如图 3-198 所示。

（3）以上是用单面片的方法创建餐边柜的方法，当然也可以按照实际情况创建出桌子的厚度，如图 3-199 所示。

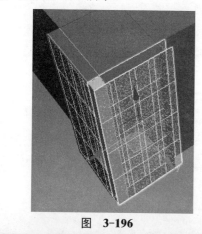
图 3-196

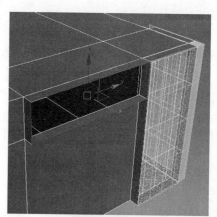
图 3-197

图 3-198

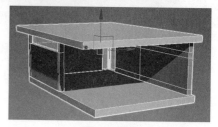
图 3-199

2. 壁柜制作

（1）先将天花板模型隐藏起来，创建一个长 245cm、宽 32cm、高 55cm 的长方体模型并加线，如图 3-200 所示。将线段切角设置，如图 3-201 所示。

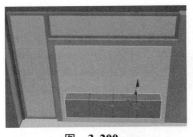
图 3-200

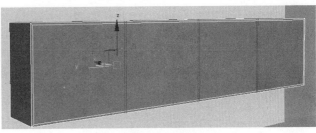
图 3-201

分别选择面用"倒角"工具向内挤出，如图 3-202 所示。

图 3-202

（2）在柜门位置创建一个长方体并转换为可编辑多边形物体，如图 3-203 所示，选择面向外倒角挤出，如图 3-204 所示。

将中间的面删除，然后选择边界线向内挤出面制作出边框，如图 3-205 所示。在边框位置创建一个面片或者长方体，右击选择 对象属性(P)... 并勾选 ☑ 透明 选项将其设置为透明物体，如图 3-206 所示。

将制作好的边框和透明玻璃物体向右复制，调整效果如图 3-207 所示。

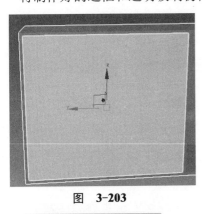
图 3-203

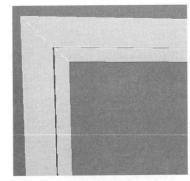
图 3-204

图 3-205

图 3-206

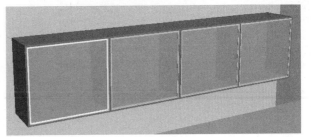
图 3-207

（3）在柜门的位置创建一个切角长方体，如图 3-208 所示，加线删除模型的一半，如图 3-209 所示，然后复制调整出其他拉手模型，如图 3-210 所示。

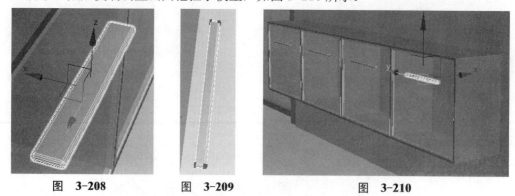

图 3-208　　　　图 3-209　　　　　　　图 3-210

（4）在柜子上方创建切角长方体，如图 3-211 所示，然后在该物体底部创建一个如图 3-212 所示的样条线。

在修改器下拉列表下添加"挤出"修改器，设置挤出高度为 0.3，如图 3-213 所示。将该物体塌陷为可编辑多边形物体，选择两侧边缘的线段，用"切角"工具切角设置如图 3-214 所示。

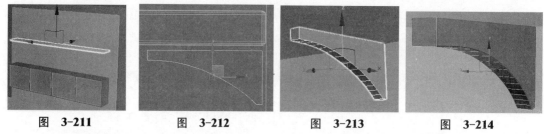

图 3-211　　　　图 3-212　　　　图 3-213　　　　图 3-214

复制调整底部物体，如图 3-215 所示。

图 3-215

将切角长方体设置为透明显示，然后向上复制，如图 3-216 所示。

图 3-216

（5）创建长 36cm、宽 230cm、高 95cm 的长方体和长 36cm、宽 230cm、高 78cm 的长方

体作为参考物体，如图 3-217 所示。将右侧创建好的柜子模型复制调整到该位置，然后根据长方体的大小调整柜体的大小比例，如图 3-218 所示。用同样的方法复制柜门和拉手模型，如图 3-219 所示。

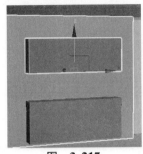
图 3-217

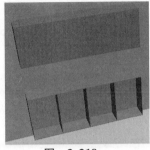
图 3-218

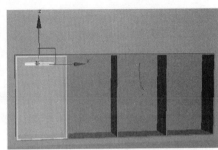
图 3-219

创建出内部的层板模型（长方体模型代替即可），如图 3-220 所示，然后复制调整出其他层板和柜门模型，如图 3-221 所示。

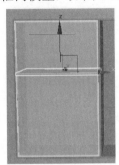
图 3-220

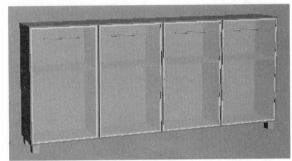
图 3-221

同样的方法复制调整出吊柜模型，如图 3-222 和图 3-223 所示。

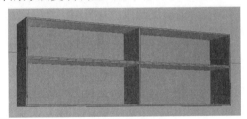
图 3-222

图 3-223

（6）单击软件左上角的图标选择"导入"|"导入"命令，选择餐桌模型等将其导入，调整好后的效果如图 3-224 和图 3-225 所示。

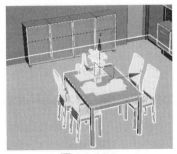
图 3-224

图 3-225

141

按快捷键 Shift+F 打开渲染安全框，按 F10 键设置渲染大小，调整合适角度后的白模渲染效果如图 3-226 所示。

图　3-226

↘ **本实例小结**：本实例学习了房间的两种创建方法。如果按照严格的标准尺寸创建的话，需先在 CAD 中制作平面图，然后导入 Max 中进行挤出修改，用这种方法创建流程过于复杂，所以一般效果图表现直接用长方体物体修改即可。

实例 05　卡座模型的制作

卡座一般使用于餐厅、酒店、休闲娱乐场所、公共场所等，通常有两个面对面的沙发，中间加一个小桌子。在国外乡村家庭中卡座也广泛使用。卡座主要分为单面卡座、双面卡座、半圆形餐厅卡座、U 形卡座等。

设计思路

本实例制作一个直线型的卡座模型，制作方法有点类似于沙发。

技术要点

- "噪波"修改器的使用。
- 表面褶皱纹理的绘制方法。
- 绘制变形工具下笔刷的设置与使用。
- 多边形编辑下线段的分离。
- 软选择工具的使用。

制作步骤

1. **卡座沙发制作**

（1）在透视图中创建一个长 83cm、宽 230cm、高 22cm 的长方体物体并转换为可编辑多

边形物体，加线选择面挤出倒角至图 3-227 所示形状，然后继续在物体表面加线使模型布线
如图 3-228 所示。

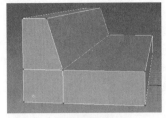

图　3-227

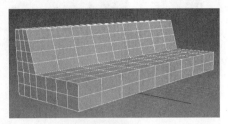

图　3-228

移动点、线、面调整凹凸变化效果，如图 3-229 所示，按快捷键 4 进入面级别，选择图
3-230 和图 3-231 中的面，在修改器下拉列表下添加"噪波"修改器（这样"噪波"修改器
只对选择的面起作用），设置噪波强度值后的细分效果如图 3-232 所示。

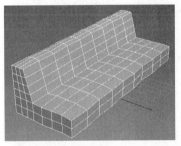

图　3-229

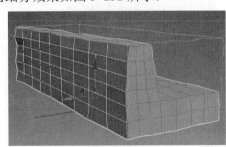

图　3-230

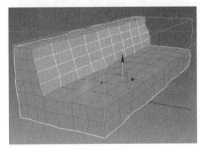

图　3-231

图　3-232

在底部边缘位置、两侧边缘位置以及顶部加线约束细分后出现的圆角，表现出光滑的棱
角效果，如图 3-233 所示。

图　3-233

在图 3-234 中的位置加线，然后单击 挤出 按钮后面的 图标，在弹出的"挤出"参数
面板中设置挤出值。挤出效果如图 3-235 所示。

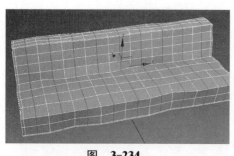
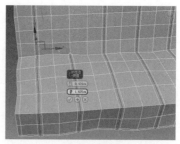

图　3-234　　　　　　　　　　　　　图　3-235

单击 按钮，将图 3-236 中的点焊接到上方的点上，如图 3-237 所示，然后选择将三角面中的线段移除，如图 3-238 所示。

图　3-236　　　　　　　图　3-237　　　　　　　图　3-238

通过这种方法制作出凹痕效果，如图 3-239 所示。

图　3-239

（2）模型表面有凹陷和凸起效果，所以在调整时也要随机地调整凹陷和凸起效果。选择部分点、线移动调整如图 3-240 和图 3-241 所示。

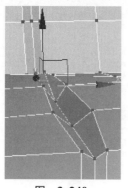 

图　3-240　　　　　　　　图　3-241

整体调整后单击 [-   绘制变形   ] 卷展栏下的 [松弛] 按钮，调整笔刷大小和强度，在物体的表面雕刻平滑处理，图 3-242 和图 3-243 是平滑前和平滑后的线段对比。

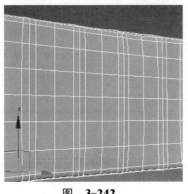 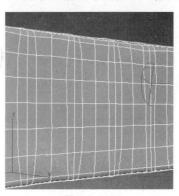

图 3-242   图 3-243

单击 [推/拉] 按钮可以在模型表面上进行凸起雕刻处理，按住 Alt 键时向下凹陷雕刻。最后选择部分线段配合旋转调整等使模型褶皱效果更加明显，如图 3-244～图 3-246 所示。

 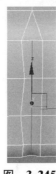 

图 3-244   图 3-245   图 3-246

在调整时为了使褶皱效果更明显甚至可以将部分点、线挤压在一起，如图 3-247 所示。最后的整体效果如图 3-248 所示。

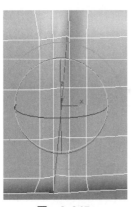 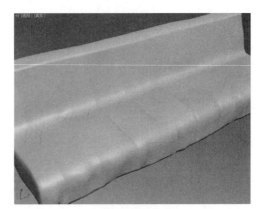

图 3-247   图 3-248

（3）选择图 3-249 中的下端，单击 [创建图形] 按钮将线段分离处理出来，如图 3-250 所示。

图 3-249 | 图 3-250

删除变化曲度较大的点，勾选"渲染"卷展栏中的 ☑ 在渲染中启用 和 ☑ 在视口中启用，样条线在视图中就会以三维形状显示并且可以被渲染出来，将厚度值设为 0.9，边数设为 8，效果如图 3-251 所示。

（4）在底部位置创建一个长方体模型作为底座物体，然后复制出另一侧底座物体，如图 3-252 所示。

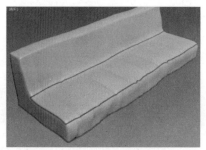

图 3-251 | 图 3-252

2. 靠背模型制作

（1）创建一个如图 3-253 所示的长方体并将其转换为可编辑多边形物体，分别在两端位置加线，如图 3-254 和图 3-255 所示。

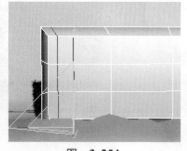

图 3-253 | 图 3-254 | 图 3-255

（2）按快捷键 Ctrl+Q 细分该模型，将迭代次数设置为 1，右击，在弹出的快捷菜单中选择"转换为"｜"转换为可编辑多边形"命令，将模型转换为可编辑的多边形物体。在修改器下拉列表中添加"噪波"修改器并设置参数，如图 3-256 所示。

（3）将物体再次塌陷后勾选"使用软选择"选项，选择部分点整体调整物体形状，如图 3-257 所示。

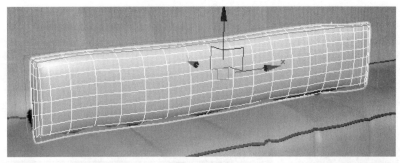

图 3-256

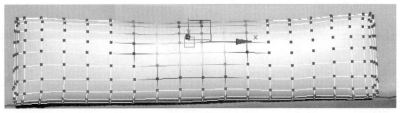

图 3-257

3．茶几模型制作

（1）创建茶几模型。创建一个长方体模型并转换为多边形物体,然后分别加线,如图 3-258 所示，删除中间的面，选择边界线单击"桥"按钮生成对应的面，如图 3-259 所示。

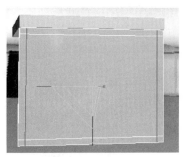

图 3-258

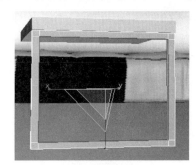

图 3-259

分别在边缘位置、拐角位置加线并细分后复制，在顶部创建出桌面物体，如图 3-260 所示。然后选择边缘的线段设置一个很小的切角，如图 3-261 所示。

图 3-260

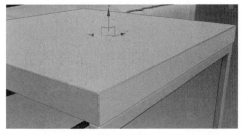

图 3-261

（2）将茶几物体复制两个后再分别调整高度，如图 3-262 所示，然后在茶几面上创建一个长方体作为书本简单模型，再复制一个调整角度和位置，如图 3-263 所示。

图 3-262   图 3-263

（3）最后再创建出一个抱枕模型，如图 3-264 所示，前面的实例中详细讲解过抱枕模型的制作，这里不再详述。整体效果如图 3-265 所示。

 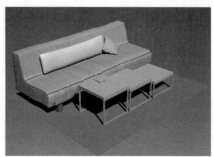

图 3-264   图 3-265

按快捷键 M 打开材质编辑器，在左侧材质类型中单击标准材质并拖动到右侧材质视图区域，选择场景中所有物体，单击 按钮，将标准材质赋予所选择物体，最后将制作的卡座模型放置于一个室内场景中，渲染效果如图 3-266 所示。

图 3-266

↘ **本实例小结**：通过本实例的学习要重点掌握多边形建模下雕刻笔刷的使用和调整方法，Max 中的雕刻笔刷虽然不能和其他雕刻软件相媲美，但是在某些特定环境下调整一些简单的凹凸效果和平滑效果时还是非常有用的。另外一个重点就是物体表面的褶皱表现方法。

实例 06   吧台的制作

吧台最初起源于酒吧、网吧等场所，用于表示餐厅、旅馆等一些现代娱乐休闲服务场所的服务台。

随着人们生活水平的提高，吧台在家庭中也被越来越多地使用。吧台不仅可以作为隔断增加美观性和情趣又能增加不少实用性。

设计思路

本实例中制作一个家庭用的小型吧台，是用于酒类和饮品等存放和饮用的一个简单场所。

技术要点

本实例中吧台制作也很简单，使用的技术要点如下：

● 切片平面工具的使用。
● "壳"修改器的使用。

制作步骤

首先制作吧台，然后制作转椅。

1. 吧台制作

（1）在透视图中创建一个长 90cm、宽 460cm、高 5cm 的长方体模型并将其转换为可编辑多边形物体，在两端的位置加线后选择底部两侧的面，如图 3-267 所示。

单击 挤出 按钮后面的 □ 图标，在弹出的"挤出"参数面板中设置挤出值，如图 3-268 所示。

图 3-267

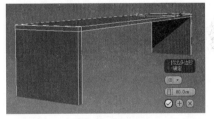

图 3-268

（2）在背部位置创建一个长方体并转换为可编辑的多边形物体，然后在长度位置上平均添加 7 条线段，如图 3-269 所示。

（3）参考图 3-269 中分段面的大小，创建一个长 89cm、宽 55cm、高 1.6cm、圆角为 0.1cm 左右的切角长方体模型，如图 3-270 所示。

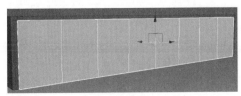

图 3-269

图 3-270

将该切角长方体模型向右复制 7 个，如图 3-271 所示。

图 3-271

同时在背面位置复制 3 个，如图 3-272 所示。

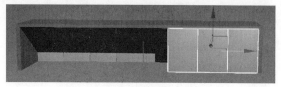

图 3-272

再次复制调整大小，给模型换一种颜色便于区分，如图 3-273 所示。

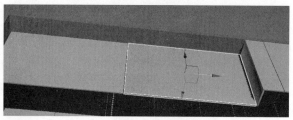

图 3-273

（4）分别在吧台模型的两侧边缘和拐角位置边缘加线，如图 3-274～图 3-277 所示。

图 3-274　　　图 3-275　　　图 3-276　　　图 3-277

2．转椅制作

（1）创建一个圆柱体模型，如图 3-278 所示，右击圆柱体，在弹出的快捷菜单中选择"转换为" | "转换为可编辑多边形"命令，将模型转换为可编辑的多边形物体。删除顶部中心的面，选择边界线后按住 Shift 键向上移动挤出面并调整，如图 3-279 所示。分别在拐角位置加线或者将拐角位置线段切角，细分后效果如图 3-280 所示。

（2）在图 3-281 中的位置创建一个圆环物体，然后在顶视图中创建一个如图 3-282 所示的样条线。

用"圆角"工具将点处理为圆角,如图 3-283 所示,在渲染卷展栏下勾选 ☑ 在渲染中启用 ☑ 在视口中启用,设置厚度值为 1cm,效果如图 3-284 所示。

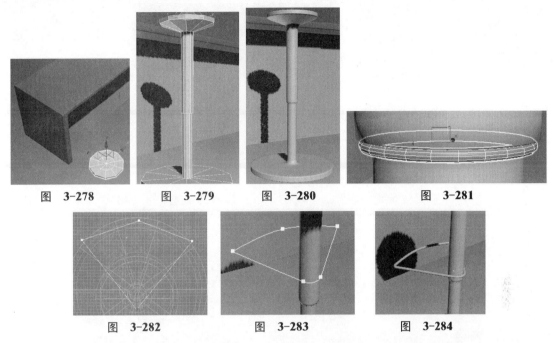

图 3-278　　　图 3-279　　　图 3-280　　　　　图 3-281

图 3-282　　　　　图 3-283　　　　　图 3-284

(3)创建一个如图 3-285 所示的圆柱体并转换为多边形物体,选择一端的点用缩放工具缩小调整,然后在顶部位置创建一个如图 3-286 所示的圆柱体模型。

图 3-285　　　　　　　　　图 3-286

在底部加线并缩放调整形状,如图 3-287 所示,接着选择顶部的面删除,如图 3-288 所示。

单击 切片平面 按钮开启切片平面,旋转调整角度,如图 3-289 所示,单击 切片 按钮完成切线设置,然后删除顶部的面,如图 3-290 所示。

按快捷键 3 键进入边界级别,选择顶部边界线,按住 Shift 键用缩放工具向外缩放挤出面,如图 3-291 所示。然后在内部位置加线,如图 3-292 所示。

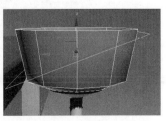

图 3-287　　　　　图 3-288　　　　　图 3-289

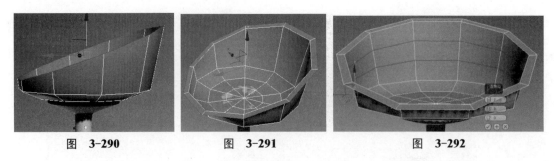

图 3-290　　　　　　　图 3-291　　　　　　　图 3-292

　　按快捷键 Ctrl+Q 细分该模型，设置迭代次数值为 1，右击，在弹出的快捷菜单中选择"转换为"｜"转换为可编辑多边形"命令，将模型塌陷，如图 3-293 所示。选择背部中心位置点，单击　切角　按钮将点切角，如图 3-294 所示。

　　在切角位置加线，如图 3-295 所示，然后调整中心开口形状为圆形，如图 3-296 所示。

　　将圆缩小，重新调整布线，如图 3-297 所示，在修改器下拉列表下添加"壳"修改器，调整壳"外部量"和"内部量"的值，效果如图 3-298 所示。

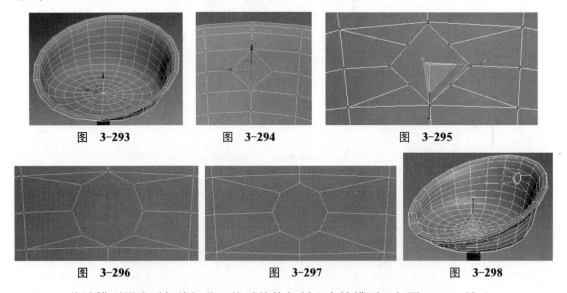

图 3-293　　　　　　　图 3-294　　　　　　　图 3-295

图 3-296　　　　　　　图 3-297　　　　　　　图 3-298

　　（4）将该模型塌陷后加线细分，然后整体复制吧台椅模型，如图 3-299 所示。

图 3-299

　　最后将制作好的吧台模型放置于一个室内场景中，最终的渲染效果如图 3-300 所示。

图　3-300

↘**本实例小结**：本实例模型非常简单，没有太多新的知识点，重点还是复制多边形下各种建模命令。其实在设计家具模型时，有时并不需要太复杂的外观，重点是整个房间、整个场景的相互协调，如果再配上灯光和其他一些装饰，同样能达到比较满意的效果。

厨房家具设计

厨房家具主要是用于厨房存储、做饭、洗涤等用途的家具，不但要方便美观，更重要的是要卫生、防火等。随着人们生活水平的改善以及审美观的提高，厨房正与家庭的其他空间连为一体。因而对厨房家具的外观要求日趋讲究，不只要求能放置厨房器具、洗涤蔬菜，而开始追求家具的美观大方。

一般如果家中厨房的空间不大，色彩较淡的家具较受欢迎，如绿色、浅灰色、白色。在厨具表面的材质方面以耐火板为主流。改良后的耐火板不仅光彩夺目，其耐热、耐用性能更有显著提高，一改以往质弱印象。目前使用较多的是整体橱柜，由大理石或者人造石、石英石台面及耐火板组成，它的好处就是一体化，牢固结实、防水性能较好。燃气灶和洗菜盆等物体又可以嵌入到石板中，既美观又不占地方，形成统一的整体。在厨房整体化的观念下，应当注意的是，并非所有的家电用品都可嵌入橱内，应考虑到家电用品和橱柜在材质和散热性上的搭配，否则会影响家电使用中的安全性，并危害使用者的安全。

厨具的附件有水槽、水龙头、煤气灶、脱排油烟机、洗碗机、垃圾桶、调料吊柜等，可以自己购买或请设计人员代为购买，以作全盘考虑。

实例 01　橱柜的制作

橱柜又称厨房家具，是家庭厨房内集烧、洗、储物、吸油烟等综合功能于一体的家庭民用设施。它最早是由日本可丽娜橱柜株式会社提出的概念，是现代整体厨房中各种厨房用具与厨房家电的物理载体和厨房设计思想的艺术载体，是现代整体厨房的主体。在某种意义上我们甚至可以把整体厨房的设计等同于整体橱柜的设计。橱柜由吊柜、地柜、台面和各类功能五金配件组成。

整体橱柜，亦称"整体厨房"，是指由橱柜、电器、燃气具、厨房功能用具四位一体组成的橱柜组合。其特点是将橱柜与操作台以及厨房电器和各种功能部件有机结合在一起，并按照消费者家中厨房结构、面积，以及家庭成员的个性化需求，通过整体配置、整体设计、整体施工，最后形成成套产品，实现厨房工作每一道工序的整体协调，并营造出良好的家庭气氛和浓厚的生活气息。

现代整体橱柜按照形状可以分为一字形橱柜、L 形橱柜、U 形橱柜。

设计思路

本实例要制作一个整体橱柜，为了使整体橱柜效果更加美观，先要制作一个室内的简单环境，配合吊柜、储物柜以及电器等制作出一个完整的橱柜效果。

技术要点

本实例橱柜，从风格出发强调实用性和美观性。主要用到的技术要点如下：
- 多边形建模下的基础命令。
- 样条线转三维模型方法。
- 扑捉工具的使用方法。
- 快速对齐工具的使用。

制作步骤

在制作时，尽可能按照现实中橱柜的制作方法来制作模型，制作的顺序是从下到上、从整体到局部细节。

在制作橱柜之前，先制作出室内简单场景模型，如图 4-1 所示。按快捷键 M 打开材质编辑器，在左侧材质类型中单击标准材质并拖动到右侧材质视图区域，双击材质面板中任意参数选项，在右侧"不透明度"参数中设置不透明度的值为 20，选择场景中玻璃门物体，单击 按钮将标准材质赋予所选择物体，效果如图 4-2 所示。

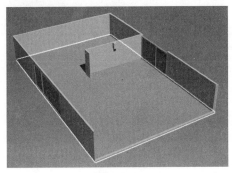

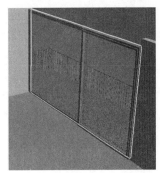

图 4-1   图 4-2

1. 橱柜制作

（1）在视图中创建一个长、宽、高分别为 75cm、400cm、72cm 的长方体模型，右击，在弹出的快捷菜单中选择"转换为" | "转换为可编辑多边形"命令，将模型转换为可编辑的多边形物体。按快捷键 4 进入面级别，选择底部面，单击 挤出 按钮后面的 图标，在弹出的"挤出"参数面板中设置挤出值为 10cm，效果如图 4-3 所示。单击"捕捉"按钮 打开捕捉功能，单击 （创建） | （几何体） | 长方体 按钮，切换到顶视图，将鼠标放置在橱柜其中一个角上，当鼠标捕捉到点时单击鼠标并拖动鼠标到斜对角的点上，然后拖动鼠标挤出高度，通过这种方法可以创建出长宽一样的长方体模型。调整高度值，单击 （选择并放置）按钮，将鼠标放置在要移动的物体上方，此时光标会发生改变，单击鼠标左键并拖动该模型，当拖动到另外一个物体的不同面上时，选择拖动的物体并与另外一个物体快速对齐，如图 4-4～图 4-6 所示。

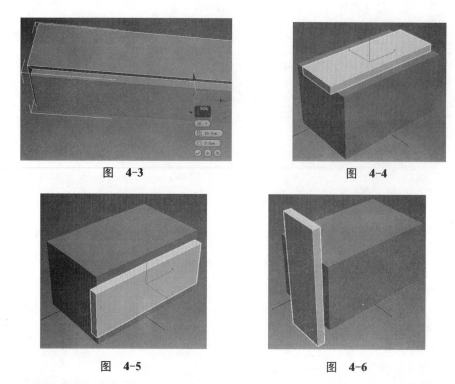

图 4-3　　　　　　　　　　　　　图 4-4

图 4-5　　　　　　　　　　　　　图 4-6

　　该工具类似对齐工具，但是在使用起来更加快捷。需要注意的是，在拖动物体对齐调整时要注意拖动的先后顺序和方向，比如图 4-6 所示的效果是直接从图 4-4 的顶面拖到左侧的面上，如果先将面拖动到图 4-5 的面上，然后再拖动到左侧面上会出现如图 4-7 所示的对齐效果。也就是说物体拖动对齐方向是在上一个面的基础上旋转 90° 来实现快速对齐的。

　　用该工具将创建的橱柜面模型和橱柜顶部面对齐后，右击，在弹出的快捷菜单中选择"转换为"｜"转换为可编辑多边形"命令，将模型转换为可编辑的多边形物体。按快捷键 4 进入面级别，选择背部的面分别挤出面调整，如图 4-8 所示。按快捷键 2 选择线段，分别在物体的边缘位置加线，如图 4-9 所示。

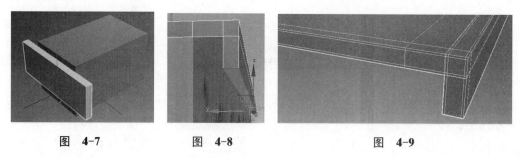

图 4-7　　　　　　　　图 4-8　　　　　　　　　　图 4-9

　　（2）选择底部橱柜物体，按快捷键 2 进入线段级别，框选长度上所有线段，右击，在弹出的快捷菜单中单击"连接"按钮前面的▫图标，在弹出的"连接"参数面板中设置连接线段数为 5，如图 4-10 所示。这样操作的目的是为了使模型平分为 6 等分，为下一步柜门的制作奠定基础。

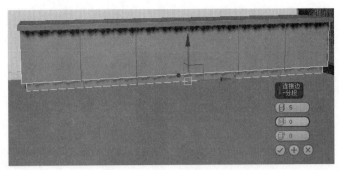

图　4-10

（3）在柜门的位置创建一个长方体模型并转换为可编辑的多边形物体，加线调整至图4-11所示。选择图4-12中的面用挤出工具向内挤出调整。

按快捷键2进入线段级别。选择边缘的所有线段，单击 切角 按钮后面的 图标，在弹出的"切角"快捷参数面板中设置切角的值，效果如图4-13所示。

图　4-11

图　4-12

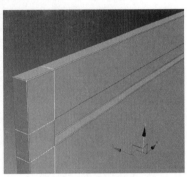

图　4-13

 注意

通过边缘切角的方法可以表现出物体边缘的圆滑效果并且不用细分模型。该方法适用于一些不需要高细节的模型。将制作好的柜门模型向右复制，效果如图4-14所示。

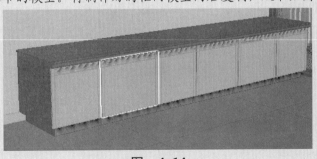

图　4-14

2. 吊柜及操作台制作

（1）创建一个长方体模型调整大小和位置，右击，在弹出的快捷菜单中选择"转换为"｜"转换为可编辑多边形"命令，将模型转换为可编辑的多边形物体。通过加线和面的挤出方法制作出如图 4-15 所示的形状模型。选择柜门模型单击 镜像按钮，沿着 Z 轴镜像复制，按快捷键 1 进入点级别，选择点移动调整大小后，向右复制出壁柜柜门模型，如图 4-16 所示。

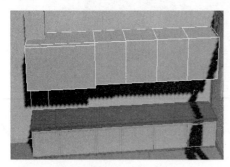

图　4-15　　　　　　　　　　　　图　4-16

（2）在壁柜和橱柜左侧位置创建一个长方体模型并转换为可编辑多边形物体。按快捷键 2 进入线段级别，分别加线至图 4-17 所示效果。选择底部环形面，单击 倒角 按钮后面的 □ 图标，在弹出的"倒角"参数面板中设置倒角参数，将面向内倒角挤出，如图 4-18 所示。

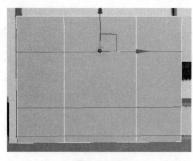
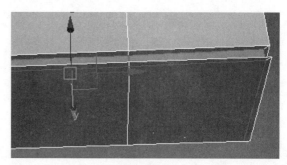

图　4-17　　　　　　　　　　　　图　4-18

将底部所有面删除，按快捷键 3 选择底部边界，单击"封口"按钮将开口封闭起来，然后在顶点级别下选择对应的点，按快捷键 Ctrl+Shift+E 在对应的点之间连接出线段，如图 4-19 所示。

图　4-19

选择中间部位的面用倒角或者挤出工具将面向内挤出，如图 4-20 所示。在边级别模式下，在图 4-21 所示的位置加线，单击 切角 按钮后面的 □ 图标，在弹出的"切角"快捷参数面板中设置切角值，将线段切为两条线段，如图 4-22 所示。然后分别在物体的外侧和内侧的边缘位置加线，如图 4-23 和图 4-24 所示。

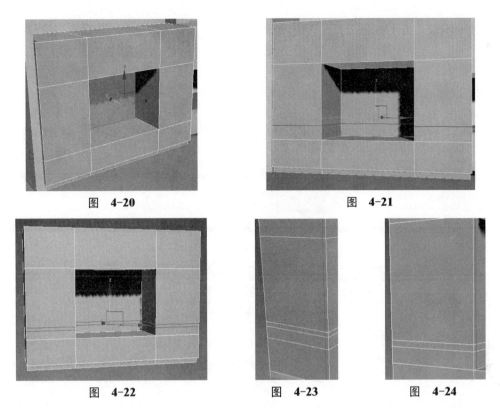

图 4-20　　　　　　　　　　　　　图 4-21

图 4-22　　　　　　　　图 4-23　　　　　　　　图 4-24

删除图 4-25 中的面，选择图 4-26 左右两侧的线段，单击"桥"按钮在两线段之间生成面。按快捷键 3 进入边界级别，框选上下两个边界线，单击"封口"按钮使开口处自动生成面，如图 4-27 所示。

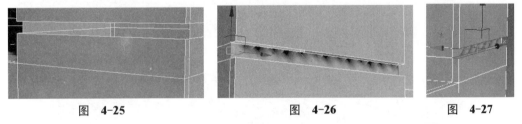

图 4-25　　　　　　　　　　图 4-26　　　　　　　　　图 4-27

在边级别下选择图 4-28 中边缘位置的线段，单击 切角 按钮后面的 ▢ 图标，在弹出的"切角"快捷参数面板中设置一个很小的切角值为边缘设置切角。

（3）在视图中创建一个长、宽、高分别为 85cm、300cm、70cm 的长方体模型并将该物体转化为多边形物体，选择底部面用倒角工具先向内再向下挤出调整，如图 4-29 所示。

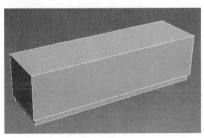

图 4-28　　　　　　　　　　　图 4-29

在该物体长度方向上加线，使模型平均分为 3 等分。按快捷键 S 打开捕捉开关，然后创建一个长宽一样的长方体模型，调整高度值为 3cm。将创建的长方体模型移动调整到橱柜顶面上。选择之前创建的柜门模型，移动复制调整大小和位置后再复制出 2 个，效果如图 4-30 所示。

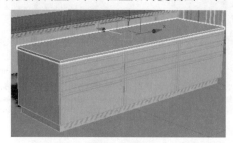

图 4-30

选择柜台面模型向上复制并向左侧位置调整长度，如图 4-31 所示。

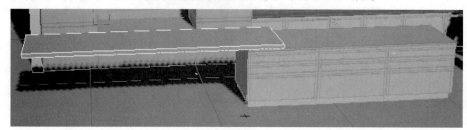

图 4-31

在图 4-32 中的位置加线，然后选择加线处底部的面，单击 挤出 按钮后面的 ▫ 图标，在弹出的"挤出"快捷参数面板中设置挤出值，调整出台面支腿模型，如图 4-33 所示。

图 4-32

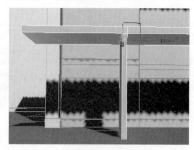

图 4-33

选择边缘处线段，单击 切角 按钮后面的 ▫ 图标，在弹出的"切角"快捷参数面板中设置一个很小的切角值，效果如图 4-34 所示。

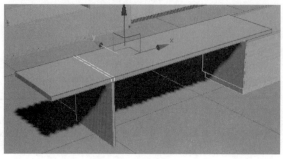

图 4-34

3．椅子制作

（1）创建一个长方体模型并转换为可编辑的多边形物体，加线调整点的位置至图 4-35 所示。选择座椅面拐角处的线段，利用切角工具设置切角，如图 4-36 所示。

分别在模型顶端、底端和厚度的两侧位置加线，如图 4-37 和图 4-38 所示。

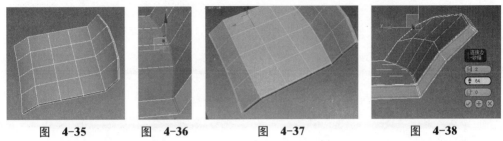

图 4-35   图 4-36   图 4-37   图 4-38

（2）单击 ⊹（创建）｜ ⊙（图形）｜ 线 按钮，在视图中创建如图 4-39 所示的样条线，选择调整至图 4-40 所示位置。

按快捷键 1 进入点级别，选择拐角处的点，单击 圆角 按钮在点上单击鼠标并拖动，将直角点处理为圆角。勾选"渲染"卷展栏中的 ☑ 在渲染中启用 和 ☑ 在视口中启用，这样样条线在视图中就可以以三维形状显示并且可以被渲染出来。调整厚度值（也就是半径值）为 3.5，边数为 8，效果如图 4-41 所示。右击，在弹出的快捷菜单中选择"转换为"｜"转换为可编辑多边形"命令，将模型转换为可编辑的多边形物体。在该模型底部位置加线后选择底部所有面，用"倒角"工具分别向外倒角挤出面并调整，如图 4-42 所示。最后记得在底部位置加线。

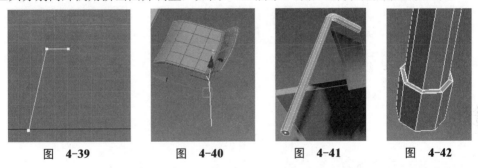

图 4-39   图 4-40   图 4-41   图 4-42

（3）将制作好的模型旋转、移动，镜像复制，如图 4-43 所示。在图 4-44 中的位置创建圆柱体复制调整出椅子腿部支撑杆模型。

（4）选择椅子所有模型，整体调整椅子大小比例，然后旋转复制出剩余椅子模型效果，如图 4-45 所示。

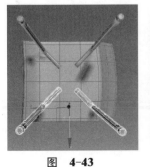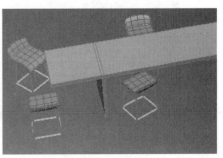

图 4-43   图 4-44   图 4-45

4．洗菜盆制作

（1）洗菜盆的制作。目前厨房中洗菜盆一般为不锈钢材质的嵌入式洗菜盆。要使洗菜盆模型嵌入到橱柜中，必须先在柜面上开口预留出洗菜盆的位置。所以先在柜面模型上加线调整出洗菜盆大小，然后选择相对应位置的面删除，如图 4-46 所示。选择边界单击"桥"按钮在上下边界之间生成面，然后在拐角的位置分别加线。加线细分后的效果如图 4-47 所示。

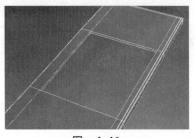
图 4-46

图 4-47

（2）在洞口位置创建一个平面，右击，在弹出的快捷菜单中选择"转换为"｜"转换为可编辑多边形"命令，将模型转换为可编辑的多边形物体，加线调整至图 4-48 所示位置。注意在加线时，位置和数量并不是随意添加的，而是有依据的。此处加线是根据洗菜盆双槽的设计需求，为了下一步选择面进行挤出倒角设置。

按快捷键 4 进入面级别，选择图 4-49 中的面，单击 倒角 按钮后面的 ▫ 图标，在弹出的"倒角"快捷参数面板中设置倒角参数，将面向下倒角挤出，如图 4-50 所示。在没有给当前模型加线约束的情况下，按快捷键 Ctrl+Q 细分该模型，效果如图 4-51 所示。

图 4-48

图 4-49

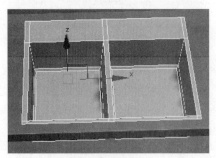
图 4-50

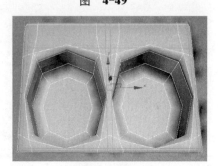
图 4-51

从细分后效果来看不符合要求。按快捷键 2 进入边级别，分别在洗手盆拐角的边缘位置加线约束，如图 4-52 和图 4-53 所示。

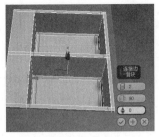
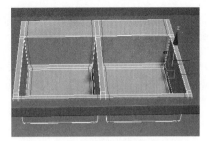

图 4-52　　　　　　　　　　　图 4-53

这样加线约束再次细分后，效果会得到很好的改善。选择底部面，单击 插入 按钮向内插入一个面并调整面的大小，如图 4-54 所示。单击 倒角 按钮后面的 ▫ 图标，在弹出的"倒角"快捷参数面板中设置倒角参数，将面多次向下挤出调整至图 4-55 所示状态。

图 4-54　　　　　　　　　　　图 4-55

（3）按快捷键 Ctrl+Q 细分该模型，效果如图 4-56 所示。接下来创建一个圆柱体，在高度上加线切角，如图 4-57 所示。

图 4-56　　　　　　　　　　　图 4-57

选择部分面单击 倒角 按钮后面的 ▫ 图标，在弹出的"倒角"快捷参数面板中设置倒角参数，如图 4-58 所示。然后选择拐角处的环形线段，单击 切角 按钮后面的 ▫ 图标，在弹出的"切角"快捷参数面板中设置切角的值，如图 4-59 所示。按快捷键 Ctrl+Q 细分该模型，效果如图 4-60 所示。

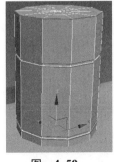

- 图 4-58　　　　　图 4-59　　　　　图 4-60

选择顶部中心处的点，按快捷键 Delete 删除面，然后按快捷键 3 进入边界级别，选择边界线按住 Shift 键向上移动挤出面调整，配合缩放工具多次挤出面调整至图 4-61 所示形状。单击 ▓（创建）｜ ▓（图形）｜ ▓▓▓ 线 按钮，在视图中创建如图 4-62 所示的样条线。进入修改面板下的顶点级别，选择顶部两个直角点，在点上单击 ▓ 圆角 ▓ 按钮并拖动鼠标将直角点处理为圆点，如图 4-63 所示。在渲染卷展栏下勾选 ☑ 在渲染中启用 ☑ 在视口中启用，设置厚度值为 2.5cm，边数为 8。右击，在弹出的快捷菜单中选择"转换为"｜"转换为可编辑多边形"命令，将模型转换为可编辑的多边形物体。选择该物体前端面通过倒角工具制作出水龙头的出水口模型，如图 4-64 所示。同样将拐角处的线段进行切角设置，最后效果如图 4-65 所示。

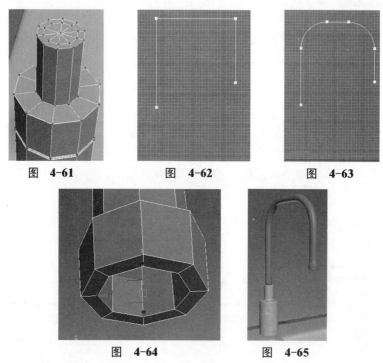

图 4-61　　　　　图 4-62　　　　　图 4-63

图 4-64　　　　　图 4-65

（4）在左视图中创建一个圆柱体，设置边数为 10，端面分段为 2。右击，在弹出的快捷菜单中选择"转换为"｜"转换为可编辑多边形"命令，将模型转换为可编辑的多边形物体。删除一端的面，选择边界线按住 Shift 键配合移动和缩放工具挤出面，调整过程如图 4-66 和图 4-67 所示。

挤出形状后，同样选择需要切角的线段设置切角值。细分后效果如图 4-68 所示。

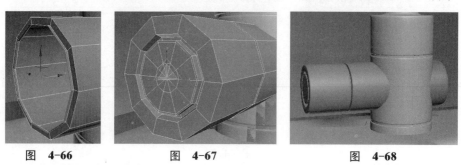

图 4-66　　　　　图 4-67　　　　　图 4-68

（5）继续在该位置创建一个圆柱体后转换为多边形物体，通过加线、切角、面的倒角操作制作出所需形状，如图4-69～图4-71所示。

（6）制作好洗菜盆和水龙头模型之后，将橱柜面稍作处理。选择对应的洗菜盆位置的面，向下挤出面并调整，如图4-72所示。

   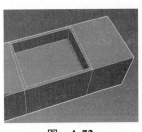

图 4-69   图 4-70   图 4-71   图 4-72

（7）为了使场景模型更加丰富更加美观，接下来导入一切厨房电器模型以及碗碟等模型。单击软件左上角图标，依次选择"导入"|"导入"命令，选择合适的模型文件双击，将模型文件导入到当前场景中并移动以调整位置和大小。导入模型之后的细节如图4-73～图4-76所示。

 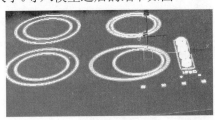

图 4-73   图 4-74

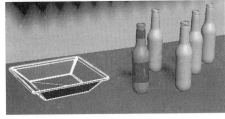 

图 4-75   图 4-76

最后在房间的顶部创建一个长方体模型作为天花板模型，后期还可以通过设置灯光等来简单渲染，最后的白模渲染效果如图4-77所示。

图 4-77

⮕ **本实例小结**：在本实例中制作的橱柜和吊柜模型并不复杂，但是通过一些场景文件的组合等方式可以实现较为丰富的场景模型。如果后期再通过配合灯光和材质效果，渲染效果会更加美观。所以一个好的作品或者设计并不在于模型的复杂程度而是在于整体的配合。

实例 02　吊柜模型的制作

吊柜又可以称为壁柜，指的是悬挂贮藏空间的柜子。吊柜经常用于厨房、餐厅。它的高度一般为 70～75cm 为宜，深度在 30～40cm，长度依据房屋的设计而变化。吊柜离地一般为 1.6m 左右，距离橱柜的台面距离为 75cm。

■ 设计思路

随着城镇化程度的提高，人们的居住环境发生了重大改变，居住环境也受到了空间的约束。所以利用有限的空间来打造大容量的存储空间也越来越显得尤为重要。吊柜就是一个很好的实例，它既可以增加储物空间，还可以起到一定的装饰作用，本实例中的吊柜设计在橱柜上方。

■ 技术要点

本实例主要用到的技术要点如下：
● 多边形建模的基本命令掌握。
● 玻璃材质的设置。
● 模型的导入。

■ 制作步骤

在制作吊柜时，先制作出整体框架然后制作出吊柜顶部面结构，最后导入一些内部碗碟等模型。需要注意的是柜门玻璃物体的简单材质设置方法。

1. 房屋以及橱柜的制作

在视图中创建一个长、宽、高为 500cm、400cm、300cm 的长方体模型，右击，在弹出的快捷菜单中选择"转换为"｜"转换为可编辑多边形"命令，将模型转换为可编辑的多边形物体。在面级别下删除顶部、左侧和右侧的面，然后选择剩余的 3 个面，单击 翻转 按钮将法线翻转，这样在渲染时就可以渲染出内部的面。为了使场景模型更加美观丰富，先来制作出橱柜模型，因为本实例为吊柜模型的讲解，所以橱柜模型的详细制作就不再详细讲解。制作好的橱柜模型效果如图 4-78 所示。

图 4-78

2．吊柜模型制作

（1）在顶视图中创建一个长、宽、高为 200cm、40cm、100cm 的长方体模型并转换为可编辑的多边形物体。先在模型的两侧位置加线，如图 4-79 所示。然后在中间的位置继续加线使其平分为 4 部分，如图 4-80 所示。

图 4-79

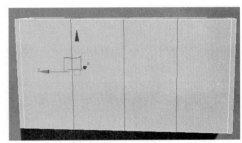

图 4-80

（2）同样的方法分别在高度方向和宽度方向上加线调整，然后按快捷键 4 进入面级别，选择两侧的面按 Delete 键删除。按快捷键 3 进入边界级别，选择两侧的边界线，按住 Shift 键向内移动挤出面调整，如图 4-81 所示。然后在该位置创建一个长方体模型。按快捷键 M 打开材质编辑器，在左侧材质类型中单击标准材质并拖动到右侧材质视图区域，双击材质面板中任意参数选项，在右侧"不透明度"参数中设置不透明度的值为 20，单击 🔲 按钮将标准材质赋予所选择物体，效果如图 4-82 所示。

图 4-81

图 4-82

继续对模型加线，然后选择正前方的面向内倒角挤出。单击 ⬚（创建）| ◯（几何体）| 长方体 按钮，在视图中创建一个长方体模型作为柜门模型，右击，在弹出的快捷菜单中选择"转换为"|"转换为可编辑多边形"命令，将模型转换为可编辑的多边形物体。分别对该模型加线、面倒角、线段切角操作制作出所需形状，调整过程参考图 4-83～图 4-85 所示。

图 4-83

图 4-84

图 4-85

（3）在柜门模型位置继续创建一个长方体模型并赋予一个半透明玻璃材质。将制作好的柜门模型沿着 X 轴向左复制出剩余的柜门模型，整体效果如图 4-86 所示。

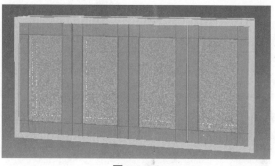
图 4-86

（4）在顶端位置创建一个长方体模型并转换为多边形物体，选择顶部的面向上挤出并缩放调整，如图 4-87 所示。在中间位置加线后选择线段移动调整模型形状，如图 4-88 所示。然后继续将顶部面向上挤出，分别在模型的上下、左右、前后边缘位置加线，如图 4-89 所示。

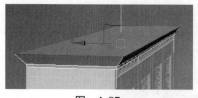
图 4-87

图 4-88

图 4-89

（5）内部棚板制作。首先来制作棚板固定结构模型，同样是用长方体模型进行多边形编辑调整，所以先来创建一个长方体，转化为多边形物体之后加线选择面倒角挤出至图 4-90 所示效果。此处需要调整的模型形状可以通过两种方法来实现，第一是比较常见的加线调整控制方法，如图 4-91 所示。第二种方法是选择拐角处的线段，单击 切角 按钮后面的 ▫ 图标，在弹出的"切角"快捷参数面板中设置切角的值，如图 4-92 所示。单击"+"后再次设置切角值进行第二次连续切角，如图 4-93 所示。

选择图 4-94 中的线段，单击 切角 按钮设置一个很小的切角值，如图 4-95 所示。

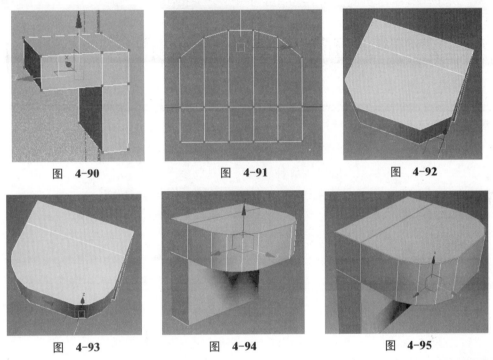

图 4-90　　　　　　图 4-91　　　　　　图 4-92

图 4-93　　　　　　图 4-94　　　　　　图 4-95

按快捷键 5 进入元素级别，单击模型选择所有面，在修改器参数面板中单击 清除全部 将平滑显示效果清除，效果如图 4-96 所示。

将该支架物体移动到吊柜内侧的模板两侧位置，复制调整出其他支架模型。然后在支架之间创建一个长方体模型作为层板，按快捷键 M 打开材质编辑器，在左侧材质类型中单击标准材质并拖动到右侧材质视图区域，双击材质面板中任意参数选项，在右侧"不透明度"参数中设置不透明度的值为 20，选择场景中层板物体，单击 ⬚ 按钮将标准材质赋予所选择物体。

（6）单击软件左上角图标，依次选择"导入"|"导入"命令，选择碗碟架、碗碟模型文件，双击将模型文件导入到当前场景中并移动调整位置和大小，如图 4-97 所示。

图 4-96

最后简单设置一些灯光，按快捷键 M 打开材质编辑器，在左侧材质类型中单击标准材质并拖动到右侧材质视图区域，选择场景中所有物体，单击 ⬚ 按钮将标准材质赋予所选择物体。最后用 Vray 渲染器渲染，白模效果如图 4-98 所示。

169

图 4-97

图 4-98

↘ **本实例小结**：本实例吊柜的模型制作简单，就是一些长方体模型通过多版型修改调整而成，重点在于最后的整体场景比例的调整。还有就是玻璃物体的材质设置和渲染，读者朋友在制作时要多加注意。

实例 03 刀架的制作

刀架为厨房中用来承架、统一堆放各种厨房刀具的架子，其作用是让人能轻而易举地找到，将其放在通风处，可使刀具保持干燥清洁，防止细菌滋生。刀架算不上真正的家具，但它是厨房用品中比较常见的工具，所以本实例对它的设计制作方法稍作讲解。

■ 设计思路

本实例制作一个木制刀架，它分为左右两个部分，结构比较简单，设计制作起来也很容易。

■ 技术要点

本节主要用到的技术要点如下：
● 样条线与样条线之间的布尔运算。
● 物体与物体之间的布尔运算。
● 布尔运算后模型转多边形物体之后布线的调整。
● 模型移动捕捉设置。

■ 制作步骤

（1）在视图中先创建一个长、宽为 30cm、高为 40cm 的长方体模型，该长方体是为了下一步创建样条线的大小作参考。单击 ☀（创建）| ☑（图形）| 线 按钮，在视图中创建如图 4-99 所示的样条线。按快捷键 1 进入顶点级别，选择角点单击 圆角 按钮将角点处理为圆点，如图 4-100 所示。

单击 ⊞ 按钮沿着 X 轴方向镜像复制，单击 附加 按钮拾取镜像的样条线，将两条样条线附加起来。在顶点级别下，框选对称中心处的点，单击 焊接 按钮将相邻的点焊接起来。

　　单击 矩形 按钮继续创建一个矩形，将创建好的矩形沿着 Y 轴向上复制并放大调整，如图 4-101 所示。选择其中的一个矩形右击，在弹出的快捷菜单中选择"转换为"｜"转换为可编辑样条线"命令，将矩形转换为可编辑的样条线。调整矩形形状至图 4-102 所示效果。

　　按快捷键 2 选择左右两条线段，将拆分后参数设置为 1，单击 拆分 按钮，这样就把该样条线的中间位置添加了一个点，平均分为两部分，如图 4-103 所示。选择四个角的点单击 圆角 按钮，在点上单击并拖动鼠标处理为圆角，如图 4-104 所示。同样的方法将其他两个矩形四角点也处理为圆角。

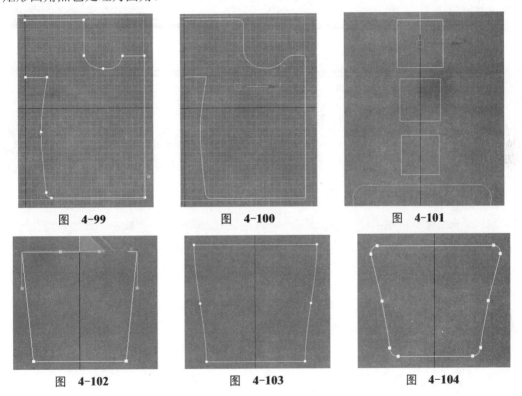

图 4-99　　　　　　　　图 4-100　　　　　　　　图 4-101

图 4-102　　　　　　　　图 4-103　　　　　　　　图 4-104

　　在图形面板中单击 多边形 按钮创建一个多边形，设置边数为 3，右击，在弹出的快捷菜单中选择"转换为"｜"转换为可编辑样条线"命令，将矩形转换为可编辑的样条线。选择所有线段单击 拆分 按钮将线段平均拆分，调整拆分点手柄至图 4-105 所示形状。然后选择3 个顶角点用圆角工具处理为圆角，如图 4-106 所示。

　　调整好后单击 镜像按钮镜像复制调整至图 4-107 所示形状。同样的方法将另一侧形状样条线也复制出来，如图 4-108 所示。

　　单击 附加 按钮后面的 图标，在弹出的文件列表中选择所有样条线进行附加。接下来将创建的样条线添加挤出修改器进行挤出设置。在添加挤出修改器之前，先来给大家讲解一下复杂图形挤出的原理。为了便于理解，这里先创建几个同心圆将其转化为可编辑样条线后全部附加起来，如图 4-109 所示。

　　之所以这样创建是为了更好地给大家讲解样条线互相嵌套时不同嵌套层级下挤出后的

效果。将所有的原型附加在一起之后，在修改器下拉列表下添加"挤出"修改器，效果如图4-110所示。

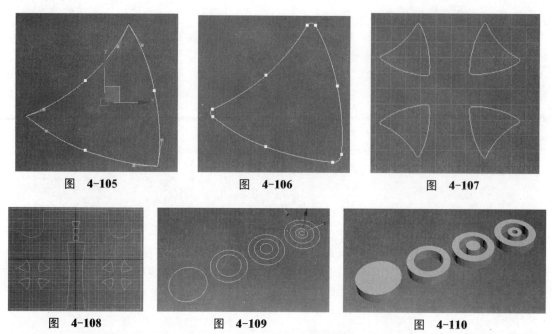

图 4-105　　　　图 4-106　　　　图 4-107

图 4-108　　　　图 4-109　　　　图 4-110

从上几幅图中可以总结出以下结论：当只有一个层级时挤出的是一个实心结构的圆柱体，当有两个层级时挤出的是一个管状体，当有三个层级时，挤出第一与第二层级之间和第三层级，当有四个层级时，挤出的是第一与第二，第三与第四层级之间的机构，也就是说每隔一个层级进行挤出。知道了复杂样条线之间弧线嵌套的原理后，在挤出时就可以做到心中有数了。

回到之前创建的形状样条线，用"附加"工具全部附加成一个物体，在修改器下拉列表下添加"挤出"修改器，效果如图4-111所示。

右击鼠标，在弹出的快捷菜单中选择"转换为"｜"转换为可编辑多边形"命令，将模型转换为可编辑的多边形物体。当选择两侧所有线段时会出现如图4-112所示的乱线。虽然这种乱线不影响模型外观，但是总显得有点乱。当按下快捷键Ctrl+Backspace移除这些线段时有些线段是不能被移除的。那么该如何解决呢？要先解决这些乱线，就要先加线，可选择相邻对应的点之间加线，比如图4-113中的加线调整。调整好之后再次选择刚才的线段之后就可以移除线段了。

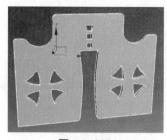　　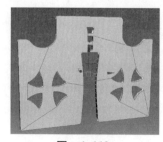　　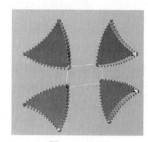

图 4-111　　　　图 4-112　　　　图 4-113

选择两侧边缘所有线段，如图 4-114 所示，单击 切角 按钮后面的 ▣ 图标，在弹出的 "切角"快捷参数面板中设置切角值，效果如图 4-115 所示。

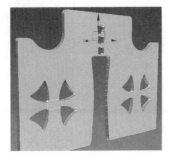

图 4-114

图 4-115

（2）将制作好的一面模型移动复制，在两模型之间创建一个长方体模型。右击 ³ 按钮，在弹出的栅格和捕捉设置面板中单击选项面板，勾选"启用轴约束"，在捕捉面板中只勾选 "顶点"，单击 ³ 捕捉按钮开启捕捉开关，选择图 4-116 中的点将鼠标放置在 X 轴上，然后拖动鼠标到黄色物体右边缘的点上，此时因为开启了捕捉开关，会自动吸附到点上，同时也将选择的点在 X 轴方向和扑捉的点进行了对齐操作，如图 4-117 所示。同样的方法将另一侧的点也对齐移动调整。

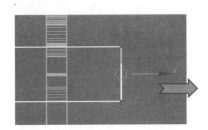

图 4-116

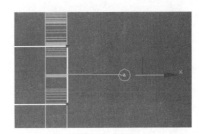

图 4-117

将长方体模型向下复制调整至如图 4-118 所示位置。然后复制调整出右侧模型，如图 4-119 所示。

图 4-118

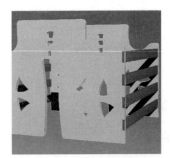

图 4-119

（3）单击 ✿ （创建）| ◔ （图形）| 线 按钮，在视图中创建如图 4-120 所示的样条线，选择拐角处直角点用圆角命令将点处理为圆角。然后按快捷键 3 选择整个样条线，单击 轮廓 按钮在线段上单击左键并拖动出轮廓，如果圆角过小而挤出的轮廓值过大时会出现图 4-121 所示点的交叉情况。出现这样的情况后将两点移动调整到重合在一起，

然后单击"焊接"工具进行焊接，再次利用圆角工具将点圆角处理即可，如图 4-122 和图 4-123 所示。

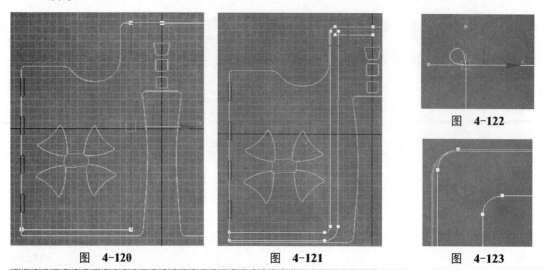

图 4-120　　　　　　　图 4-121　　　　　　　图 4-122

图 4-123

> **注意**
>
> 该线段也可以先挤出轮廓然后再调整圆角，这样操作就不会出现图 4-121 中点的交叉情况了。

删除该样条线最右侧的线段后，单击 ▥ 镜像工具镜像出另一半，然后用"附加"工具将两条样条线附加起来，选择对称中心的点单击"焊接"按钮将点焊接起来。如果相邻两点没有进行焊接，可以将焊接值适当增大后再次焊接即可。单击 ☑ 按钮进入修改面板，单击"修改器列表"右侧的小三角按钮，在修改器下拉列表中添加"挤出"修改器，设置挤出高度值，效果如图 4-124 所示。

（4）在顶部位置创建几个长方体模型并移动嵌入到物体内部，如图 4-125 所示。在创建面板下的"复合对象"面板中单击 ProBoolean （超级布尔运算）按钮，单击 开始拾取 按钮拾取长方体模型进行布尔运算。正常情况下会在长方体模型位置布尔运算出一个凹槽，但是此处没有任何反应，这也许是因为创建的模型不太符合要求。按快捷键 Alt+Q 孤立化显示模型，进入点级别，重新调整模型布线，如图 4-126 和图 4-127 所示。

图 4-124

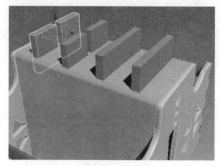

图 4-125

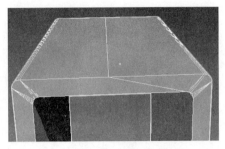

图 4-126

图 4-127

再次进行布尔运算时还是没有反应，既然此处布尔运算不能解决问题，可以换一种方法。在模型上加线，如图 4-128 所示。然后选择对应的面删除，如图 4-129 所示。

图 4-128

图 4-129

选择对称中心的线段切角处理，如图 4-130 所示，然后利用线段"桥接"、边界线的"封口"命令以及点的"目标焊接"命令制作出图 4-131 所示形状。

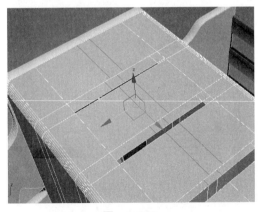

图 4-130

图 4-131

（5）筷子模型制作。创建一个长方体模型并转换为可编辑多边形物体，分别加线调整，如图 4-132 所示。筷子比较长，一些细节抓图抓不到，可以参考视频。制作好一双筷子后，复制调整出剩余的筷子模型，注意在调整时要随机旋转移动调整不同的位置和角度，显得更加自然，如图 4-133 所示。

复制调整出右侧筷子模型，如图 4-134 所示。

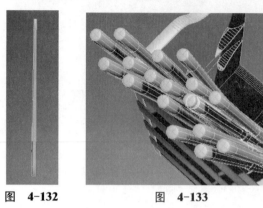 

图 4-132 图 4-133 图 4-134

（6）在视图中创建一个矩形，右击，在弹出的快捷菜单中选择"转换为"｜"转换为可编辑样条线"命令，将矩形转换为可编辑的样条线，选择图 4-135 顶部两个点，在点上单击 圆角 按钮并拖动鼠标将角点处理为圆角，如图 4-136 所示。按快捷键 2 进入线段级别，选择底部线段，设置拆分后面的数值为 2，单击 拆分 按钮然后选择底部左右两边线段，设置拆分值为 1。单击 拆分 按钮完成加点设置后，选择中间的线段向上移动调整，如图 4-137 所示。最后沿条线形状整体调整并将底部角点处理为圆角，如图 4-138 所示。

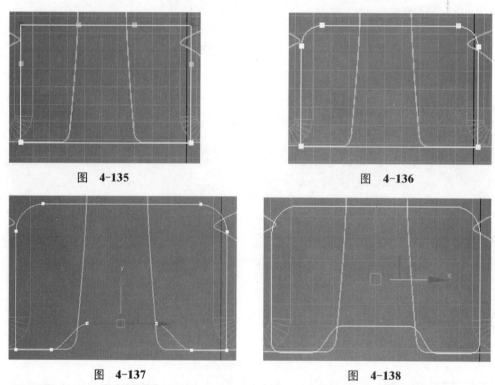

图 4-135 图 4-136

图 4-137 图 4-138

单击 按钮进入修改面板，单击"修改器列表"右侧的小三角按钮，在修改器下拉列表中添加"挤出"修改器，然后在内侧位置创建一个长方体后将制作好的一侧模型复制调整到另一侧，如图 4-139 所示。

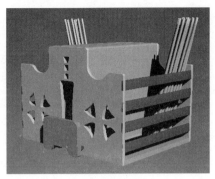

图 4-139

（7）单击软件左上角图标，依次选择"导入"|"导入"命令，选择刀具模型文件双击，将模型文件导入到当前场景中并移动调整位置和大小，效果如图4-140所示。最后的白模渲染效果如图4-141所示。

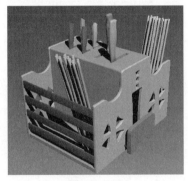

图 4-140

图 4-141

◥ **本实例小结**：本实例要重点掌握的是复杂样条线之间互相嵌套情况下的挤出效果设置。除此之外，还需熟练掌握样条线命令面板下的参数设置。

实例 04　碗碟柜的制作

碗碟柜是指专门盛放餐具的柜子。它们讲究做工精细，中正、大气、平衡、沉稳、高贵，产品风格简约时尚与尊贵奢华并举。现在人们很少再单独使用碗碟柜了，而由整体橱柜和吊柜来代替。但是在一些欧式、美式风格的家装中仍经常见到碗碟柜。

■ 设计思路

本实例碗碟柜结合欧式和现代风格，内部设置为4层，两边为半弧形的半开门，中间为两扇对开门，柜门设计为玻璃门效果。为了增加美观性，在顶部设计一些雕花饰物。

■ 技术要点

● "车削"命令快速制作模型。

● "倒角"修改器的使用。
● 多边形建模命令的参数设置。

制作步骤

制作时先制作碗碟柜整体结构，然后拆分出柜门、玻璃等物体，最后制作层板和上层雕花模型等。

1．柜体制作

（1）单击 ✳ （创建）｜ ⬚ （图形）｜ ▭ 线 ▭ 按钮，在视图中创建如图 4-142 所示的样条线，然后创建底部矩形样条线，该样条线为碗碟柜外形的剖面曲线。局部放大细节如图 4-143 所示。

选择底部矩形曲线，单击 ▱ 按钮进入修改面板，单击"修改器列表"右侧的小三角按钮，在修改器下拉列表中添加"倒角剖面"修改器，此时曲线形状会变成平面模型，如图 4-144 所示，单击 ▭ 拾取剖面 ▭ 按钮拾取创建的柜体剖面曲线，效果如图 4-145 所示。

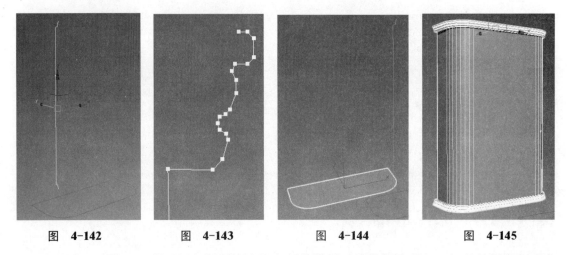

| 图 4-142 | 图 4-143 | 图 4-144 | 图 4-145 |

从图中可以发现，利用倒角剖面修改器在制作模型时非常快捷方便。但是前提是剖面曲线细节和比例一定要把握好。如果模型需要后期进行多边形的编辑细分调整，在创建样条线时尽量采用角点的方式进行创建，因为这种方式倒角剖面后的模型布线不会太密集，它的分段数和样条线中点的个数保持一致。如果后期不需要多边形编辑细分调整而且希望得到一个更精细的模型效果，则在创建样条线时尽量采用贝兹点的方式进行创建。

如果已经采用了角点方式进行创建也没关系，后面还可以通过修改点的方式来控制模型细节，比如图 4-146 中将其中的一个点转化为贝兹点，模型的细节布线密集修改如图 4-146 所示。因为点的默认步数值为 6，所以模型也会比较密集，当调整"步数"值为 1 时，模型布线效果如图 4-147 所示。"步数"值为 2 时的效果如图 4-148 所示，"步数"值为 4 时的效果如图 4-149 所示。

将第一步创建的底部矩形曲线复制一个，在修改器下拉列表下添加"倒角"修改器，参数设置和效果如图 4-150 所示。移动该物体到柜体的底部位置。

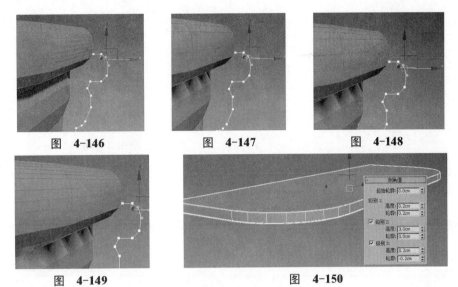

图　4-146　　　　　　　图　4-147　　　　　　　图　4-148

图　4-149　　　　　　　　　　　图　4-150

　　选择柜体模型右击，在弹出的快捷菜单中选择"转换为"｜"转换为可编辑多边形"命令，将模型转换为可编辑的多边形物体。分别在模型横向和纵向上加线，如图 4-151 和图 4-152所示。选择纵向上添加的线段，单击 切角 按钮后面的 ▢ 图标，在弹出的"切角"快捷参数面板中设置切角的值，如图 4-153 所示。

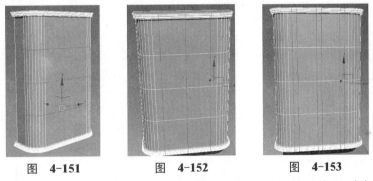

图　4-151　　　　　　　图　4-152　　　　　　　图　4-153

　　在模型对称中心位置加线，如图 4-154 所示（这样做的目的是为了删除模型另一半），选择一般的点按快捷键 Delete 删除一半模型，如图 4-155 所示。单击 ▨ 镜像工具，在弹出的镜像面板中选择 X 轴关联复制（这样调整是为了便于观察整体效果同时只需调整一半模型即可），如图 4-156 所示。选择横向上的线段用缩放工具沿着 Z 轴方向缩放调整至图 4-157 所示的位置。

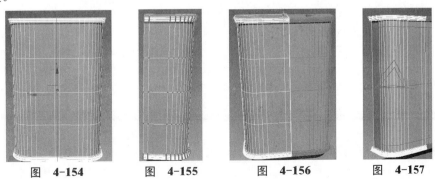

图　4-154　　　　图　4-155　　　　　图　4-156　　　　图　4-157

按快捷键 4 进入面级别，依次单击石墨建模工具面板下的 建模 修改选择 步模式 按钮，开启"步模式"。开启"步模式"是为了快速选择所需面，使用方法如下：先选择一个面，然后按住 Ctrl 键再选择横向或者纵向上其他一个面，中间连续的面会自动选择。图 4-158 是关闭"步模式"和开启"步模式"时面的选择区别。用该方法快速选择图 4-159 中的面。

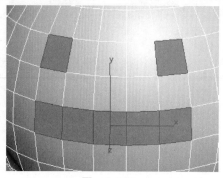 

图 4-158　　　　　　　图 4-159

（2）按快捷键 Delete 删除所选择面，然后进入边界级别，选择开口边界线按住 Shift 键向内挤出面调整（向内挤出面是为了模拟模板的厚度），如图 4-160 所示。将图 4-161 中底座模型向上复制并调整好大小后复制出层板模型，如图 4-162 所示。选择图 4-163 中的线段并设置一个很小的切角值，然后选择切角内的面删除，将边界线后向内挤出面并调整，如图 4-164 所示。

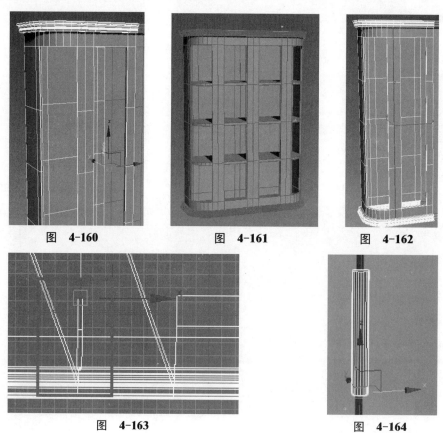

图 4-160　　　　　　图 4-161　　　　　　图 4-162

图 4-163　　　　　　　图 4-164

（3）在柜门边缘位置创建一个圆柱体，然后复制调整出其他圆柱体模型，如图 4-165 所示。单击 （创建）| （图形）| 线 按钮，在视图中创建如图 4-166 所示的样条线，单击 按钮进入修改面板，单击"修改器列表"右侧的小三角按钮，在修改器下拉列表中添加"车削"修改器，单击 最小 按钮，在修改器参数面板中设置分段数为 10，度数为 180°，移动该模型到图 4-167 所示位置。

图 4-165　　　　　　图 4-166　　　　　　图 4-167

将该物体再次复制一个调整到柜体的左侧位置。

2．装饰物和柜门等物体制作

（1）在视图中创建一个球体，设置分段数为 12，右击，在弹出的快捷菜单中选择"转换为"|"转换为可编辑多边形"命令，将模型转换为可编辑的多边形物体，选择一半的点删除。用缩放工具压扁调整。选择底部的面，单击 倒角 按钮后面的 图标，在弹出的"倒角"快捷参数面板中设置挤出方式为"局部法线"方向，倒角后效果如图 4-168 所示。在挤出的面上加线调整，如图 4-169 所示。

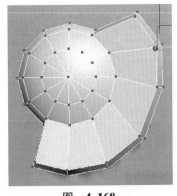

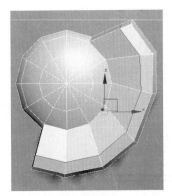

图 4-168　　　　　　　　　图 4-169

选择图 4-170 中的线段，单击 挤出 按钮后面的 图标，在弹出的"挤出"快捷参数面

181

板中设置挤出值将线段向下挤出调整,同时调整图 4-171 中的布线效果后将中间的线段移除,如图 4-172 所示。

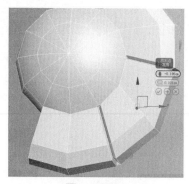

图　4-170　　　　　　　　　图　4-171　　　　　　　　　图　4-172

按快捷键 Ctrl+Q 细分该模型,效果如图 4-173 所示。从图中观察可以发现,模型圆环的部分棱角不明显,所以选择线段设置一个很小的切角值,如图 4-174 所示。

对称复制调整该模型到其他位置,最后整体调整线条的长短,效果如图 4-175 所示。

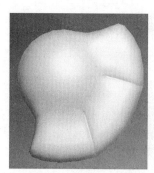

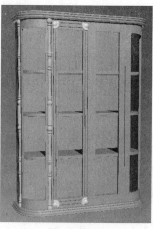

图　4-173　　　　　　　　图　4-174　　　　　　　　图　4-175

（2）玻璃物体的制作。单击 ┿ （创建）｜ ◎ （图形）｜ 线 按钮,在视图中创建如图 4-176 所示的样条弧线。按快捷键 3 进入样条线级别,选择样条线后单击 轮廓 按钮单击并拖动鼠标挤出轮廓,如图 4-177 所示。

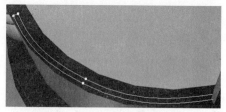

图　4-176　　　　　　　　　　　图　4-177

单击 按钮进入修改面板,单击"修改器列表"右侧的小三角按钮,在修改器下拉列表中添加"挤出"修改器,设置高度值,效果如图 4-178 所示。按快捷键 M 打开材质编辑器,在左侧材质类型中单击标准材质并拖动到右侧材质视图区域，双击材质面板中任意参数选项，在右侧"不透明度"参数中设置不透明度的值为 20，选择场景中的玻璃物体，单击 [图] 按钮将标准材质赋予该物体。效果如图 4-179 所示。

在正门的位置创建一个长方体模型并赋予半透明玻璃材质。选择左侧所有模型，单击 [图] 按钮进入修改面板，单击"修改器列表"右侧的小三角按钮，在修改器下拉列表中添加"对称"修改器，调整好对称中心轴位置后的整体效果如图 4-180 所示。

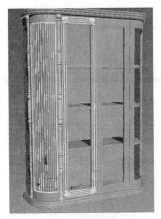

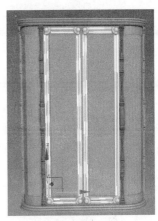

图　4-178　　　　　　　图　4-179　　　　　　　图　4-180

（3）在柜子顶部位置创建一个如图 4-181 所示的样条线。单击 [镜像] 按钮镜像复制出另一半，单击 [附加] 按钮拾取复制的样条线将其附加为一个整体，框选对称中心位置的点单击 [焊接] 按钮将两点焊接起来，如图 4-182 所示。按快捷键 3 进入样条线级别，选择整个样条线后单击 [轮廓] 按钮在样条线上单击并拖动鼠标挤出轮廓，如图 4-183 所示。

在修改器下拉列表中添加"挤出"修改器，效果如图 4-184 所示。

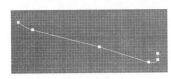
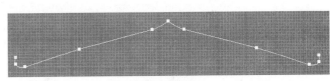

图　4-181　　　　　　　　　　　　图　4-182

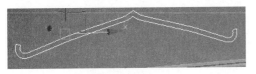

图　4-183　　　　　　　　　图　4-184

同样的方法创建修改如图 4-185 所示的模型。
在两端位置创建两个球体模型，如图 4-186 所示。

图　4-185　　　　　　　　　图　4-186

183

（4）创建一个面片物体并转换为可编辑多边形物体，如图 4-187 所示，选择边配合 Shift 键移动或缩放挤出面调整物体的形状，调整过程如图 4-188 和图 4-189 所示。

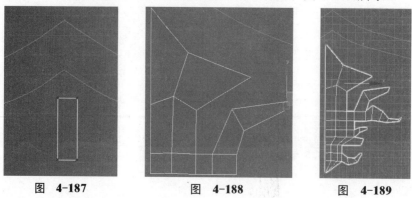

图 4-187   图 4-188   图 4-189

创建后的整体模型效果如图 4-190 所示。

在制作调整模型形状时，模型的比例并不是一次性就能把握好的，经常需要整体调整模型比例，这就要用到软选择工具。展开软选择卷展栏勾选"使用软选择"即可开启软选择选项，然后选择点调整衰减值即可调整局部模型大小和位置等，如图 4-191 所示。

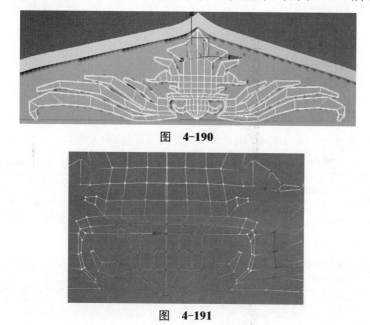

图 4-190

图 4-191

选择所有面，单击 倒角 按钮后面的 □ 图标，在弹出的"倒角"快捷参数面板中设置倒角参数。按快捷键 Ctrl+Q 细分该模型，效果如图 4-192 所示。

图 4-192

（5）再次创建一个面片物体并转换为可编辑多边形物体，修改调整出图 4-193 所示形状。选择顶部十字交叉点，单击 挤出 按钮后面的 ☐ 图标，在弹出的"挤出"快捷参数面板中设置挤出高度值为 0，将点挤出调整为四边形效果，如图 4-194 所示。然后选择面删除，如图 4-195 所示。

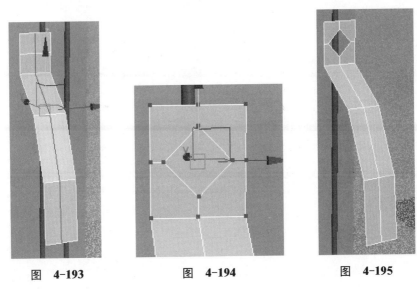

图 4-193   图 4-194   图 4-195

单击 ☑ 按钮进入修改面板，单击"修改器列表"右侧的小三角按钮，在修改器下拉列表中添加"对称"修改器，沿着 Y 轴向下对称调整，如图 4-196 所示。将该模型再次塌陷为多边形物体后选择所有面，利用"倒角"工具向外挤出面并调整，如图 4-197 所示。然后选择背部的边界线按住 Shift 键向内缩放挤出面并调整，如图 4-198 所示。最后整体调整拉手模型的形状，细分后效果如图 4-199 所示。

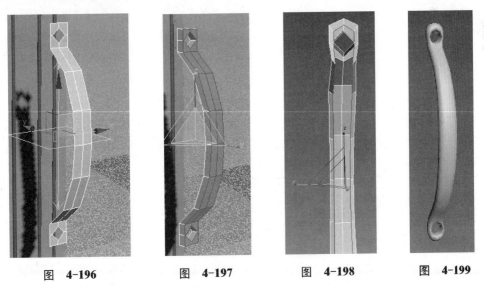

图 4-196   图 4-197   图 4-198   图 4-199

在拉手模型孔的位置创建圆柱体模型作为固定物体，如图 4-200 所示，然后将该制作好的拉手模型复制整体效果，如图 4-201 所示。

 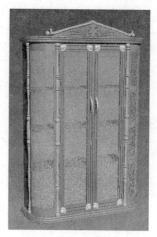

图 4-200　　　　　　　　　　图 4-201

（6）在底部位置创建一个球体，右击，在弹出的快捷菜单中选择"转换为"｜"转换为可编辑多边形"命令，将模型转换为可编辑的多边形物体。删除顶部的面后选择边界线段按住 Shift 键向上挤出面并调整至图 4-202 所示。同样的方法调整底部面后将该物体复制，调整效果如图 4-203 所示。

最终的白模渲染效果如图 4-204 所示。

 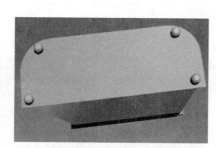 

图　4-202　　　　　图　4-203　　　　　图　4-204

↘ **本实例小结**：通过本实例的学习重点掌握通过倒角剖面的方法创建三维模型。该方法的难点在于剖面曲线的创建和比例的掌握。如果读者朋友们在起初阶段掌握不好制作剖面曲线比例和大小，可以多搜集一些参考图，根据参考图的位置来创建样条线的大小。

实例 05　储物架模型的制作

储物架是一种主要盛放洗刷用品、浴巾等的存放架，具有方便、时尚、可循环利用等特点。适合在洗手间、浴室放置。

储物架的种类很多，主要有多层储物架、折叠式储物架、附着式储物架和自动式储物架等种类。

设计思路

储物架对于物品的整理归纳作用很大，而且不占空间，设计合理，符合立体构造学。所以在设计时要遵循简洁的原则，本实例中的储物架形状较为简单，就是一些简单的棚板物体，为了丰富场景效果可以搭配吊柜、电器和橱柜模型。

技术要点

- 物体超级布尔运算方法。
- 多边形建模命令的掌握。
- 物体属性透明的设置。

制作步骤

本实例在制作时先制作一个房子结构，然后再制作内部储物架等其他结构。

1. 房屋的创建

（1）首先在视图中创建一个长、宽、高为 3 000cm、3 000cm、1 200cm 的长方体模型。右击，在弹出的快捷菜单中选择"转换为" | "转换为可编辑多边形"命令，将模型转换为可编辑的多边形物体。在模型中心位置加线选择顶部线段向上移动，如图 4-205 所示。选择前方的面删除，如图 4-206 所示。

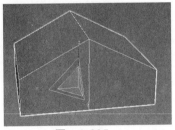 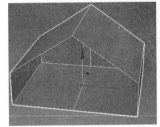

图　4-205　　　　　　　　　图　4-206

单击 <kbd>C</kbd> 按钮进入修改面板，单击"修改器列表"右侧的小三角按钮，在修改器下拉列表中添加"壳"修改器，在参数面板中设置"外部量"的值为 150。通过"壳"修改器可以将单面的物体处理为带有厚度的物体，如图 4-207 所示。

在房子顶部位置创建长方体模型，调整好大小和位置后复制调整至图 4-208 所示位置。在房子背部位置创建如图 4-209 所示的多边形并移动到墙体上，注意一定要比墙体厚度厚，以便进行布尔运算。

选择房子模型，单击 <kbd>✳</kbd>（创建）|复合面板下的 <kbd>ProBoolean</kbd> 超级布尔运算按钮，单击 <kbd>开始拾取</kbd> 按钮后拾取已创建的嵌入到墙体内部的窗户和顶部长方体模型完成布尔运算。运算之后的效果如图 4-210 所示。

图 4-207

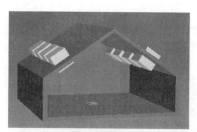
图 4-208

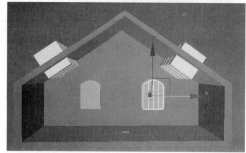
图 4-209

图 4-210

（2）单击 ✳ （创建）|扩展基本体下的 切角长方体 按钮在视图中创建一个切角长方体，如图 4-211 所示。复制调整切角长方体过程如图 4-212～图 4-214 所示。

图 4-211

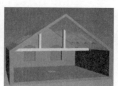
图 4-212

图 4-213

图 4-214

2. 储物架模型制作

（1）在背墙的底部位置创建两个长方体作为简单的吊柜模型，如图 4-215 所示。在创建面板下的扩展基本体下单击 切角长方体 ，在吊柜的上方位置创建一个切角长方体作为储物架模型，然后向上复制出另外一个储物架棚板模型，如图 4-216 所示。

将创建的吊柜长方体模型复制到左侧位置并调整长度，在该模型上分别加线，选择前方的 4 个面，单击 倒角 按钮后面的 □ 图标，在弹出的"倒角"快捷参数面板中设置倒角参数，制作出如图 4-217 中抽屉模型形状。

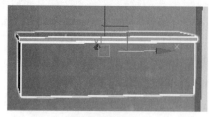
图 4-215

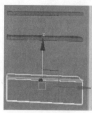
图 4-216

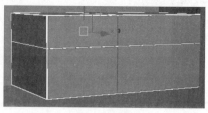
图 4-217

将右侧储物棚板模型复制到左侧位置，调整长短如图 4-218 所示，然后在该位置创建一个长方体模型移动到墙体内部，在创建面板下的复合面板中单击 ProBoolean ，选择墙体模型

单击 开始拾取 按钮拾取长方体模型完成超级布尔运算，运算效果如图 4-219 所示。

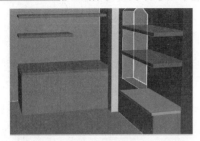

图　4-218

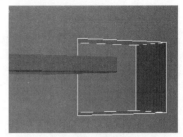

图　4-219

（2）单击软件左上角图标，依次选择"导入"|"导入"命令，选择冰箱等厨房电器模型，将模型导入到当前场景中并移动调整位置和大小，效果如图 4-220 所示。然后创建橱柜模型，橱柜模型的创建是由切角长方体模型和长方体模型组合而成，将长方体模型转换为多边形物体，通过面的倒角操作制作出所需形状，如图 4-221 所示。

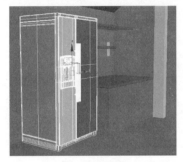

图　4-220

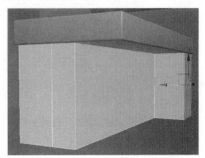

图　4-221

选择底部面继续倒角挤出调整，然后将切角长方体模型向右调整长度，如图 4-222 所示。在底部位置创建长方体模型并转换为多边形物体，通过加线面的倒角等操作制作出橱柜的形状，如图 4-223 所示。

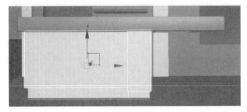

图　4-222

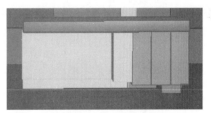

图　4-223

（3）椅子和餐具等模型在这里不再详细制作，可以从外部导入。效果如图 4-224 和图 4-225 所示。

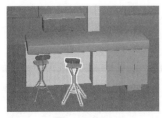

图　4-224

图　4-225

（4）同样的方法制作出盘、碟、碗、罐等模型，如图 4-226 所示。制作好之后将碗、盘子等模型向上复制调整，如图 4-227 所示。

图　4-226　　　　　　　　　　　　　图　4-227

可以制作也可以导入一些盐罐、油瓶等模型效果，如图 4-228 所示。

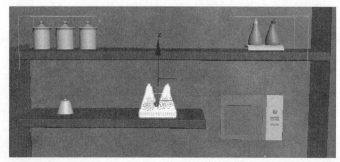

图　4-228

（5）创建长方体模型并复制调整长短，制作出窗户的框架，如图 4-229 和图 4-230 所示。

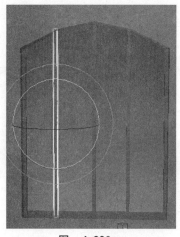

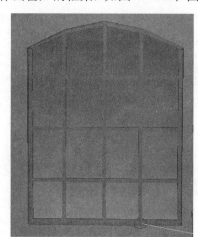

图　4-229　　　　　　　　　　　　　图　4-230

在窗户的位置创建一个面片物体并转换为可编辑多边形物体，根据窗户形状调整面片形状，如图 4-231 所示。右击，在弹出的快捷菜单中选择"对象属性"命令，如图 4-232 所示。

在弹出的对象属性面板中勾选"透明"选项，如图 4-233 所示，这样可以快速设置该物体为透明物体。调整合适角度，按快捷键 Ctrl+C 快速创建匹配一个物理相机。创建摄像机之后，无论在哪个视图中只要按下快捷键 C 即可快速调整到摄像机视图，如图 4-234 所示。

图 4-231　　　　　　　　　图 4-232

图 4-233　　　　　　　　　　　　图 4-234

按快捷键 M 打开材质编辑器,在左侧材质类型中单击标准材质并拖动到右侧材质视图区域。选择场景中所有物体,单击 按钮将标准材质赋予所选择物体,简单设置灯光后用 Vray 渲染的白模效果如图 4-235 所示。

图 4-235

↘ **本实例小结**: 由于本实例中的储物架模型较简单,所以设计时搭配了简单的房屋创建方法以及窗户和橱柜等模型的创建。最后再导入或者创建一些碗碟、瓶子等物品使场景更加丰富。在制作时需要注意的还是各个模型之间的比例要把握好。

卧室家具设计

卧室家具包括床、床垫、衣柜、梳妆台和床头柜，以及床上用品等，它们无疑是卧室中的主角。一套好的卧室家具，尤其是床，能改变居住者的生活质量。

一个温馨而舒适的卧室环境能让生活精力倍增，其中卧室家具的选择和摆放学问不少。卧室家具的设计与摆放要遵循以下几点：一、先观察一下房间的结构，确定活动中心；二、确定大件家具一般是床、沙发、桌面、橱柜等的摆放位置；三、考虑好贯通全家的过道再安放家具，避免影响正常的室内走动。

本章中主要从床、床头柜、化妆台、妆凳、衣柜、床尾凳、穿衣镜这几个方面来重点学习卧室家具的设置制作方法。

实例 01　床的制作

卧室里最重要的家具是什么？当然是床。所以，卧室的设计一定要以床为中心。

卧室床主要有双人床、单人床两种：双人床的尺寸多为 150cm×190cm、180cm×200cm。单人床的尺寸常为 90cm×190cm、150cm×190cm。

■ 设计思路

根据现代床简约时尚的特点来设计制作一个现代风格床，床腿、床板、床垫没有什么特别之处，将最出色的设计放在床单被罩的表现上，使之显得更加舒适。

■ 技术要点

本实例为美式床，从风格出发，注重美观性、实用性和舒适性相结合，表现出美式床的高端大气效果。本节主要用到的技术要点如下：

● 布料系统制作床单的技巧。
● 动力学系统制作床单。
● 噪波修改器的使用方法。
● 多边形编辑下的笔刷雕刻工具的使用。
● "壳"修改器的使用方法。

制作步骤

先来制作床身和床垫，最后重点制作床单和被罩模型。

1. 床和床垫模型制作

（1）单击 ✱ 创建面板，单击标准基本体右侧的小三角，在下拉菜单中选择扩展基本体，然后单击 切角长方体 ，在视图中创建一个长、宽、高为 290cm、190cm、36cm，圆角值为 1cm 左右的切角长方体模型。将该切角长方体向下复制调整长度为 300cm、宽度为 200cm、高度为 16cm，效果如图 5-1 所示。

右击，在弹出的快捷菜单中选择"转换为" | "转换为可编辑多边形"命令，将模型转换为可编辑的多边形物体。在长度和宽度两侧边缘位置加线，然后选择中间部位的面单击 倒角 按钮后面的 □ 图标，在弹出的"倒角"快捷参数面板中设置倒角参数，将面向下倒角挤出，如图 5-2 所示。

图 5-1

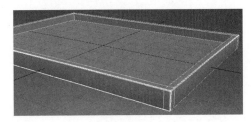

图 5-2

将上方的切角长方体模型向下适当移动到底座的槽内。然后在其中底部一角位置创建一个长宽为 20cm、高度为 9cm 的切角长方体模型，然后复制调整出其他 3 个支撑腿模型。

（2）在床垫的上方位置创建一个大小一致的长方体，设置长度分段为 14 和宽度分段为 13，这里之所以将分段数设置这么高是为下一步添加噪波修改器打好基础，如果分段数过低，噪波修改器以及其他比如"弯曲"、"锥化"修改器是没有任何变化效果的。将该物体转换为可编辑多边形物体，按快捷键 4 进入面级别，在左视图中框选顶部所有面，单击 ☑ 按钮进入修改面板，单击"修改器列表"右侧的小三角按钮，在修改器下拉列表中添加"噪波"修改器，在参数面板修改比例值以及 Z 轴的强度值，通过这种方法可以在选择的面上设置不同类型的噪波，如图 5-3 所示。

图 5-3

再次将该模型塌陷为多边形物体，分别在上下、左右、前后边缘位置加线，按快捷键 Ctrl+Q 细分该模型。右击，在弹出的快捷菜单中选择"剪切"命令，在床垫物体的边缘位置手动添加线，如图 5-4 所示。单击 切角 按钮后面的 □ 图标，在弹出的"切角"快捷参数面板中设置切角的值，如图 5-5 所示。

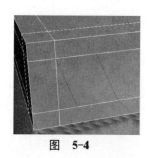
图 5-4

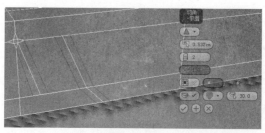
图 5-5

进入点级别，单击 目标焊接 按钮将多余的点焊接到其他点上。同时配合"剪切"工具加线调整模型布线，如图 5-6 所示。适当移动调整线段位置，细分后效果如图 5-7 所示。用这种方法可以制作出模型的褶皱效果。

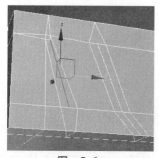
图 5-6

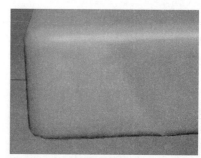
图 5-7

手动剪切线段调整布线的原则是：哪里需要表现凸起或者凹陷就在对应的位置加线，一般需要 3 条相邻的线段，然后选择中间的线段向外或者向内移动位置即可，如图 5-8 所示。除此之外，还要注意的一点是在加线调整时，尽量保持四边面。

调整好一侧的凹凸效果后，删除模型另外一半，然后在修改器下拉列表中添加"对称"修改器对称出另外一半模型，如图 5-9 所示。

（3）在床头的位置创建一个切角长方体，设置高度 120cm、宽度 190cm、厚度 8cm，同时调整圆角值大小，如图 5-10 所示。

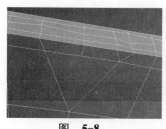
图 5-8

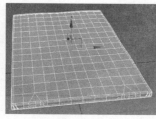
图 5-9

图 5-10

2. 床单等物体的制作

（1）在床的上方位置创建一个面片物体，将长度分段和宽度分段设置为 20，如图 5-11 所示。因为要用该面片物体通过布料运算制作床单和被罩效果，所以一定要将分段数设置足够多。

在工具栏的空白处右击，在弹出的选项中选择 MassFX 工具栏 ，此时会弹出动力学工具栏，如图 5-12 所示。长按 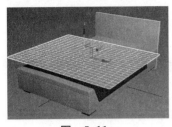 按钮在下拉列表中选择 将选定对象设置为mCloth 对象，然后选择床垫和床板模型，长按 按钮在弹出的列表中选择 将选项设置为静态刚体，然后单击 按钮开始动力学计算。此时面片物体会只有落体，当落到床垫上时与床垫发生碰撞产生弯曲变形，如图 5-13 所示。但是这种效果还不是很理想，接下来换一种制作方法。

图 5-11

图 5-12

图 5-13

撤销重新选择布料面片物体，单击 按钮进入修改面板，单击"修改器列表"右侧的小三角按钮，在修改器下拉列表中添加"Cloth"修改器，在参数面板中单击 对象属性 按钮打开对象属性面板，如图 5-14 所示。单击 添加对象… 按钮，在弹出的文件列表面板中选择床垫和床板模型将其添加进来。

注意

在添加床板和床垫模型时，要提前明确这两个物体的名称。此处床垫和床板模型的名称为 Box001 和 ChamferBox001，在对象属性面板中，选择两个名称设置为冲突对象，如图 5-15 所示。

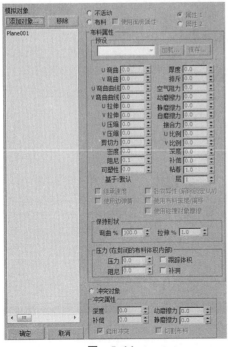

图 5-14

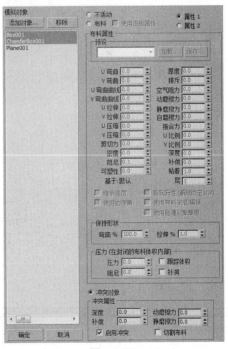

图 5-15

选择面片物体，在布料属性下的预设框中单击小三角按钮，在弹出的列表中选择其中一个布料属性，一般用的比较多的为 Cotton（棉布），设置好之后单击"确定"按钮。在 Cloth 修改面板中单击 模拟局部 按钮开始布料的模拟计算，计算效果如图 5-16 所示。

很明显 Cloth 的布料运算效果在这种情况下要比动力学计算效果好很多，并不是说动力学系统不好用，而是在此时的模型环境中没有发挥它的优势而已。如果觉得布料太长的话，按 Ctrl+Z 键撤销操作，回到 Plane 参数面板重新调整面片的长宽值，然后重设定布料系统参数再重新计算即可，计算效果如图 5-17 所示。

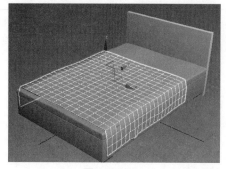
图 5-16

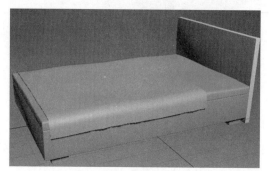
图 5-17

在修改器下拉列表中添加"壳"修改器，设置参数给面片物体添加厚度，如图 5-18 所示。

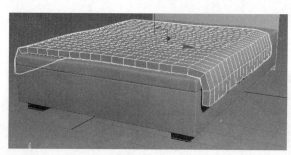
图 5-18

（2）添加"噪波"修改器，设置比例参数为 12，XYZ 轴的强度值为 5cm，效果如图 5-19 所示。这样做的目的是为了在模型表面添加凹凸的随机变化，使模型看起来更加真实。

图 5-19

右击，在弹出的快捷菜单中选择"转换为"｜"转换为可编辑多边形"命令，将模型转换为可编辑的多边形物体，按快捷键 Ctrl+Q 细分该模型，效果如图 5-20 所示。为了使模型看起来更加真实，可以使用笔刷工具在模型表面雕刻使其平滑处理。单击参数面板中的"绘制变形"卷展栏，单击 松弛 笔刷，调整笔刷大小和强度值后即可在模型表面进行平滑雕刻处理，如图 5-21 所示。

图 5-20　　　　　　　　　　　　　　图 5-21

（3）依次单击石墨工具下的 自由形式 ｜ 绘制变形 ｜ 偏移 按钮，该"偏移"工具可以针对模型进行整体的比例形状调整，有点类似于"软选择"工具的使用，但是它使用起来会更加快捷、更加灵活。当开启"偏移"工具时，鼠标的位置会出现两个圈，外圈为黑色，内圈为白色。外圈控制笔刷的衰减值，内圈控制强度。按 Ctrl+Shift+鼠标左键拖动可以同时快速调整内圈和外圈的大小，Ctrl+鼠标左键调整外圈衰减值大小，Shift+左键拖动控制调整内圈强度值，通过调整这两个值的大小可以设定要控制的范围。该工具可以范围内调整模型的位置，如图 5-22 和图 5-23 所示。

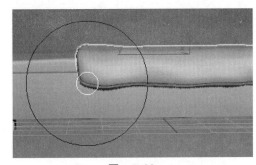 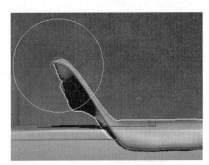

图 5-22　　　　　　　　　　　　　　图 5-23

需要注意的一点是，该笔刷移动调整的位置是和视角实时保持垂直的，要想控制移动调整的方向就需要通过调整视角后再移动调整。

（4）在床尾的上方位置继续创建一个面片物体，设置好长度分段和宽度分段数，如图 5-24 所示。单击"修改器列表"右侧的小三角按钮，在修改器下拉列表中添加"Cloth"修改器，在参数面板中单击 对象属性 按钮打开对象属性面板。单击 添加对象... 按钮，在弹出的文件列表面板中选择 Plane001 和 Plane002 模型并添加。在对象属性面板中，选择 Plane001 物体设置为冲突对象，将 Plane002 物体设置为棉布的布料。单击 模拟局部 按钮开始模拟计算，计算后的效果如图 5-25 所示。

图 5-24

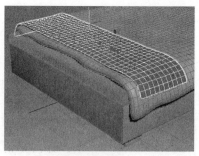

图 5-25

在修改器下拉列表中添加"壳"修改器，设置参数给面片物体添加厚度，如图 5-26 所示。然后在修改器下拉列表中添加噪波修改器，设置噪波大小和强度值细分后效果如图 5-27 所示。

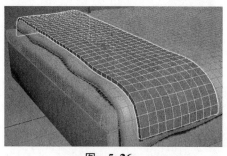

图 5-26

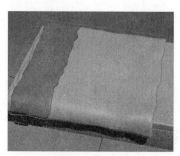

图 5-27

（5）继续在床前半部分上方位置创建一个面片，并添加布料系统模拟计算。然后添加"壳"和"噪波"修改器，效果如图 5-28 所示。右击，在弹出的快捷菜单中选择"转换为"｜"转换为可编辑多边形"命令，将模型转换为可编辑的多边形物体，右击，在弹出的快捷菜单中选择"剪切"工具，在物体的边缘位置剪切出线段后调整布线，移动线段调整出褶皱效果，如图 5-29 所示。

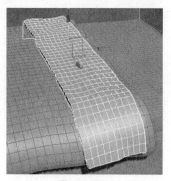

图 5-28

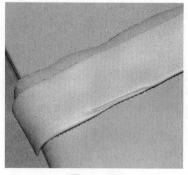

图 5-29

（6）单击软件左上角图标，依次选择"导入"｜"导入"命令，选择第 2 章实例 01 中的沙发模型文件双击，将模型文件导入到当前场景中，删除多余模型只保留抱枕模型并移动调整位置和大小，如图 5-30 所示。适当加线调整抱枕形状，然后在修改器下拉列表中添加"噪波"修改器设置噪波大小和强度，效果如图 5-31 所示。

图 5-30 图 5-31

将枕头模型再复制一个，用"偏移"工具整体调整形状，最后的效果如图 5-32 所示。

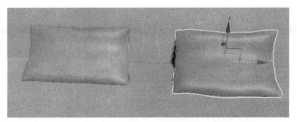

图 5-32

至此，该实例全部制作完成，按快捷键 M 打开材质编辑器，在左侧材质类型中单击标准材质并拖动到右侧材质视图区域，选择场景中所有物体，单击 按钮将标准材质赋予所选择物体，最终的白模渲染效果如图 5-33 所示。

图 5-33

↘ **本实例小结：** 通过本实例的学习，重点掌握布料系统制作床单的方法，用该方法制作床单或者被罩等模型非常快捷方便而且又比较真实，如果用纯手工面片建模一点一点调整就显得太烦琐，所以制作模型时，如果能配合动画及动力学系统可以事半功倍。

实例 02　床头柜的制作

床头柜是卧房家具中的小角色，通常设置为一左一右，"心甘情愿"地衬托着卧床，就连它的名字也是因补充床的功能而产生。一直以来床头柜因其功用而存在，收纳一些日常用品或放置床头灯。贮藏于床头柜中的物品大多为了适应需要和取用的物品如药品等，摆放在床头柜上的则多是为卧室增添温馨气氛的一些照片、小幅画、插花等。但是，随着床的变化和个性化壁灯的设计，床头柜的款式也随之丰富，装饰作用显得比实用性更重要了。床头柜已经告别了以前不注重设计的时代，设计感越来越强的床头柜正逐渐崭露头角，床头柜可以不再成双成对，按部就班地守护在床的两旁，就算只选择一个床头柜，也不必担心产生单调感。

设计思路

本实例要设计制作一个欧式风格的床头柜，在方方正正的基础上设计一些变化效果。

技术要点

本实例制作的床头柜主要用到的技术要点如下：
● 多边形编辑下不细分时边缘圆角的处理。
● "倒角剖面"修改器的使用。

制作步骤

本实例中的床头柜在制作时先制作出柜体，然后再处理抽屉等细节。

1．柜体制作

（1）在视图中先创建一个长、宽、高为 55cm、40cm、55cm 的长方体模型，该尺寸也是床头柜的尺寸大小。切换到左视图，单击 ❋（创建）｜ ⬭（图形）｜ 线 按钮，在视图中创建一个样条线，然后创建一个矩形，如图 5-34 所示。

选择矩形线段，在修改器下拉列表中添加"倒角剖面"修改器，单击 拾取剖面 按钮，拾取创建的样条线，效果如图 5-35 所示。该形状也可以由长方体物体进行多边形的编辑调整出来，但是没有倒角剖面的方法快捷方便。

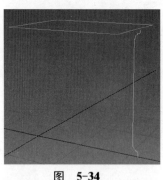
图 5-34

图 5-35

单击 ▣ 进入显示面板，勾选 ☑ 图形 将视图中的样条线隐藏起来。当然也可以通过选择样条线，右击选择"隐藏选定对象"来隐藏物体。显示面板中不仅可以快速隐藏样条线，还可以隐藏"几何体""灯光""摄像机""粒子系统""骨骼对象"以及其他"辅助对象"等。

（2）选择柜体模型右击，在弹出的快捷菜单中选择"转换为" | "转换为可编辑多边形"命令，将模型转换为可编辑的多边形物体。接下来调整制作出底座部分形状。在制作调整时只需要调整四分之一的模型即可，其他部分通过对称的方法对称制作。首先进入线段级别，在图 5-36 中的位置加线。删除其他四分之三的模型，选择图 5-37 中的面删除。

　　　　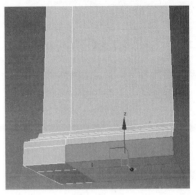

图　5-36　　　　　　　　　　　　　　　图　5-37

进入线段级别，选择线段按住 Shift 键向上挤出面，如图 5-38 所示。然后选择左侧的线段按住 Shift 键向右移动挤出面并调整。此时需要注意的一点是，在挤出面后，随时要将重合处的点焊接起来，比如图 5-39 红色框中的点。

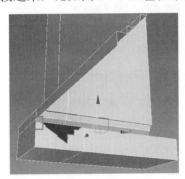　　　　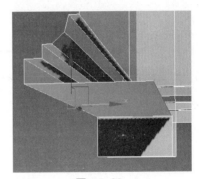

图　5-38　　　　　　　　　　　　　　　图　5-39

同样的方法挤出图 5-40 中的线段和图 5-41 中的线段。

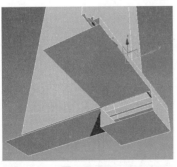　　　　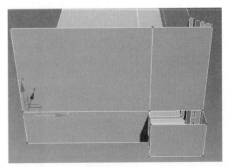

图　5-40　　　　　　　　　　　　　　　图　5-41

将重合处的点焊接后，选择图 5-42 中的边界线，单击"封口"按钮将开口封闭起来，调整好之后的底部效果如图 5-43 所示。

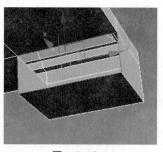
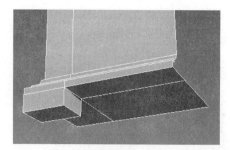

图 5-42   图 5-43

单击 按钮进入修改面板，单击"修改器列表"右侧的小三角按钮，在修改器下拉列表中添加"对称"修改器，先沿着 X 轴方向对称出一半模型，如图 5-44 所示。单击 对称 前面的"+"，然后单击 镜像 进入镜像子级别，在视图中移动对称中心的位置，如果模型出现空白的情况，可以勾选"翻转"参数。再次添加对称修改器，沿着 Y 轴对称模型，如图 5-45 所示。

（3）制作出整体形状之后，接下来的工作就是加线和切角调整。分别在模型的边缘位置加线，如图 5-46 所示。然后选择拐角处的线段，单击"切角"按钮设置一个很小的切角值，如图 5-47 所示。继续对模型加线约束调整，过程如图 5-48～图 5-50 所示。最后的细分效果如图 5-51 所示。

图 5-44   图 5-45

图 5-46   图 5-47   图 5-48

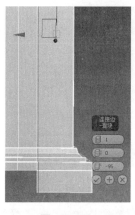
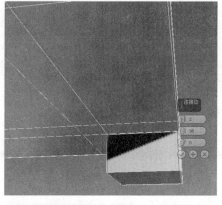
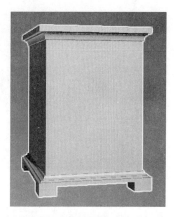

图 5-49   图 5-50   图 5-51

选择图 5-52 中的面，单击 ▭ 倒角 ▭ 按钮后面的 ▭ 图标，在弹出的"倒角"快捷参数面板中设置倒角参数，单击"+"按钮后再次向内多次倒角挤出，细分效果如图 5-53 所示。

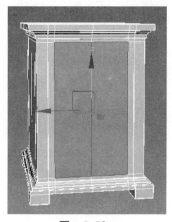
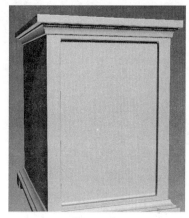

图 5-52   图 5-53

2. 抽屉制作

（1）在图 5-54 中的位置加线，然后选择图 5-55 中的面倒角设置。倒角的过程如图 5-56 和图 5-57 所示。

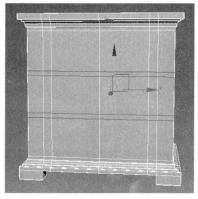
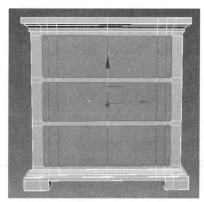

图 5-54   图 5-55

图 5-56

图 5-57

倒角后在抽屉两端位置加线，如图 5-58 所示，按快捷键 Ctrl+Q 细分该模型，效果如图 5-59 所示。

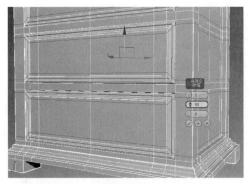
图 5-58

图 5-59

（2）在视图中创建一个圆柱体，然后用缩放工具沿着 Z 轴适当压扁调整，如图 5-60 所示。右击，在弹出的快捷菜单中选择"转换为"｜"转换为可编辑多边形"命令，将模型转换为可编辑的多边形物体。删除前后两个面，选择边界线按住 Shift 键移动或者缩放挤出面并调整，如图 5-61 所示。

继续向内缩放出面后，调整点的位置如图 5-62 所示的长方形形状。然后再次向前挤出面调整后单击"封口"按钮将开口封闭起来，如图 5-63 所示。

选择拐角处的线段设置一个很小的切角值，如图 5-64 所示。最后的细分效果如图 5-65 所示。

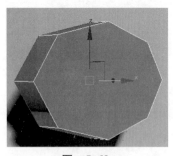
图 5-60

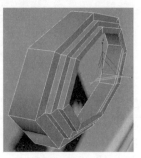
图 5-61

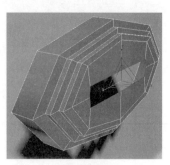
图 5-62

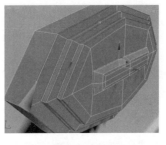

图 5-63　　　　　　　　　　图 5-64　　　　　　　　　　图 5-65

（3）将拉手模型向下复制调整，整体形状如图 5-66 所示。按快捷键 M 打开材质编辑器，在左侧材质类型中单击标准材质并拖动到右侧材质视图区域，选择场景中所有物体，单击 按钮将标准材质赋予所选择物体，最后的白模渲染效果如图 5-67 所示。

图 5-66　　　　　　　　　　　　　图 5-67

↘ **本实例小结：** 本实例中的难点在于模型边缘以及腿部模型位置的加线及倒角细节控制，加线不到位在模型细分后会造成物体的形状变形效果。所以在加线时要随时观察细分后的效果，哪个部位不满意即调整哪个部分直至满意为止。

实例03　梳妆台的制作

梳妆台指用来化妆的家具装饰。梳妆台一词，在现代家居中，已经被业主、客户、家居设计师广泛用到，现在泛指家具梳妆台。

梳妆台的标准尺寸是高度为 1 500mm 左右，宽为 700～1 200mm，在家庭装修之前的前期准备时就应该确定好梳妆台尺寸大小，同时梳妆台尺寸也要和房间的格调和风格统一起来。

设计思路

梳妆台的特点就是要有一面大镜子，所以除了桌子的制作之外一定要设计制作出一面美观的镜子。

■ 技术要点

本实例梳妆台用到的技术要点如下:

- 梳妆台腿部模型流线型的制作控制。
- 倒角剖面修改器的使用。
- 石墨建模工具下"条带"工具快速绘制面片方法。

■ 制作步骤

1. 梳妆台制作

(1)在视图中创建一个长、宽、高为 100cm、40cm、3cm 的长方体模型,右击,在弹出的快捷菜单中选择"转换为"|"转换为可编辑多边形"命令,将模型转换为可编辑的多边形物体。按快捷键 4 进入面级别,分别选择上下两个面,单击 倒角 按钮后面的 □ 图标,在弹出的"倒角"快捷参数面板中设置倒角参数,将面向上和向下挤出,如图 5-68 所示。

分别在该物体左右、前后边缘位置加线,然后选择拐角处的线段进行切角调整,按快捷键 Ctrl+Q 细分该模型,然后在其中一角位置创建一个长方体,如图 5-69 所示。

图 5-68

图 5-69

将该长方体模型转换为可编辑多边形物体后,选择底部面删除,然后按"3"键进入边界级别选择底部边界线,按住 Shift 键向下挤出面并调整,如图 5-70 所示。在模型上分别加线调整,如图 5-71 所示。调整线段形状然后将底部的点与点之间连接出线段,如图 5-72 所示。按快捷键 Ctrl+Q 细分该模型,基本效果如图 5-73 所示。

图 5-70

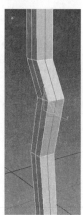

图 5-71

图 5-72

图 5-73

注意在调整时不能只调整一个轴向的位置,同时要兼容 XY 轴不同角度的调整,如图 5-74 所示。为了使内侧的面表现一个光滑的棱角效果,所以在内侧面的位置添加线,如图 5-75

所示。按快捷键 Ctrl+Q 细分该模型，效果如图 5-76 所示。

  制作好一个腿部模型之后，单击 ▦ 按钮镜像复制出其他 3 个腿部模型并调整好位置，效果如图 5-77 所示。

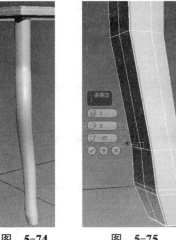  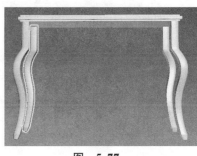

图　5-74   图　5-75   图　5-76   图　5-77

  （2）在腿部模型之间的上方位置创建一个长方体模型并转换为可编辑多边形物体，在边级别模式下加线调整至图 5-78 所示形状。

  删除左侧一半模型，分别在该模型水平方向加线，如图 5-79 所示，然后选择垂直方向上的线段，用切角工具将线段切角设置，如图 5-80 所示。最后在底部位置加线，如图 5-81 所示。制作好一半模型之后在修改器下拉列表中添加"对称"修改器，沿着 X 轴方向对称出另一半模型，然后将其塌陷为多边形物体，按快捷键 Ctrl+Q 细分该模型，效果如图 5-82 所示。

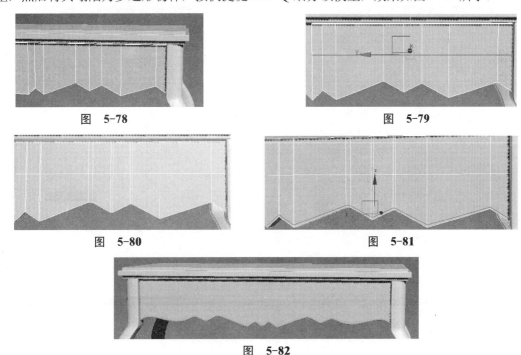

图　5-78   图　5-79

图　5-80   图　5-81

图　5-82

选择图 5-83 中的面，单击 `倒角` 按钮后面的 □ 图标，在弹出的"倒角"快捷参数面板中设置倒角参数将选择面向内倒角。因为这里布线较密，在向内倒角时线段会发生挤压扭曲的现象，如图 5-84 所示。

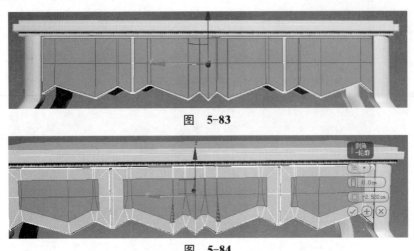

图　5-83

图　5-84

所以这里先调整点的位置使线段尽量保持水平和垂直，调整好之后再次选择面，用倒角工具先向内再向外挤出面并调整，如图 5-85 和图 5-86 所示。

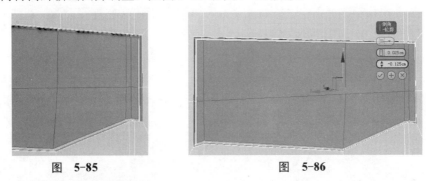

图　5-85　　　　　　　　　　　图　5-86

按快捷键 Ctrl+Q 细分该模型，效果如图 5-87 所示。

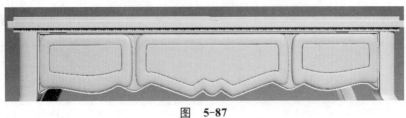

图　5-87

从图中可以发现，模型在细分后，抽屉的几个角的圆角值过大，拾取了一些原有形状产生了一定的变形，所以这里要先来加线约束调整。在加线调整时会出现图 5-88 中所示的加线效果，这是因为它们的方向不同造成的。如何在边缘位置快速加线调整呢？单击 `切片平面` 按钮，旋转移动调整切片平面的位置，然后单击 `切片` 按钮即可快速完成切片加线效果，如图 5-89 所示。

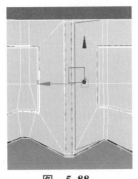

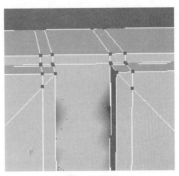

图　5-88　　　　　　　　　　图　5-89

　　进入点级别，单击 目标焊接 按钮将三角面的点焊接到其他点上。细分后效果如图 5-90 所示。对比图 5-87 的效果，拐角的形状得到了约束。

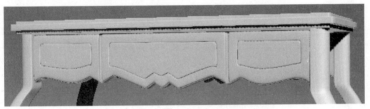

图　5-90

　　（3）在梳妆台的右侧位置继续创建一个长方体模型并转化为多边形物体，加线调整形状至图 5-91 所示。然后分别在模型的上下、两侧及厚度的边缘位置加线，细分后效果如图 5-92 所示。最后将调整好的模型复制调整到梳妆台左侧位置。

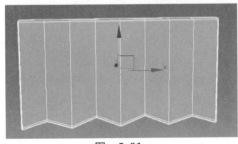

图　5-91　　　　　　　　　　　图　5-92

　　（4）单击 ※（创建）| ⬚（图形）| 线 按钮，在视图中创建如图 5-93 所示的样条线，选择点单击 圆角 按钮将直角点处理为圆角，如图 5-94 所示。

　　单击 ※（创建）| ⬚（图形）| 矩形 按钮，在桌子上方位置创建如图 5-95 所示的矩形。

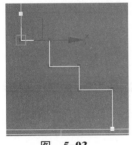

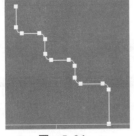

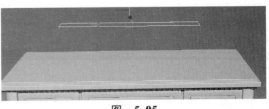

图　5-93　　　　　　图　5-94　　　　　　　　　　图　5-95

选择矩形，在修改器下拉列表下选择"倒角剖面"修改器，单击 拾取剖面 按钮拾取图 5-94 所示的样条线，效果如图 5-96 所示。

图　5-96

创建一个长方体模型如图 5-97 所示。将该物体转化为可编辑多边形物体之后，加线至图 5-98 所示。选择图 5-99 中的面，单击"倒角"按钮将面向内倒角挤出，然后分别在模型的顶端和底端位置加线，细分后效果如图 5-100 所示。

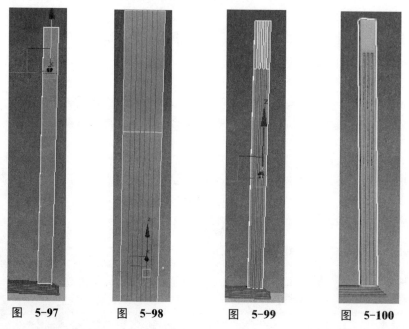

| 图　5-97 | 图　5-98 | 图　5-99 | 图　5-100 |

（5）将该物体复制调整，然后在该物体的上方位置创建长方体模型，通过加线调整至图 5-101 所示形状。继续延着 X 轴方向加线调整，选择上部分的面用"倒角"工具将选择的面向外挤出调整，如图 5-102 所示。

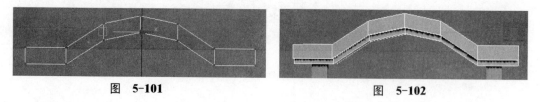

| 图　5-101 | 图　5-102 |

切换到边级别，在模型的厚度方向和两边位置加线，如图 5-103 所示，然后选择拐角处的线段切角设置，如图 5-104 所示。

继续创建一个长方体模型并转换为多边形物体，加线根据拱形形状调整点的位置，效果如图 5-105 所示。在该物体的底部位置创建一个长方体模型作为镜子模型，如图 5-106 所示。

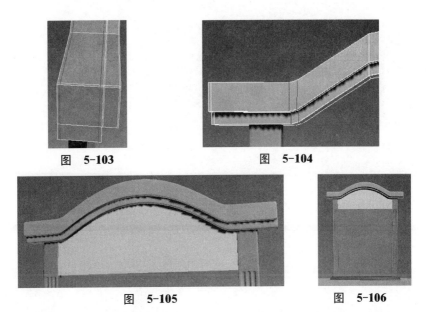

图 5-103　　　　　　　　　　图 5-104

图 5-105　　　　　　　　　　图 5-106

（6）创建一个圆柱体并转换为多边形物体，只保留其中的顶部多边形面，其他的面全部删除，按快捷键 2 进入边级别。依次单击石墨工具下的 自由形式 ｜ 多边形绘制 ｜ 绘制于 ｜ 绘制于：面 ｜ 拾取 按钮，拾取镜子上方框模型，单击 条带 工具，按住 Shift 键创建连续的条带面片物体，如图 5-107 所示。但是此时创建的面片太小有点不成比例，调整 "距离" 值为 30，再次创建条带物体，如图 5-108 所示。

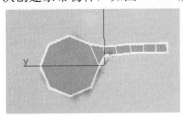

图 5-107

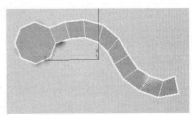

图 5-108

将中心处的多边形面调整布线后，删除左侧部分，单击 图 按钮进入修改面板，单击 "修改器列表" 右侧的小三角按钮，在修改器下拉列表中添加 "对称" 修改器，如图 5-109 所示。调整好位置后将该模型再次塌陷为多边形物体，按 "4" 键进入面级别，选择所有面，单击 倒角 按钮后面的 图 图标，在弹出的 "倒角" 快捷参数面板中设置倒角参数将面向倒角挤出，如图 5-110 所示。

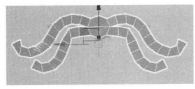

图 5-109

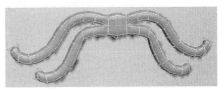

图 5-110

调整中心点的位置，如图 5-111 所示。

选择中间的多边形面，用 "倒角" 工具将面挤出，如图 5-112 所示。

211

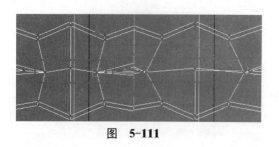

图 5-111

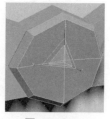

图 5-112

2. 梳妆椅简单制作

（1）创建一个长方体模型，将多边形形状调整至图 5-113 所示制作出凳面模型，然后再创建一个圆柱体删除顶部面，选择顶部边界线按住 Shift 键向上挤出面并调整，如图 5-114 所示。继续向上挤出面调整出椅子的腿部结构，过程如图 5-115 和图 5-116 所示。

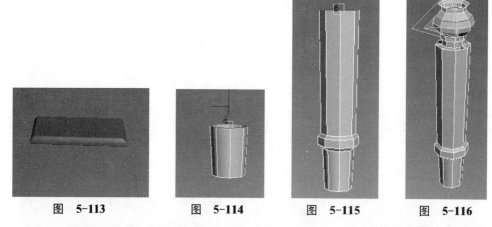

图 5-113　　　　图 5-114　　　　图 5-115　　　　图 5-116

（2）注意在挤出面调整时，将顶部的边界线先调整为方形的形状再次向上挤出调整，如图 5-117 所示。按快捷键 Ctrl+Q 细分该模型，效果如图 5-118 所示。选择拐角处的线段，用"切角"工具将线段切角，如图 5-119 所示。

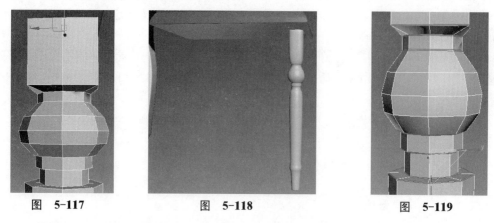

图 5-117　　　　　图 5-118　　　　　图 5-119

（3）制作好一个腿部模型之后，复制调整出其他腿部模型，如图 5-120 所示。在腿部中间的位置创建一个长方体转化为多边形物体，加线调整至图 5-121 所示形状。

212

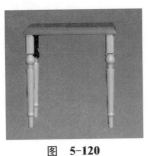

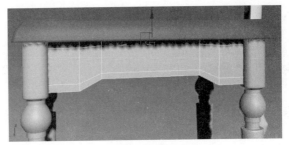

图 5-120　　　　　　　　　　　图 5-121

选择拐角处线段设置一个很小的切角，然后分别在物体的左右两端位置、上线边缘位置加线，细分后效果如图 5-122 所示。

图 5-122

（4）将该物体旋转 90°复制调整两侧的模型，如图 5-123 所示。最后在抽屉的位置创建一个球体，用缩放工具压扁调整后将其转化为多边形物体，选择其中一端的顶点删除，然后选择边界线按住 Shift 键移动挤出面，如图 5-124 所示。

将拉手模型细分后复制出其他的 2 个拉手模型，最后的整体效果如图 5-125 所示。按快捷键 M 打开材质编辑器，在左侧材质类型中单击标准材质并拖动到右侧材质视图区域，选择场景中所有物体，单击 按钮将标准材质赋予所选择物体。最后的白模渲染效果如图 5-126 所示。

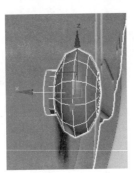

图 5-123　　　　图 5-124　　　　图 5-125　　　　图 5-126

❧ 本实例小结：本实例中梳妆台腿部模型除了多边形的创建方法之外，还可以通过放样的方法来完成。创建一个腿部的剖面曲线，然后创建出腿部的流线型曲线，利用放样工具完成"放样"操作命令后再进行多边形的修改调整即可。同时通过本实例的学习还掌握了石墨建模工具下的条带工具绘制模型的方法。该工具也非常重要，一定要多加练习熟练掌握。

实例 04 复杂梳妆凳的制作

梳妆凳是与梳妆台搭配使用的一种凳子，一般与梳妆台、梳妆镜搭配统一风格，主要以田园风格、美式风格、简约风格等受到女性用户的喜欢。

设计思路

本实例制作出一个欧美风格的妆凳，坐垫为皮质效果，腿部模型设计着重形状的变化。

技术要点

本节主要用到的技术要点如下：
- 多边形创建雕花纹路的方法。
- "条带"工具创建雕花模型。
- "偏移"工具修改调整模型形状比例。
- 软选择工具调整模型形状方法。

制作步骤

本实例制作的重点和难点在于腿部模型底部纹理和雕花制作。

1．梳妆凳制作

（1）在视图中创建一个长、宽、高为 30cm、45cm、2cm 的长方体模型，右击，在弹出的快捷菜单中选择"转换为" | "转换为可编辑多边形"命令，将模型转换为可编辑的多边形物体。在"边"级别下分别在长度和宽度上加线，如图 5-127 所示。选择中间的面沿着 Z 轴向上移动调整，使模型中间稍微凸起，如图 5-128 所示。

图 5-127　　　　　　　　　图 5-128

选择底部所有面，单击"挤出"按钮向下挤出一定高度，如图 5-129 所示，然后选择图 5-130 中的环形线段，单击"切角"按钮给线段一个很小的切角值。

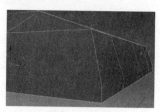

图 5-129　　　　　　　　　图 5-130

选择图 5-131 中的线段，单击 环形 快速选择环形线段，右击，在弹出的右键菜单中选择"转换到面"，这样即可快速选择环形线段处的所有面。单击 倒角 按钮后面的□图标，在弹出的"倒角"快捷参数面板中设置倒角参数，将面向内按局部法线的方向挤出并调整，如图 5-132 所示。按快捷键 Ctrl+Q 细分该模型，效果如图 5-133 所示。

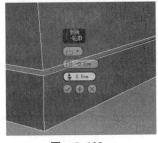

图 5-131　　　　　　图 5-132　　　　　　　　　图 5-133

（2）创建一个长方体作为梳妆凳腿部模型并转换为可编辑多边形物体，如图 5-134 所示。然后关联复制出剩余腿部模型，如图 5-135 所示。注意这里一定要关联复制，因为后期还要调整形状，只需要调整其中任意一个即可，其他的模型会随之而改变。

选择其中的一个模型，分别在高度、长度和宽度上加线，然后调整点或者线的位置来调整模型形状，如图 5-136 和图 5-137 所示。

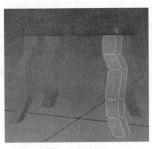

图 5-134　　　　　　图 5-135　　　　　　图 5-136　　　　　图 5-137

按快捷键 4 进入面级别，选择图 5-138 中的面向外倒角挤出，然后调整点的位置来调整该部位的形状至图 5-139 所示。

先选择图 5-140 中的面向外倒角挤出，然后选择图 5-141 中的面向外倒角挤出。

按快捷键 Ctrl+Q 观察细分效果如图 5-142 所示。选择底部的面挤出一个很小的值，此处和在底部边缘位置加线效果一样。整体效果如图 5-143 所示。

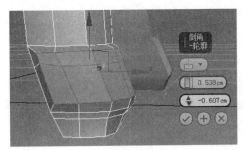
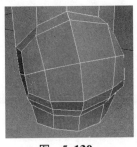

图 5-138　　　　　　　　图 5-139　　　　　　图 5-140

215

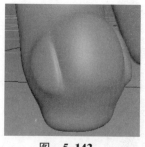

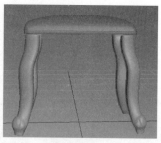

图 5-141

图 5-142

图 5-143

（3）接下来在图 5-144 沿着红色线的位置制作出向内的一个凹槽效果，先好好思考，是用加线、切线的方法来完成，还是用面的倒角方法来完成？因为此处布线很不规则，通过加线的方式很难控制，所以这里选择面的倒角方法来完成。选择图 5-145 中的面，注意模型的另外一半相对应位置上的面也要选择。

单击 倒角 按钮后面的 □ 图标，在弹出的"倒角"快捷参数面板中设置倒角参数分两次将面向外倒角挤出，如图 5-146 和图 5-147 所示。

选择腿模型顶部所有面按 Delete 键删除，如图 5-148 所示。然后选择图 5-149 中的线段做切角处理。注意此处抓图看不到背面效果，背面相对应的位置线段同样要做切角处理。

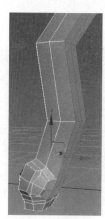

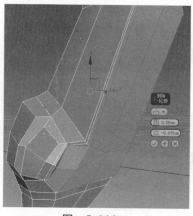

图 5-144

图 5-145

图 5-146

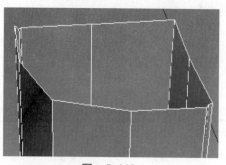

图 5-147

图 5-148

图 5-149

在点级别下配合"目标焊接"工具焊接点调整布线，然后将多余的线段移除，如图 5-150 和图 5-151 所示。

单击"目标焊接"工具继续对点进行焊接调整，如图 5-152 和图 5-153 所示。

继续对模型布线调整，如图 5-154 和图 5-155 所示。

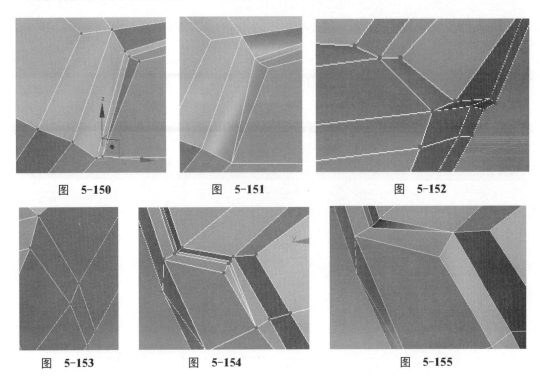

图 5-150   图 5-151   图 5-152

图 5-153   图 5-154   图 5-155

在图 5-156 和图 5-157 中的位置分别加线，然后对该位置的布线重新调整，因为此处需要调整的线段和点较为复杂，调整步骤较多，这里不一一详细说明，请参考视频。

按快捷键 Ctrl+Q 细分该模型，效果如图 5-158 所示。为了表现腿部其中一角的棱角效果，将图 5-159 中的线段切角处理。

在图 5-160 中的位置加线，然后调整点位置至图 5-161 所示。之所以这样调整，是为了使左侧拐角处有棱角效果同时又希望右侧的表面光滑自然过渡。

细分后的整体效果如图 5-162 所示。

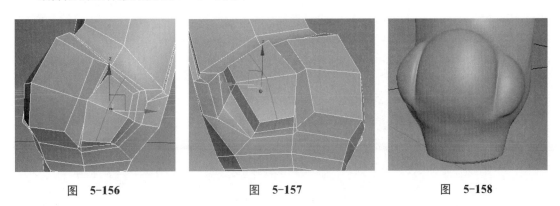

图 5-156   图 5-157   图 5-158

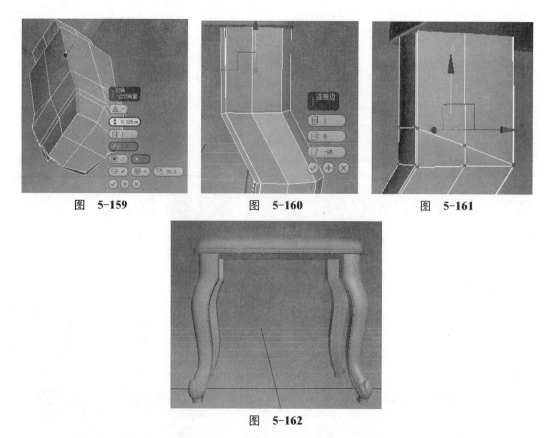

图 5-159　　　　　图 5-160　　　　　图 5-161

图 5-162

（4）在梳妆凳腿部之间创建一个长方体模型并转换为可编辑多边形物体，在中心位置加线后删除模型另一半。继续加线调整，如图 5-163 所示和图 5-164 所示。

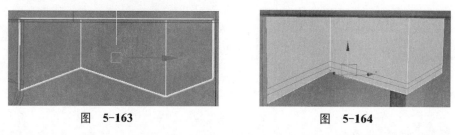

图 5-163　　　　　　　　　图 5-164

选择图 5-165 中的面向内倒角挤出，然后选择对称中心位置中的面删除，如图 5-166。此处为什么要删除这个面呢？如果不删除该面，当添加对称修改器后细分模型的情况下，该位置会出现扭曲现象使得该部位的点不能焊接。

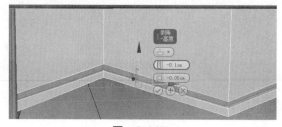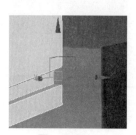

图 5-165　　　　　　　　　图 5-166

在左侧边缘和顶部边缘位置加线，按快捷键 Ctrl+Q 细分该模型，效果如图 5-167 所示。

单击⬜按钮进入修改面板，单击"修改器列表"右侧的小三角按钮，在修改器下拉列表中添加"对称"修改器，单击 ⚙ ➕ 对称 前面的"+"，然后单击 └─ 镜像 进入镜像子级别，在视图中移动对称中心的位置，如果模型出现空白的情况，可以勾选"翻转"参数。右击，在弹出的快捷菜单中选择"转换为"｜"转换为可编辑多边形"命令，将模型转换为可编辑的多边形物体。右击，在弹出的快捷菜单中选择"剪切"工具对模型手动剪切线段调整布线，如图 5-168 所示。

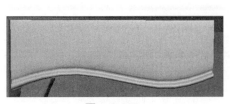

图 5-167

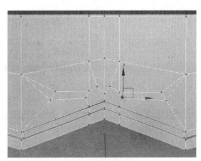

图 5-168

选择图 5-169 中的面删除，然后选择一圈的线段，按住 Shift 键向内挤出面，将两侧的点焊接后，选择边界线段，单击"封口"按钮将开口封闭起来，如图 5-170 所示。

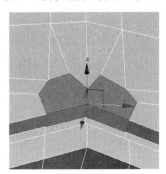

图 5-169

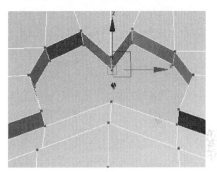

图 5-170

同样右击选择"剪切"工具手动调整布线，如图 5-171 所示。分别将左右的面向外倒角处理，如图 5-172 所示。

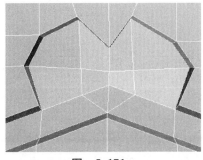

图 5-171

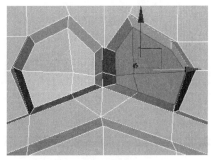

图 5-172

按快捷键 Ctrl+Q 细分该模型，效果如图 5-173 所示。

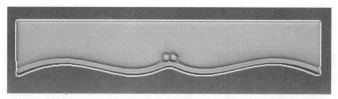

图 5-173

将调整好的该模型分别复制到背部，然后旋转 90° 复制，在点级别下移动点的距离调整模型长度。注意此处不能使用缩放工具调整，如果使用缩放工具整体缩放长度，中间调整的细节会发生压扁的情况。复制调整后的整体效果如图 5-174 所示。

图 5-174

2．雕花制作

制作完梳妆凳后重点制作雕花装饰品等物体。

（1）雕花模型制作。雕花的制作是本实例的重点也是难点。首先在视图中创建一个面片，移动该面片到腿部模型表面上。依次单击石墨工具下的 自由形式 ｜ 多边形绘制 ｜ 绘制于： ｜ 绘制于：地面 ｜ 拾取 按钮，拾取梳妆凳腿部模型。单击 延伸 按钮按住 Shift 键在边上单击并拖动鼠标拖动出一个面。为了更好地使用该工具，接下来讲解一下延伸工具的使用方法。

创建一个面片物体，设置长宽分段数均为 2，如图 5-175 所示。当按住 Shift 键时，鼠标放置在右侧上方的边上单击并拖动鼠标会拉出一个面，如图 5-176 所示。当按住 Ctrl 键时，在边上单击会将该面删除，如图 5-177 所示。当按住 Alt 键时，单击并拖动会出现图 5-178 所示的面。通过不同的快捷键可以快速调整制作模型。

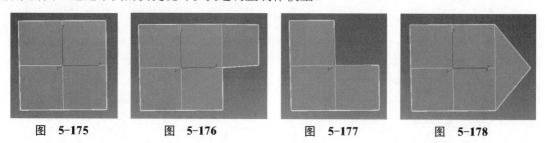

图 5-175   图 5-176   图 5-177   图 5-178

单击"阻力"按钮，单击点并拖动时，可以随意调整点的位置，在移动时它会自动吸附于模型表面上。"阻力"工具的使用方法如图 5-179 所示。

讲解了延伸工具和阻力工具使用方法后，接下来制作雕花模型。在制作时可以先不用调整雕花模型吸附于腿部模型上的效果，制作好之后后期统一调整即可。加线调整至图 5-180

所示形状。选择所有面向内倒角挤出，如图 5-181 所示。

图 5-179

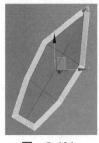

图 5-180　　　　图 5-181

（2）删除花瓣底部面调整底部线段，如图 5-182 所示。按快捷键 4 进入面级别，选择所有面，单击 倒角 按钮后面的 □ 图标，在弹出的"倒角"快捷参数面板中设置倒角参数，将面挤出倒角并调整，如图 5-183 所示。细分后的效果如图 5-184 所示。

图 5-182

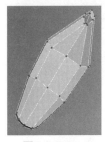

图 5-183

图 5-184

选择所有梳妆凳模型右击，选择"冻结当前选择"命令将模型冻结起来，这样在调整雕花模型时，就不会对梳妆凳模型进行选择、移动等操作了。冻结后的模型会以灰白色颜色显示。选择雕花模型向下复制并移动调整位置、角度和大小，如图 5-185 所示。注意在复制调整时可以根据需要删除部分面，如图 5-186 所示。单击 附加 按钮将所有花瓣模型附加为一个物体，选择相邻花瓣的边，单击 桥 按钮使其中间自动生成面，依次类推连接出花瓣之间的面，如图 5-187 所示。

图　5-185

图　5-186

图　5-187

选择花瓣之间的连接面，按住 Shift 键继续挤出面并调整，如图 5-188 所示。在挤出调

221

整时要注意整体形状的把握，如需调整，可以勾选"使用软选择"工具，调整衰减范围整体调整模型形状，如图 5-189 所示。

（3）单击条带工具，在雕花模型内侧位置绘制条带面，如图 5-180 所示。绘制完成后，选择所有面，单击 倒角 按钮后面的□图标，在弹出的"倒角"快捷参数面板中设置倒角参数，将面向外倒角挤出，如图 5-191 所示。利用"桥"工具连接调整出条带与花瓣模型之间的面，然后调整布线，如图 5-192 所示。

注意在调整时，可以先桥接出面后整体加线调整布线，中间一些开口位置最后再处理，如图 5-193 所示。当所有面调整完成之后，选择开口处的边界线，单击"封口"按钮将开口封闭起来，如图 5-194 所示。

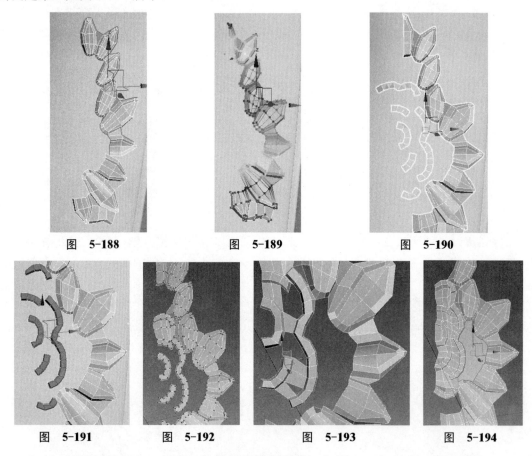

图 5-188   图 5-189   图 5-190

图 5-191   图 5-192   图 5-193   图 5-194

右击，选择"剪切"工具剪切线段调整模型布线，如图 5-195 所示。依此类推，处理其他部位模型布线，如图 5-196 所示。选择对称中心位置的线段用缩放工具多次缩放，使对称中心位置的线段保持为一条直线，如图 5-197 所示。

右击，选择"取消全部隐藏"命令将隐藏的物体显示出来，依次单击石墨工具下的 自由形式 ｜ 绘制变形 ｜ 偏移 按钮，调整笔刷大小和强度，用偏移工具将嵌入到腿部模型中的点调整出来，如图 5-198 所示。细分后正面的效果如图 5-199 所示。当切换视角时会发现，雕花模型并不能和梳妆凳腿部模型的曲面保持一致，再次利用"偏移"工具调整笔刷大小和强度，移动点以调整模型曲线和形状，如图 5-200 所示。

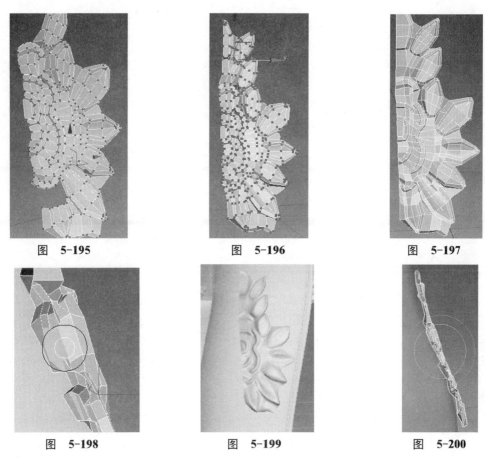

| 图 5-195 | 图 5-196 | 图 5-197 |

| 图 5-198 | 图 5-199 | 图 5-200 |

在使用"偏移"工具调整时，还可以配合软选择工具来调整形状和比例，如图 5-201～图 5-203 所示。

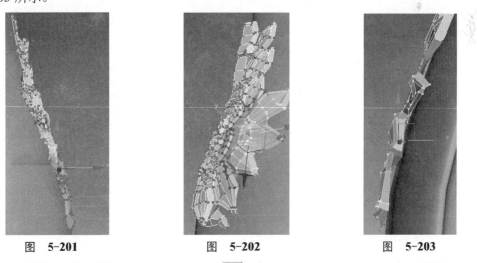

| 图 5-201 | 图 5-202 | 图 5-203 |

（4）调整好整体比例和形状之后，单击 镜像工具镜像复制出另一半，用移动、旋转工具调整至图 5-204 所示位置。将这两个模型附加为一个物体，单击 目标焊接 按钮将对称中心处的点依次焊接起来，如图 5-205 所示。

选择雕花底部的线段，按住 Shift 键再次向下挤出面并调整至图 5-206 所示位置。按快捷键 3 选择雕花模型的边界线段，按住 Shift 键向内挤出面并调整，如图 5-207 所示。

图 5-204　　　　　　图 5-205　　　　　　图 5-206　　　　　　图 5-207

（5）选择梳妆凳腿部模型，单击 附加 按钮拾取雕花模型完成腿部和雕花两者物体的附加，如图 5-208 所示。最后的整体效果如图 5-209 所示。至此，梳妆凳模型制作完毕。

按快捷键 M 打开材质编辑器，在左侧材质类型中单击标准材质并拖动到右侧材质视图区域，选择场景中所有物体，单击 按钮将标准材质赋予所选择物体，最后的白模渲染效果如图 5-210 所示。

图 5-208　　　　　　　　图 5-209　　　　　　　　图 5-210

↘ **本实例小结**：本实例的难点在于梳妆凳腿部细节处理以及雕花的制作过程。本文介绍虽然简单，但是视频制作起来花费了许多时间，仅仅一个雕花模型就录制了近一个小时时间。所以这里不能眼高手低，特别是类似雕花模型这样的复杂饰物，一定要多多练习、多多动手去做，只有这样才能真正提高建模能力。

实例 05　衣柜的制作

衣柜又名储物柜、更衣柜、壁柜等，是存放衣物、收纳被褥的柜式家具。一般分为两门、三门、嵌入式等，是家居生活里不可或缺的家具之一。衣柜从使用方式上可划分为三大类：推拉门衣柜、平开门衣柜和开放式衣柜。

现代的衣柜与传统的大衣橱相比已经有了很大的差别，衣柜的设计是装修过程非常专业的，也是非常重要的一个环节。不仅要考虑到居住者的构成、职业、年龄、生活习惯的特点和摆放次序，还要考虑到空间的合理、有效利用。现代家庭中，常常会有老年父母、年轻夫妇、小孩等三类人居住，每一类人在使用衣柜时的要求都不尽相同，那么在设计衣柜格局分配的时候就需要多加注意。

设计思路

随着人们生活水平不断提高，大家对装修的认识也上了一个层次，定制衣柜越来越成为现代家庭装修中必不可少的重要组成部分。定制衣柜由于可量身订做，而且具有环保、时尚、专业等特点，将注定成为今后几年内家庭衣柜的消费热点。本实例注重外表的表现，线条优美，造型独特，集欧美家具和古典家具于一身。

技术要点

本节主要用到的技术要点如下：

● 倒角剖面命令快速制作模型。

● 车削命令的使用。

● 晶格修改器的使用方法。

● 石墨建模工具中"绘制对象"工具的使用方法。

● 样条线快速绘制所需形状方法。

制作步骤

本实例衣柜在制作时，柜体的制作比较简单，难点在于它的腿雕花以及顶部细节处理。接下来看一下它的制作过程。

1．柜体制作

（1）在视图中创建一个长、宽、高为 60cm、210cm、220cm 的长方体模型，该尺寸是衣柜的基本尺寸。单击 ⁂ （创建）| ⏣ （图形）| 线 按钮，在视图中创建如图 5-211 所示的样条线，按快捷键 1 进入顶点级别，选择直角处的点单击 圆角 按钮，在点上单击并拖动鼠标设置为圆角，如图 5-212 所示。同样的方法在长方体底部位置创建一个如图 5-213 所示的样条线。

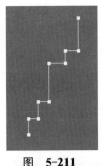

图 5-211　　　　　图 5-212　　　　　图 5-213

在长方体的顶部和底部位置创建两个尺寸一样的矩形，如图 5-214 所示。选择顶部矩形，在修改器下拉列表下添加"倒角剖面"修改器，单击 拾取剖面 按钮拾取图 5-212 中创建的样条线，同样的方法选择底部矩形，拾取图 5-213 中创建的样条线。如果觉得倒角剖面后模型布线过于密集，可以选择样条线右击，在弹出的快捷菜单中选择"转化为角点"命令，这样就可以使倒角剖面后的模型布线大大降低。倒角剖面后的效果如图 5-215 所示。

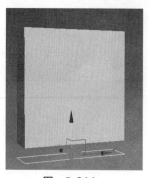
图 5-214

图 5-215

将顶部模型和底部模型转化为多边形物体后附加在一起，分别加线调整其中一角形状后，删除其他部分后在修改器下拉列表下添加"对称"修改器对称调整出剩余部分模型，如图 5-216 所示。将该模型再次塌陷为多边形物体，分别在左右、前后的边缘位置加线，然后选择拐角处的线段用"切角"工具将线段切角，按快捷键 Ctrl+Q 细分该模型。

（2）在长方体柜体模型上加线然后将线段切角，如图 5-217 所示。选择图 5-218 中的面，单击 挤出 按钮后面的口图标，在弹出的"挤出"快捷参数面板中设置挤出值，将面多次向外挤出，效果如图 5-219 所示。

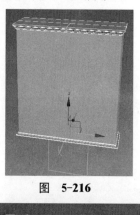
图 5-216

图 5-217

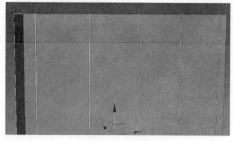
图 5-218

图 5-219

在柜体模型上加线，如图 5-220 所示，同样的方法在柜体两侧边缘的位置加线，如图 5-221 所示，选择间隔面后单击"挤出"按钮将面向内挤出并调整，如图 5-222 所示。

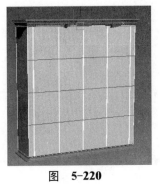
图 5-220

图 5-221

图 5-222

在挤出面的底部和顶部位置加线，如图 5-223 所示，按快捷键 Ctrl+Q 细分该模型，效果如图 5-224 所示。

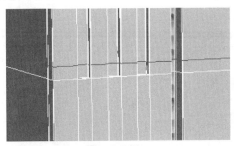
图 5-223

图 5-224

本实例着重讲解外观的制作，其实在衣柜的内部设计上也很有讲究。内部的设计可以参考网上一些比较好的设计资源来制作，如图 5-225 所示，这里就不再讲解制作内部结构的方法。需要强调的一点是，放置西装上衣和女装上衣、长上衣的空间高度一定要把握好。如果高度设计不合理，现实生活中衣服挂进去之后会拖拉到木板上，不方便也不美观。

衣柜尺寸图解

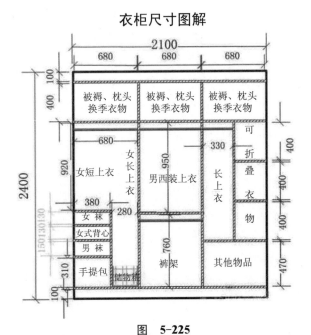
图 5-225

（3）在底部位置创建一个长方体模型并转换为可编辑多边形物体，分别加线调整至图 5-226 所示。将调整好模型复制一个，如图 5-227 所示。

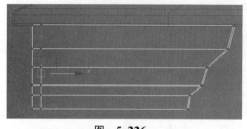

图　5-226

图　5-227

单击　附加　按钮将这两者模型附加起来，然后选择图 5-228 和图 5-229 中的面。单击　桥　按钮自动生成中间的面，如图 5-230 所示。

分别对该模型加线（边缘位置、拐角位置以及需要表现棱角的位置），按快捷键 Ctrl+Q 细分该模型，效果如图 5-231 所示。将该模型移动复制到右侧，然后在柜体底部中间的部位创建两个长方体支撑板，如图 5-232 所示。

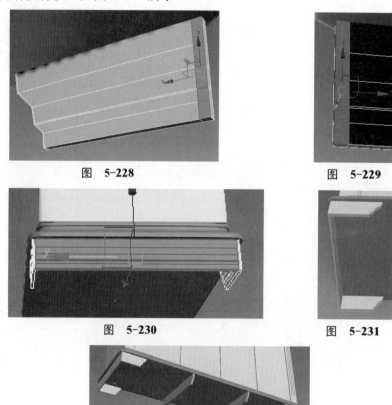

图　5-228

图　5-229

图　5-230

图　5-231

图　5-232

2．雕花制作

（1）柜门上的雕花制作。单击 ＊（创建）|　（图形）|　　圆　，在柜门的上方位置

创建一个圆形，右击，在弹出的快捷菜单中选择"转换为"｜"转换为可编辑样条线"命令，将矩形转换为可编辑的样条线，按快捷键2进入线段级别，选择底部两个线段删除，如图5-233所示。按住Shift键向下移动复制出两条样条线，单击 附加 按钮拾取复制的两条线段将下方两条样条线附加起来，如图5-234所示。在渲染卷展栏下勾选 ☑在渲染中启用 ☑在视口中启用，设置厚度为1cm，边数为8，同样将顶部样条线厚度设置为1.5cm，边数为8，效果如图5-235所示。

右击，在弹出的快捷菜单中选择"转换为"｜"转换为可编辑多边形"命令，将模型转换为可编辑的多边形物体。删除模型背部一半的面，选择相邻边先单击 桥 按钮使其中间生成面效果，如图5-236所示。

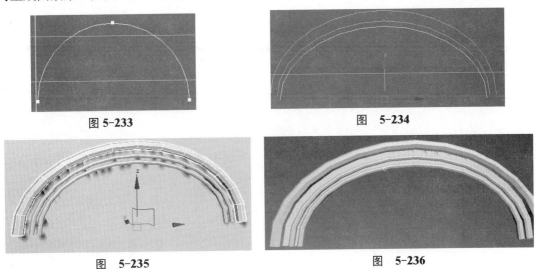

图 5-233   图 5-234

图 5-235   图 5-236

单击 ✱（创建）｜ ◯（图形）｜ 线 按钮，在视图中创建如图5-237所示的样条线，在修改器下拉列表中添加"车削"修改器，效果如图5-238所示。

在修改参数面板中单击 最小 按钮调整旋转轴心效果如图5-239所示，回到Line级别，设置步数值为1，降低模型分段数，效果如图5-240所示。

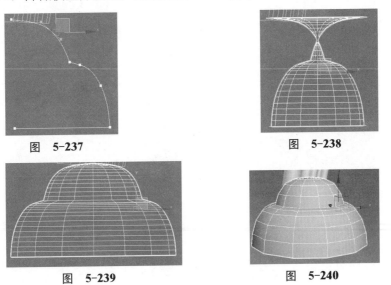

图 5-237   图 5-238

图 5-239   图 5-240

注意

    如果出现图 5-241 所示的黑边效果，可以勾选 ☑ 焊接内核 选项，勾选"焊接内核"命令后的效果如图 5-242 所示，封口处的黑边效果得到了改善。右击，在弹出的快捷菜单中选择"转换为" | "转换为可编辑多边形"命令，将模型转换为可编辑的多边形物体，删除该模型一半如图 5-243 所示。

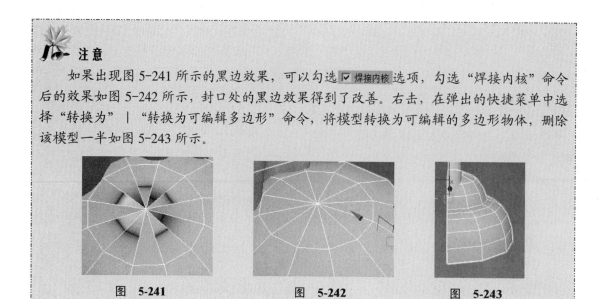

图 5-241   图 5-242   图 5-243

    （2）创建一个长方体模型如图 5-244 所示，将该长方体转换为多边形物体之后，在底部位置加线，然后选择右侧的面向右挤出面调整。最后在纵向和横向上分别加线调整，如图 5-245 所示。

    在线段切角后，将出现三角面的点用目标焊接工具焊接起来，如图 5-246 所示。然后选择图 5-247 中的面单击"倒角"按钮将面向内倒角挤出。

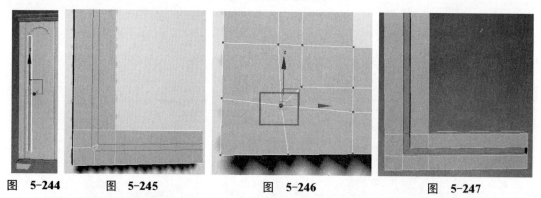

图 5-244   图 5-245   图 5-246   图 5-247

    选择物体最右侧的面如图 5-248 所示，Delete 键删除如图 5-249 所示。然后分别在拐角处加线调整，细分后效果如图 5-250 所示。

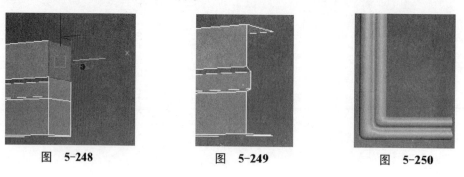

图 5-248   图 5-249   图 5-250

选择该物体，单击 按钮进入修改面板，单击"修改器列表"右侧的小三角按钮，在修改器下拉列表中添加"对称"修改器，单击 对称 前面的"+"，然后单击 镜像 进入镜像子级别，在视图中移动对称中心的位置，如果模型出现空白的情况，可以勾选"翻转"参数。对称后的效果如图 5-251 所示。

（3）在拱形门下方位置创建一个如图 5-252 所示的样条线。在渲染卷展栏下勾选 在渲染中启用 在视口中启用，效果如图 5-253 所示。右击，在弹出的快捷菜单中选择"转换为" | "转换为可编辑多边形"命令，将模型转换为可编辑的多边形物体。选择端口处的面向外挤出倒角设置，如图 5-254 所示。

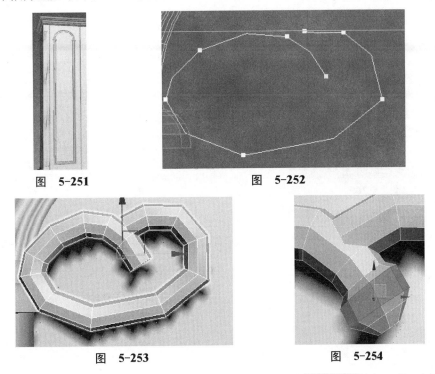

图 5-251　　　　　　　　　　　图 5-252

图 5-253　　　　　　　　　　　图 5-254

单击 沿着 X 轴方向镜像复制，如图 5-255 所示。单击 附加 按钮，将两者物体附加起来后删除图 5-256 中的面。

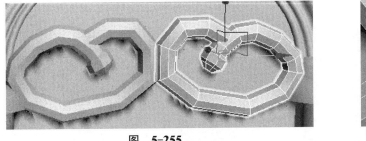

图 5-255　　　　　　　　　　　图 5-256

按快捷键 1 进入点级别，单击 目标焊接 按钮将相邻的点焊接起来，如图 5-257 所示。然后选择该部位的面，用"倒角"工具将选择面向外倒角挤出，如图 5-258 所示。调整该部位形状至图 5-259 所示。

图 5-257

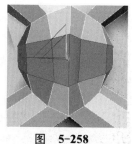
图 5-258

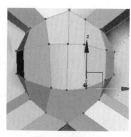
图 5-259

（4）在图 5-260 中位置创建面片物体并转化为多边形物体，然后向右复制调整在边级别下，选择边挤出并调整，如图 5-261 所示。

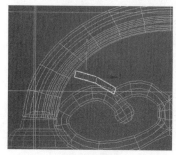
图 5-260

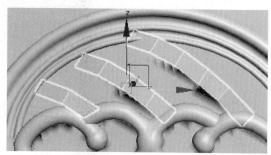
图 5-261

将这几个面片物体附加为一个物体后，单击 ◢ 镜像工具将该物体沿着 X 轴镜像复制，如图 5-262 所示。选择所有的边界线，按住 Shift 键沿着 Y 轴方向向内挤出面调整，如图 5-263 所示。

图 5-262

图 5-263

选择图 5-264 中的相邻边单击"桥"按钮桥接出面，然后将开口处封口调整布线和形状至图 5-265 所示。

图 5-264

图 5-265

按快捷键 Ctrl+Q 细分该模型，效果如图 5-266 所示，在雕花的下方创建几个如图 5-267 所示的面片。

图 5-266

图 5-267

选择所有边界线，按住 Shift 键向内挤出面调整如图 5-268 所示，然后分别在两端位置加线如图 5-269 所示。

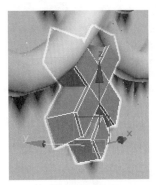

图 5-268

图 5-269

选择柜门上的所有雕花模型，沿着 X 轴方向复制调整出其他雕花模型，整体效果如图 5-270 所示。

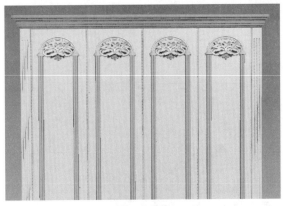

图 5-270

（5）单击 （创建）| （图形）| 线 按钮，在视图中创建如图 5-271 所示的样条线，单击 按钮镜像复制出另一半。单击 附加 按钮，拾取复制的样条线将其附加为一个整体，框选对称中心位置的点单击 焊接 按钮将两点焊接起来，如图 5-272 所示。

继续创建一个如图 5-273 所示的样条线，选择图 5-272 中的样条线，在修改器下拉列表中添加"倒角剖面"修改器，单击 拾取剖面 按钮拾取图 5-273 中的线段，倒角剖面后的效果如图 5-274 所示。

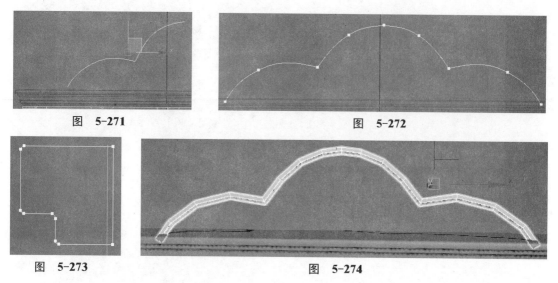

图 5-271

图 5-272

图 5-273

图 5-274

将该物体向上复制，删除"倒角剖面"修改器保留样条线，分别在样条线的两端位置右击选择"细化"命令，在线段上单击添加点，然后选择两端的点移动到中心位置后用"焊接"工具将两点焊接起来形成一个封闭的空间，如图 5-275 所示。在修改器下拉列表中添加"挤出"修改器，将样条线转换为三维模型，向下移动调整位置如图 5-276 所示。

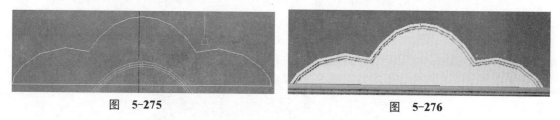

图 5-275

图 5-276

（6）创建一个球体后旋转调整至图 5-277 所示位置。将该球体转换为可编辑多边形物体以删除一半的面。

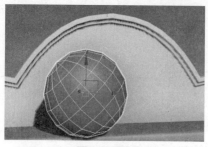

图 5-277

因为这里要用到"晶格"修改器，所以先来学习一下"晶格"修改器的原理。首先创建一个球体模型，在修改器下拉列表中添加"晶格"修改器，默认参数效果如图 5-278 所示。

晶格物体包含了两个部分，一是顶点的节点部分，二是边的支柱。当勾选"仅来自顶点的节点"时的效果如图 5-279 所示。当勾选"仅来自边的支柱"时的效果如图 5-280 所示。"边的支柱"物体的边数可以通过修改边数参数调整，如图 5-281 所示。

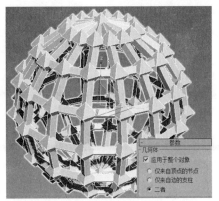

图　5-278

图　5-279

图　5-280

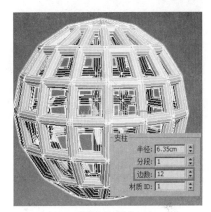

图　5-281

理解了晶格的原理后，接下来调整所需形状。首先选择半球体两端的线段如图 5-282 所示。将该线段移除后手动调整布线，效果如图 5-283 所示。

图　5-282

图　5-283

在修改器下拉列表中添加"晶格"修改器，勾选"仅来自边的支柱"设置边数值，然后将该物体转换为可编辑多边形物体，按快捷键 5 选择部分元素删除，如图 5-284 所示，调整后的效果如图 5-285 所示。创建圆柱体并转化为多边形物体，调整形状如图 5-286 和图 5-287 所示。

（7）创建一个面片物体将其转化为可编辑多边形物体，修改调整成树叶形状，如图 5-288 所示。复制树叶模型并调整大小位置和方向，如图 5-289 所示。

单击石墨建模工具下的"条带"按钮，在模型表面上绘制出如图 5-290 的条带模型，然后将条带模型和树叶模型全部附加在一起，选择对应的边单击"桥"按钮生成之间的面后，重新调整模型布线如图 5-291 所示。然后选择边按住 Shift 键挤出面调整，如图 5-292 所示。

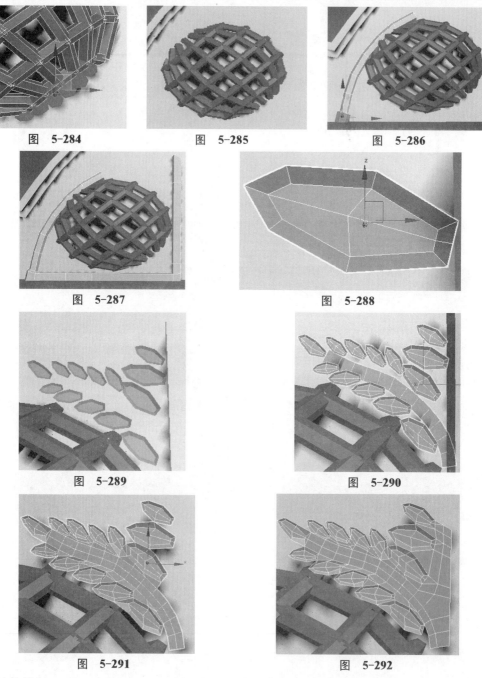

图　5-284　　　　　图　5-285　　　　　图　5-286

图　5-287　　　　　　　　　图　5-288

图　5-289　　　　　　　　　图　5-290

图　5-291　　　　　　　　　图　5-292

按快捷键 3 进入边界级别，选择模型的边界线段按住 Shift 键向内挤出面调整如图 5-293

所示。删除对称中心的面和底部面后，用"附加"工具和底部模型附加起来并将面连接起来如图 5-294 所示。

将图 5-295 中的线段切角设置后将点向内移动调整出凹槽形状，如图 5-296 所示。

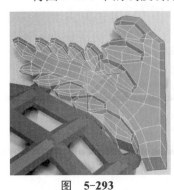   

图 5-293　　　　图 5-294　　　　图 5-295　　　　图 5-296

调整好一半物体之后，击⬛按钮进入修改面板，单击"修改器列表"右侧的小三角按钮，在修改器下拉列表中添加"对称"修改器，调整对称轴心将另一半模型对称复制出来，细分后效果如图 5-297 所示。将半球晶格物体也镜像复制到右侧如图 5-298 所示。

图　5-297　　　　　　　　　　图　5-298

将雕花模型根部的面继续挤出面调整，细分后效果如图 5-299 所示。

（8）创建一个圆柱体模型并转换为可编辑多边形物体，删除两端顶面，选择边界线按住 Shift 键旋转调整制作出拉手模型如图 5-300 所示。制作好一个拉手模型后，复制出剩余的拉手如图 5-301 所示。

按快捷键 M 打开材质编辑器，在左侧材质类型中单击标准材质并拖拉到右侧材质视图区域，选择场景中所有物体，单击⬛按钮将标准材质赋予所选择物体，最终的白模渲染效果如图 5-302 所示。

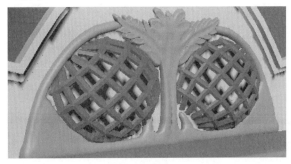 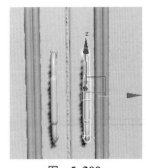

图　5-299　　　　　　　　　　图　5-300

图 5-301　　　　　　　　　　　　　　图 5-302

➥ **本实例小结**：本实例在制作方法上要注意"晶格"修改命令的使用方法和石墨建模工具的使用；在设计上要注意衣柜内部空间的划分和空间大小，有时甚至要考虑到推拉门与内部空间的搭配。

实例 06　床尾凳的制作

床尾凳是一种坐具，是类似于凳子的一类家具装饰。原来设在床尾，需随床形，所以应是长方形，和现代的板凳相似。明代以后，凳的种类式样渐渐增多，如有方凳、梅花凳、圆凳等。床尾凳并非是整个卧室中不可缺少的家具，可以根据空间需求添置。

设计思路

根据简欧风格设计一个比较舒适简单的床尾凳。

技术要点

本节主要用到的技术要点如下：
● 多边形下物体与物体之间面的桥接。
● 凳面类似纽扣模型的纹理处理。

制作步骤

1. 腿部制作

（1）在视图中创建圆柱体，设置半径为 6cm，高度为 1.6cm，端面分段为 2，边数为 12。右击，在弹出的快捷菜单中选择"转换为"｜"转换为可编辑多边形"命令，将模型转换为可编辑的多边形物体，如图 5-303 所示。选择底部两个面用"挤出"或"倒角"命令将面挤出调整，单击 平面化 按钮将挤出的面快速调整成一个平面，如图 5-304 所示。然后在挤出的面上分别加线处理如图 5-305 所示。

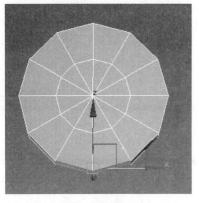

图 5-303

图 5-304

图 5-305

选择内侧面挤出调整至图 5-306 所示，然后继续选择内侧的一个面向内挤出调整如图 5-307 所示。创建一个 160cm×65cm 的长方体模型，然后参考长方体的大小将图 5-305 中的物体分别镜像复制调整，如图 5-308 所示。

图 5-306

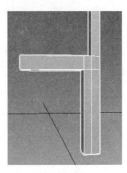

图 5-307

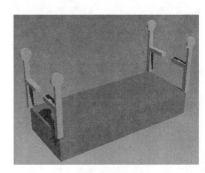

图 5-308

（2）单击 附加 按钮将所有腿部模型附加为一个物体，如图 5-309 所示。按快捷键 4 进入面级别，选择前后相对应的面如图 5-310 所示。单击"桥"按钮使其中间自动桥接出面，如图 5-311 所示。同样的方法将左侧和右侧模型相对应的面也桥接出来，如图 5-312 所示。

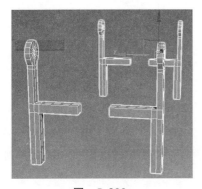

图 5-309

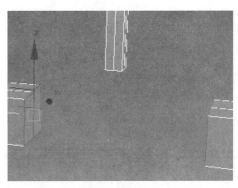

图 5-310

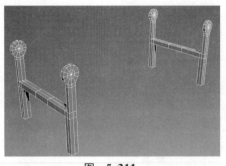
图 5-311

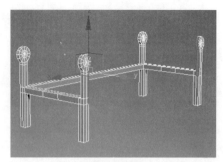
图 5-312

同样的方法将图 5-313～图 5-315 中的面也桥接出来，按快捷键 Ctrl+Q 细分该模型，效果如图 5-316 所示。

图 5-313

图 5-314

图 5-315

图 5-316

从图 5-316 中观察可以发现，细分后模型中间的部分出现了凹陷，这样肯定不能达到所需要的效果。这是因为在逐步桥接面的同时，横向厚度上也添加了面，这样在细分后因为面的存在会自动跟着细分平滑处理，就出现了图 5-316 中的效果。按快捷键 Alt+X 进行透明化显示，选择内部的面逐个删除，如图 5-317，再次细分后效果就会得到改善，如图 5-318 所示。

图 5-317

图 5-318

除此之外还可利用其他的方法来制作。删除底板位置所有面，如图 5-319 所示，选择左侧边界线后，按住 Shift 键向右一侧挤出面调整到右侧位置，如图 5-320 所示。然后进入点级别，单击 目标焊接 按钮将相邻对应的点与点焊接起来。

图　5-319

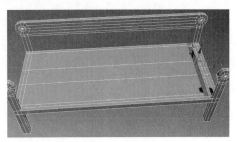

图　5-320

分别在图 5-321 中的模型边缘位置加线处理，细分后效果如图 5-322 所示。

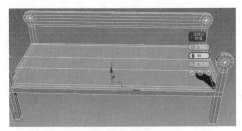

图　5-321

图　5-322

细分后边缘圆角过大，很明显不能达到所需要求，处理的方法就是加线，分别在图 5-323～图 5-327 中的拐角及边缘位置加线处理。

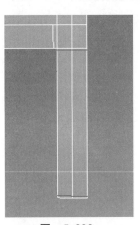

图　5-323

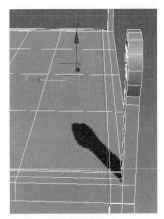

图　5-324

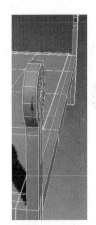

图　5-325

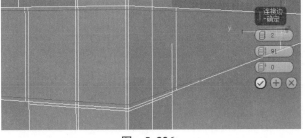

图　5-326

图　5-327

241

按快捷键 Ctrl+Q 细分该模型，效果如图 5-328 所示。加线调整后的模型细分后出现了很美观的棱角，这正是我们所需要的效果。

图 5-328

（3）选择图 5-329 中的面单击 倒角 按钮后面的 □ 图标，在弹出的"倒角"快捷参数面板中设置倒角参数将面分别向外挤出倒角，效果如图 5-330 所示。

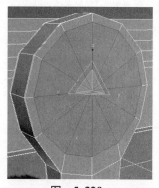

图 5-329

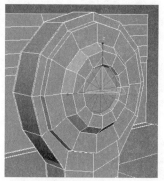

图 5-330

选择图 5-331 中的线段将线段切角设置，然后删除模型另一半，在修改器下拉列表中添加"对称"修改器，将制作好的细节直接对称出来如图 5-332 所示。

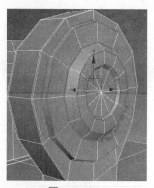

图 5-331

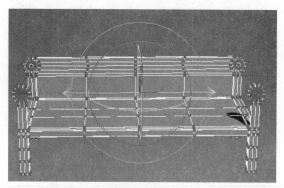

图 5-332

按快捷键 2 进入边级别，在图 5-333 中的位置加线，该位置加线时为了下一步可选择中间的面向内倒角设置。选择图 5-334 中的面向内倒角挤出凹槽，挤出效果如图 5-335 所示。

向内挤出面后，选择拐角处的线段单击 切角 按钮后面的 ▣ 图标，在弹出的"切角"快捷参数面板中设置切角的值，如图 5-336 所示。

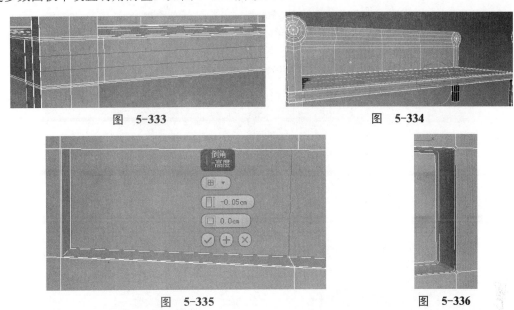

图 5-333　　　　　　　　　　　　图 5-334

图 5-335　　　　　　　　　　　　图 5-336

（4）在扶手的位置创建一个圆柱体并转换为可编辑多边形物体，删除两端的面如图 5-337 所示。

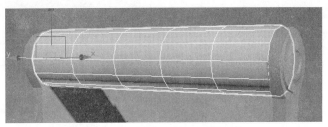

图 5-337

删除底部面，选择边界线后按住 Shift 键向下挤出面调整如图 5-338 所示。选择图 5-339 中的面，在修改器下拉列表中添加"噪波"修改器，调整噪波比例值和 XYZ 轴强度值，适当设置一个随机的变化效果。

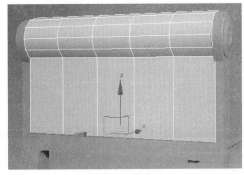

图 5-338

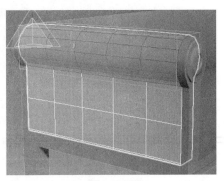

图 5-339

在边缘位置分别加线，细分后的效果如图 5-340 所示。选择靠背的点适当旋转调整至图 5-341 所示。

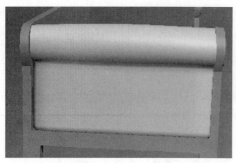

图　5-340

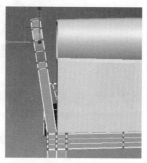

图　5-341

同样的方法选择扶手边缘的点用移动和旋转工具调整它的倾斜度，使之和靠背模型相吻合，如图 5-342 所示。在创建面板下单击 管状体 ，在图 5-343 中的位置创建圆管物体。

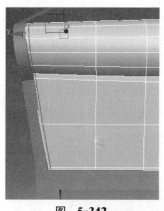

图　5-342

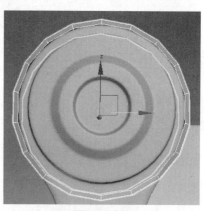

图　5-343

右击，在弹出的快捷菜单中选择"转换为"｜"转换为可编辑多边形"命令，将模型转换为可编辑的多边形物体，删除底部部分面如图 5-344，然后选择边界线向下挤出面调整如图 5-345 所示。最后在边缘位置加线。

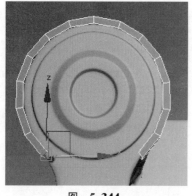

图　5-344

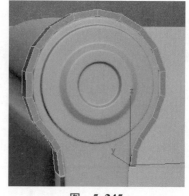

图　5-345

依次单击石墨工具下的 自由形式 ｜ 绘制变形 ｜ 编辑 按钮，调整笔刷大小和强度

（Ctrl+Shift+鼠标左键拖拉可以同时快速调整内圈和外圈的大小，Ctrl+鼠标左键调整外圈衰减值大小，Shift+左键拖拉控制调整内圈强度值），调整扶手模型的形状，如图 5-346 和图 5-347 所示。

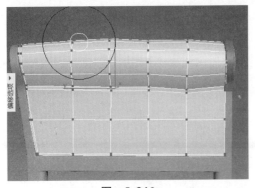

图　5-346

图　5-347

调整之后的整体效果如图 5-348 所示。

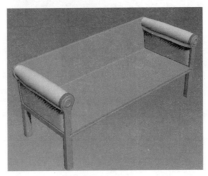

图　5-348

2．靠背和坐垫制作

（1）在靠背位置创建一个长方体并转换为可编辑多边形物体，分别加线调整至图 5-349 所示。

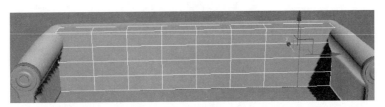

图　5-349

在模型的厚度上也加线并将线段沿着四周方向缩放调整如图 5-350 所示，在调整时注意靠背与扶手之间尽量不要使面嵌入到另一个物体中，如果有嵌入的情况，调整该部位的点移动出来，如图 5-351 所示。

单击🖉按钮进入修改面板，单击"修改器列表"右侧的小三角按钮，在修改器下拉列表中添加"对称"修改器，单击 ⚙ ➕ 对称 前面的"+"然后单击 └── 镜像 进入镜像子级别，在视图中移动对称中心的位置对称调整出另一半，在点级别下勾选"使用软选择"选择中间顶部的点并向上调整，如图 5-352 所示。

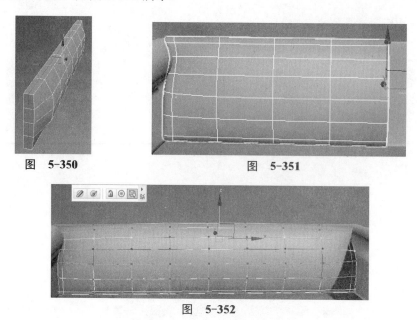

图　5-350　　　　　　　　　　　　图　5-351

图　5-352

在修改器下拉列表中添加"噪波"修改器，设置噪波大小和强度效果如图 5-353 所示。

（2）在靠背模型的顶部位置创建一个长方体并转换为可编辑多边形物体，删除两端的面，分别挤出面调整至图 5-354 中的形状，然后单击"封口"按钮将开口封闭起来并连接出线段调整布线，如图 5-355 所示。

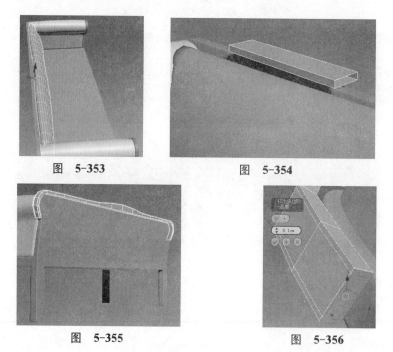

图　5-353　　　　　　　　　　　　图　5-354

图　5-355　　　　　　　　　　　　图　5-356

（3）坐垫模型制作。创建一个长方体模型并转化为多边形物体之后，分别加线调整至图 5-357 所示。调整边缘线段使其有一定的凹凸变化效果，如图 5-358 所示。

图 5-357

图 5-358

在模型加线之后，选择图 5-359 中的点，单击"切角"按钮将点切角处理，然后选择切角处的面，先向内挤出面，然后再向上挤出调整面如图 5-360 和图 5-361 所示。按快捷键 Ctrl+Q 细分该模型，效果如图 5-362 所示。

图 5-359

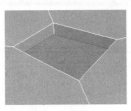

图 5-360

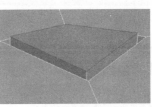

图 5-361

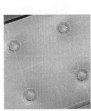

图 5-362

继续加线处理，分别选择图 5-363 和图 5-364 中的线段向上移动调整，使模型表面凹凸效果更加明显。

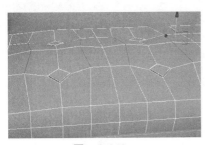

图 5-363

图 5-364

单击 按钮进入修改面板，单击"修改器列表"右侧的小三角按钮，在修改器下拉列表中添加"对称"修改器，对称出另外一半模型，效果如图 5-365 所示。

同样的方法选择对称中心位置的点，切角后选择"面倒角挤出"制作出凸起的纹理效果，如图 5-366 所示。

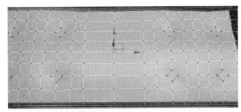

图 5-365

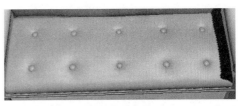

图 5-366

依次单击石墨工具下的 自由形式 | 绘制变形 | 按钮，用"偏移"工具调整坐垫形状，如图 5-367 所示。

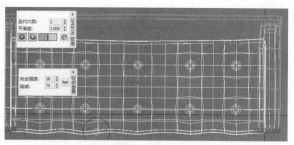

图 5-367

（4）单击软件左上角图标，依次选择"导入"|"导入"命令，选择抱枕模型导入到当前场景中，调整位置和大小，效果如图 5-368 所示。

按快捷键 M 打开材质编辑器，在左侧材质类型中单击标准材质并拖拉到右侧材质视图区域，选择场景中所有物体，单击 按钮将标准材质赋予所选物体，最终的白模渲染效果如图 5-369 所示。

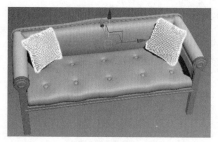

图 5-368

图 5-369

➜ **本实例小结**：通过本实例的学习要重点掌握物体与物体之间面的桥接方法，通过"桥"命令可以快速连接制作出对应的中间部分模型。同时重点复习了加线布线的方法。

实例07 穿衣镜的制作

穿衣镜是一种可以照见全身的大镜子。穿衣镜是家里不可缺少的物件，既有实用性，又有装饰性。穿衣镜可以分为三种：（1）衣柜自带柜面镜。很多衣柜在设计时都会在一面门上安装镜子。长长的镜身镶在门上，与衣柜合二为一，非常节省空间。刚好在衣柜里拿了衣服出来换，就顺便照一下镜子，看看这一身搭配如何。（2）独立穿衣镜。以前的穿衣镜只是给一块玻璃镶了个镜框，并固定在底座上。如今市面上的穿衣镜常常和一些柜子结合在一起，或者在镜子的背面固定一些搁物架，镜子和底座通过可以旋转的轮轴固定起来，方便使用。（3）墙面镜。另一个节省空间的办法就是装一个墙面镜。挑选一面宽度、高度都合适的墙面，把墙面镜固定在上面，非常实用。镜子面积大会反射对面的空间，还有增加房间开阔感的作用。

■ 设计思路

本实例选择了一款独立的穿衣镜。将穿衣镜镶嵌入镜框，并固定在底座上，而镜子和底座通过可以旋转的轮轴固定起来，方便使用。

技术要点

● "挤出"修改命令的使用。
● "挤出"命令后模型再次转换为多边形物体后的布线调整。

制作步骤

（1）单击 ✦（创建）| ◯（图形）| ▢ 线 ▢ 按钮，在视图中创建如图 5-370 所示的样条线，单击 ▢ 按钮镜像复制出另一半，如图 5-371 所示。单击 ▢ 附加 ▢ 按钮拾取复制的样条线并将其附加为一个整体，删除对称中心位置线段，框选对称中心位置的点单击 ▢ 焊接 ▢ 按钮将两点焊接起来，如图 5-372 所示。

图 5-370

图 5-371

图 5-372

单击 ▢ 按钮进入修改面板，单击"修改器列表"右侧的小三角按钮，在修改器下拉列表中添加"挤出"修改器，厚度设置在 3.8cm 左右，如图 5-373 所示。右击，在弹出的快捷菜单中选择"转换为"|"转换为可编辑多边形"命令，将模型转换为可编辑的多边形物体。按快捷键 1 进入点级别，框选底部中心位置的点，快捷键 Ctrl+Shift+E 加线连接。同样的方法将两侧的点也连接出线段调整布线，如图 5-374 所示。

图 5-373

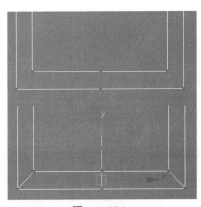

图 5-374

同样的方法将顶部的点与点之间连接出线段，调整布线如图 5-375 和图 5-376 所示。

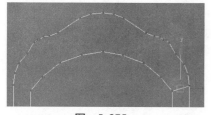

图 5-375

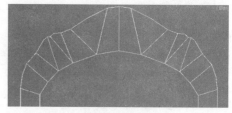

图 5-376

选择厚度上的任意一条线段，单击 环形 快速选择环形线段，如图 5-377 所示。右击鼠标，在弹出的右键菜单中选择"转换到面选择"，点击 倒角 按钮后面的 ☐ 图标，在弹出的"倒角"快捷参数面板中设置倒角参数，按"局部法线"方向挤出面调整，如图 5-378 和图 5-379 所示。

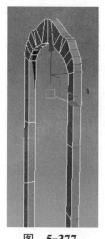

图 5-377

图 5-378

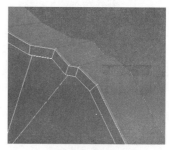

图 5-379

同样的方法选择内侧的面也做同样的倒角挤出处理，如图 5-380 和图 5-381 所示。在倒角时，先向外挤出面，然后挤出高度，最后再向内收缩。

在倒角挤出面的部位边缘位置加线如图 5-382 所示，按快捷键 Ctrl+Q 细分该模型，效果如图 5-383 所示。

很明显，模型在细分后底部位置圆角过大，不是所需效果，选择图 5-384 中拐角位置的线段，用"切角"工具将线段切出很小的值，然后在高度位置加线使模型布线均匀，如图 5-385所示。

图 5-380

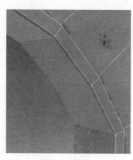

图 5-381

图 5-382

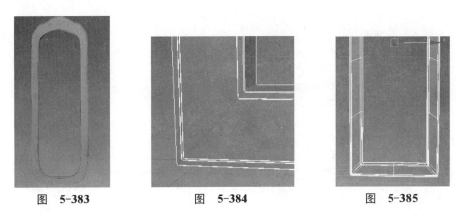

图 5-383   图 5-384   图 5-385

（2）在镜框内部创建一个长方体模型并转换为多边形物体，加线调整使形状和镜框相匹配，如图 5-386 所示。

（3）单击 （创建）｜ （图形）｜ 线 按钮，在视图中创建如图 5-387 所示的样条线，单击 按钮镜像复制出另一半。单击 附加 按钮拾取复制的样条线，将其附加为一个整体，框选对称中心位置的点，单击 焊接 按钮将两点焊接起来，如图 5-388 所示。在修改器下拉列表中添加"挤出"修改器，设置挤出高度后效果如图 5-389 所示。

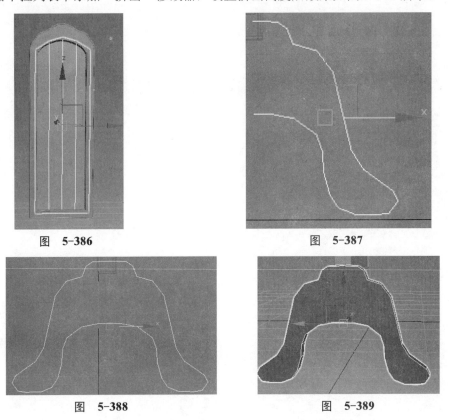

图 5-386   图 5-387

图 5-388   图 5-389

将该模型转换为可编辑多边形物体，选择对应的点按快捷键 Ctrl+Shift+E 加线，连接线段后继续加线手动调整模型布线至图 5-390 所示。然后在厚度的边缘位置加线如图 5-391 所示。

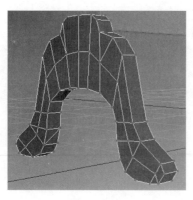
图 5-390

图 5-391

（4）在底座的上方位置创建一个圆柱体并转换为可编辑多边形物体，删除顶部和底部面如图 5-392，选择顶端的边界线，按住 Shift 键配合移动和缩放工具挤出面调整所需形状，如图 5-393 和图 5-394 所示。

选择图 5-395 中的点，用缩放工具沿着 XY 轴方向向外缩放，使其形状调整成方形，按快捷键 Ctrl+Q 细分该模型，效果如图 5-396 所示。细分后该位置圆角过大，所以选择该位置边缘的线段将其切角，如图 5-397 所示。

按快捷键 Ctrl+Q 细分该模型，效果如图 5-398 所示，边缘圆角得到了控制。将左侧物体复制调整到右侧，效果如图 5-399 所示。

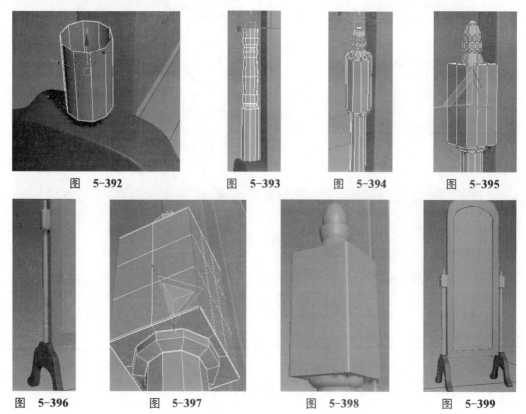

图 5-392 　　　　图 5-393 　　　　图 5-394 　　　　图 5-395

图 5-396 　　　　图 5-397 　　　　图 5-398 　　　　图 5-399

（5）在镜子底部创建一个图 5-400 所示形状的样条线后，通过镜像复制、附加、调整对称中心点、添加"挤出"修改器的方法将样条线挤出，效果如图 5-401 所示。

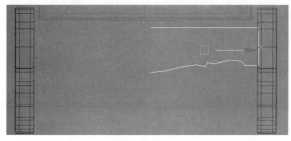

图　5-400

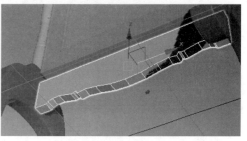

图　5-401

　　按快捷键 M 打开材质编辑器，在左侧材质类型中单击标准材质并拖拉到右侧材质视图区域，选择场景中所有物体，单击 按钮将标准材质赋予所选择物体，效果如图 5-402 所示。按 F10 键打开渲染参数面板，单击渲染器右侧的下拉菜单，选择 V-Ray Adv 3.00.08 渲染器，如图 5-403 所示。此时按快捷键 M 打开材质编辑器时，会出现 V-Ray 的一些材质，如图 5-404 选择 VRayMtl 材质拖动到右侧空白区域，双击该材质，在右侧的参数面板中单击反射中的颜色框，在弹出的颜色面板中选择白色，如图 5-405，这样就设置了一个 100%反射的材质效果。如果想设置透明效果，可以将折射中的颜色也设置为白色。也就是说，VRay 材质反射和折射效果是通过颜色来控制的，黑色代表不反射和不折射，白色代表反射和折射，灰色代表半反射和半透明效果。了解了 VRay 材质的原理后就可以很方便地设置物体的反射和透明效果。

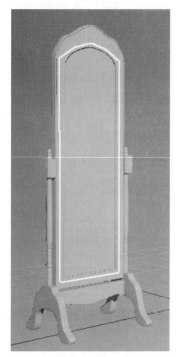

图　5-402

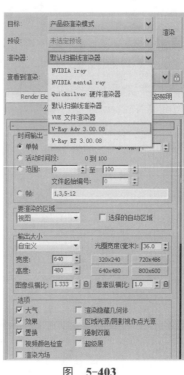

图　5-403

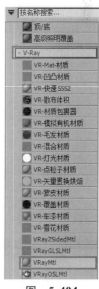

图　5-404

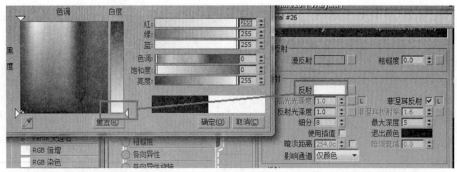

图　5-405

最后的白模渲染效果如图 5-406 所示。

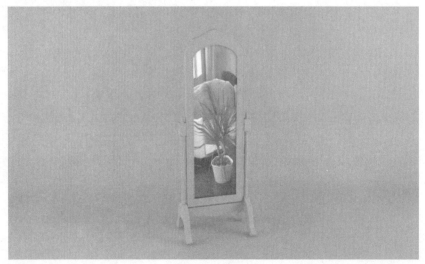

图　5-406

➤ **本实例小结**：本实例重点讲解了通过样条线的绘制快速制作所需模型的方法。最后讲解了 VRay 渲染器的调用方法和镜子材质的简单设置。后期配合贴图和灯光等可以渲染出很美观的图片效果。

卫生间家具设计

06
Chapter

卫生间是厕所、洗手间、浴池的合称。住宅的卫生间一般有专用和公用之分。专用的只服务于主卧室；公用的与公共走道相连接，由其他家庭成员和客人共用。根据布局可分为独立型、兼用型和折中型三种。根据形式可分为半开放式、开放式和封闭式。目前比较流行的是干湿分区的半开放式。

卫生间是家中最隐秘的地方，精心对待卫生间，就是精心捍卫自己和家人的健康与舒适。卫生间用品种类繁多，如果都挤在一个不大的空间里，非常容易显得杂乱不堪。事实上，有一些可利用的空间是我们在装修之初就忽略了的，所以导致瓶瓶罐罐不得不堆在表面。卫生间用品最好放在一个干燥、防尘、整洁的地方，最好用盒子或者箱子装好。

在设计卫生间家具时，必须要选择环保、防水材料，以适应卫生间的潮湿环境。五金配件应是经过防潮处理的不锈钢或专用铝制品，防止生锈，保障耐用。浴柜宜选择挂墙式或柜腿较高的，可有效隔离地面潮气。

实例01　洗手台的制作

本实例制作的洗手池场景有点类似公共场所中的场景，这里只是为了美观的需求所以分成了3个洗手池。如果是家庭的话，只需制作一个即可。

■ 设计思路

洗手台设计没必要太复杂，本实例中的洗手台简洁大方，在洗手盆上方是水龙头，墙体上可以安装一面大镜子，供人们使用。

■ 技术要点

本实例的洗手台在制作时使用到的技术要点如下：
- 几何球体的创建修改。
- 洗手盆模型的多边形快速制作方法。
- 超级布尔运算的使用方法。

■ 制作步骤

第一步先制作墙体和水池，然后制作出水龙头等模型。

1. 墙体和水池制作

（1）首先在视图中创建一个长方体模型，设置长、宽、高为 500cm、800cm、340cm 左右。右击，在弹出的快捷菜单中选择"转换为"｜"转换为可编辑多边形"命令，将模型转换为可编辑的多边形物体。选择正面和左右两侧的面将其删除，如图 6-1 所示。选择剩余的所有面，单击 **翻转** 按钮将面的法线翻转。（因为创建的长方体模型面的法线均是朝向外部方向，这里因为需要用到它的内部面所以要将其翻转过来，否则在渲染时会出现一片漆黑的情况。）

在视图中创建一个长方体模型将其转换为可编辑多边形物体，在左侧一端的位置加线，然后选择底部面向下挤出面，然后再选择背部的面向内侧挤出面调整。调整完成后，再次创建一个长方体模型移动到底部，如图 6-2 所示。

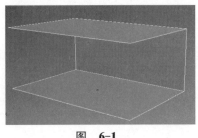

图 6-1

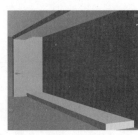

图 6-2

创建一个长、宽、高为 260cm、120cm、12cm 大小的长方体模型，如图 6-3 所示。在天花板的位置创建筒灯大小的圆柱体并向右复制调整，如图 6-4 所示。

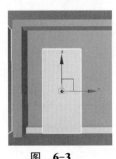

图 6-3

图 6-4

在创建面板下的复合面板中单击 ProBoolean 超级布尔运算按钮，选择天花板模型，单击 **开始拾取** 按钮依次拾取圆柱体完成布尔运算，如图 6-5 所示。这样就简单地制作出了筒灯的位置模型。

图 6-5

（2）接下来创建一个长方体如图 6-6 中的位置，用该长方体修改制作洗手池模型。将该模型转换为可编辑多边形物体，选择底部面，单击 倒角 按钮后面的□图标，在弹出的"倒角"快捷参数面板中设置倒角参数，先将面向内挤出后再向下挤出调整，如图6-7所示。

图 6-6

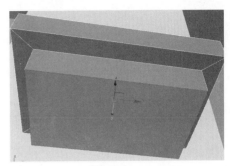

图 6-7

分别在图6-8中的位置加线后，选择中间的面向下挤出面调整，如图6-9所示。

图 6-8

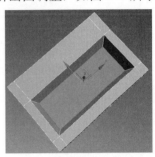

图 6-9

继续加线至图6-10所示。将槽内底部的中间位置调整成类似圆形，如图6-11所示。

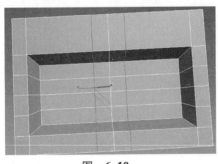

图 6-10

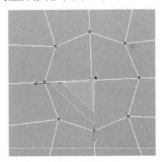

图 6-11

选择底部的面，单击 倒角 按钮后面的□图标，在弹出的"倒角"快捷参数面板中设置倒角参数，将面先向下挤出，然后再向上挤出调整，如图6-12和图6-13所示。

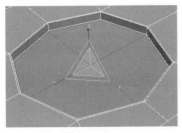

图 6-12

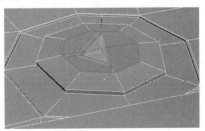

图 6-13

257

在图 6-14 中的位置加线，选择中心处的点单击"切角"按钮将点切成四边形，然后选择面删除，如图 6-15 所示。

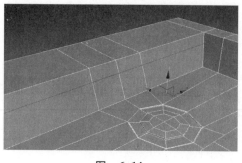

图 6-14

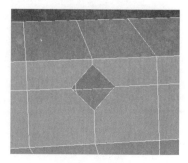

图 6-15

按快捷键 3 进入边界级别，选择边界线，按住 Shift 键向外挤出面调整，然后用缩放工具向内挤出面，单击"封口"按钮将开口封闭起来，如图 6-16 所示。最后分别选择拐角处的线段将线段切角，如图 6-17 所示。

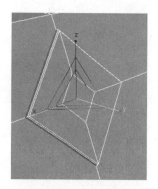

图 6-16

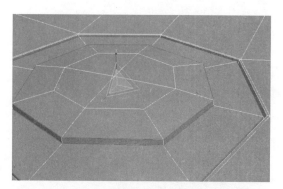

图 6-17

分别在模型的上下、左右、前后位置以及模型拐角边缘位置加线如图 6-18～图 6-22 所示。

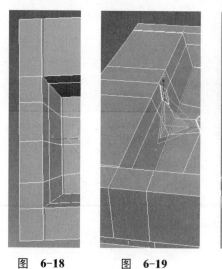

图 6-18

图 6-19

图 6-20

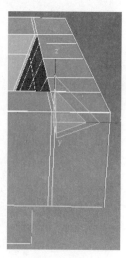

图 6-21

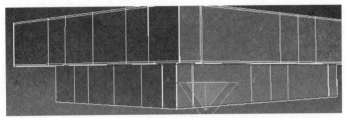

图　6-22

按快捷键 Ctrl+Q 细分该模型，效果如图 6-23 所示。

图　6-23

2．水龙头模型制作

（1）在洗手池上方位置继续创建一个长方体模型，如图 6-24 所示。然后在长方体前方位置创建一个八边形的圆柱体，如图 6-25 所示，该圆柱体是为了在长方体模型上加线参考使用。将长方体模型转换为可编辑多边形物体，分别在长度和高度的位置加线调整如图 6-26 所示。

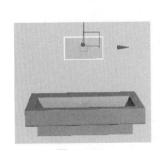

图　6-24

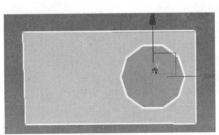

图　6-25

图　6-26

根据八边形圆柱体上点的参考位置调整长方体上点的位置，使其调整成一个正八边形的形状，如图 6-27 所示。然后选择八边形面删除，如图 6-28 所示。

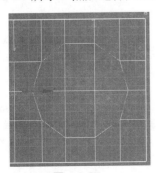

图　6-27

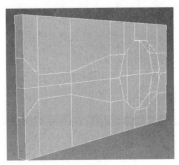

图　6-28

　　按"3"键选择边界线，按住 Shift 键向外移动挤出面调整，调整出如图 6-29 所示形状，同样的方法将左侧的形状也调整出来，如图 6-30 所示。

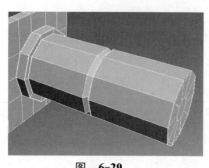

图　6-29

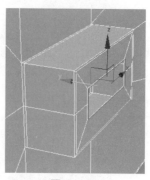

图　6-30

　　继续选择边界线挤出调整至图 6-31 所示，然后选择水龙头口处的面向内挤出倒角，如图 6-32 所示。

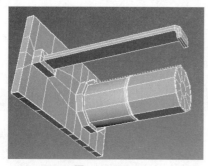

图　6-31

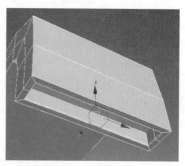

图　6-32

　　分别在图 6-33 和图 6-34 中的位置加线。

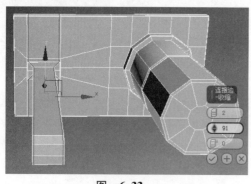

图　6-33

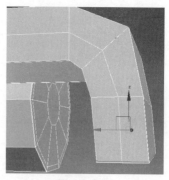

图　6-34

　　（2）在开关的位置创建一个长方体模型，转化为可编辑多边形物体后加线调整形状，细分后效果如图 6-35 所示。最后的整体效果如图 6-36 所示。

　　（3）在水池的底部位置创建一个圆柱体，对其进行可编辑多边形的形状调整。调整的方法就是选择边界线后配合移动缩放工具挤出面调整，然后选择拐角位置线段设置一个很小的切角值，细分后效果如图 6-37 所示。最后创建一个圆柱体，如图 6-38 所示。

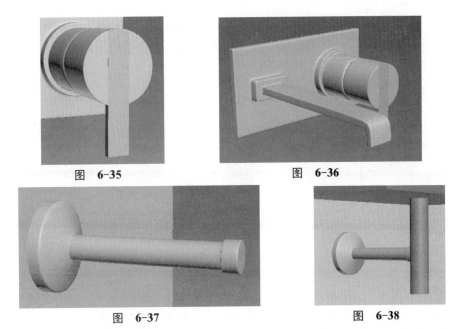

图 6-35   图 6-36

图 6-37   图 6-38

（4）选择洗手池所有模型包括背景墙、镜子、水龙头等物体，单击组菜单，选择组命令将其设置为一个组对象，将该对象向右复制两个，如图 6-39 所示。

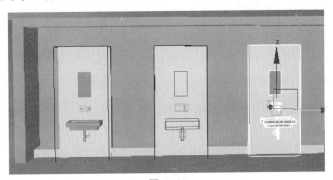

图 6-39

调整一个合适的角度，最后给所有场景模型设置一个默认的材质，最终的白模渲染效果如图 6-40 所示。

图 6-40

261

⇥ **本实例小结**：本实例虽然简单，但是如果配合场景中的其他模型文件使场景丰富起来，比如筒灯、花草植物等，后期再配合灯光的设置也能渲染出美观的效果。

实例 02　储物架的制作

储物架是一种盛放洗刷用品、浴巾、香皂等物品的存放架，具有方便、循环利用、时尚等特点。适合在洗手间、浴室放置，是一种普遍的家庭家具。

卫生间用品种类繁多，也比较杂乱，如果都挤在一个不大的空间里，非常容易显得杂乱不堪。一些杂乱的物品可以收集好房子在储物架上，显得既美观又整齐。

设计思路

为了充分利用空间和放置一些小物件，在墙角的位置可以充分利用空间创建一个储物架模型，上下分为两层，固定简单，设计为吸盘式可以直接吸附在墙体上。

技术要点

本实例中模型较为简单，用到的知识点如下：
- 布料系统制作毛巾。
- 毛巾厚度的设置。
- 多边形常用命令参数设置。

制作步骤

（1）单击 ⚙（创建）|〇（几何体）| 长方体 按钮，在视图中创建一个长方体。右击，在弹出的快捷菜单中选择"转换为"|"转换为可编辑多边形"命令，将模型转换为可编辑的多边形物体。删除三个面，选择剩余的面，单击"翻转"按钮翻转法线，如图 6-41 所示。

（2）单击 明暗处理 显示选定对象 以边面模式显示选定对象 ，在墙角位置创建一个圆柱体模型，然后再创建一个长方体，将该长方体转换为可编辑多边形物体，调整形状至图 6-42 所示。在边级别模式下围绕一圈的位置加线，然后选择顶部边缘一圈的面，单击 倒角 按钮后面的 ▢ 图标，在弹出的"倒角"快捷参数面板中设置倒角参数，将面向上挤出如图 6-43 所示。用同样的方法将顶部角落的面也向上倒角挤出，如图 6-44 所示。

按快捷键 1 进入点级别，单击 目标焊接 工具，将图 6-45 中的点焊接起来，效果如图 6-46 所示。按快捷键 2 进入边级别，选择内侧的环形线段，单击"切角"工具设置一个很小的切角值，效果如图 6-47 所示。

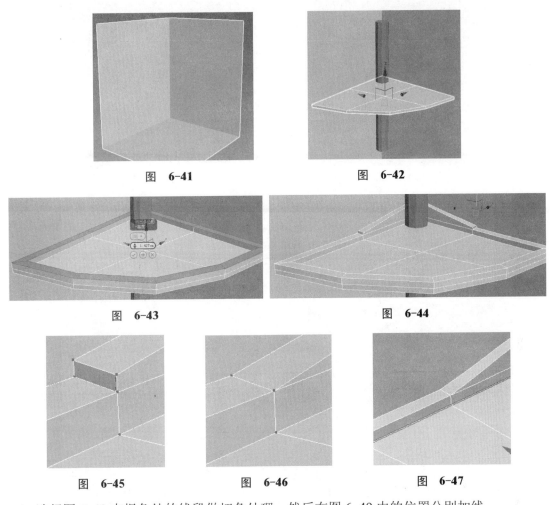

图 6-41　　　　　　　　　　　图 6-42

图 6-43　　　　　　　　　　　图 6-44

图 6-45　　　　　图 6-46　　　　　图 6-47

选择图 6-48 中拐角处的线段做切角处理，然后在图 6-49 中的位置分别加线。

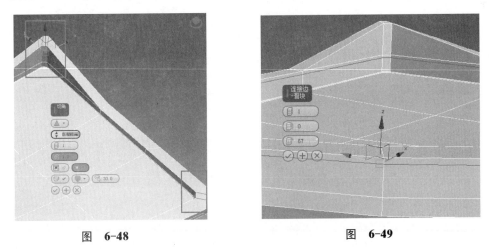

图 6-48　　　　　　　　　　　图 6-49

右击，在弹出的右键快捷菜单中选择"剪切"工具，在图 6-50 和图 6-51 中的位置分别
手动加线调整。

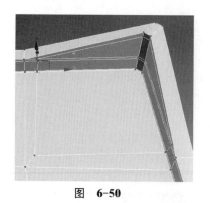

图 6-50

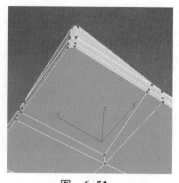

图 6-51

按快捷键 Ctrl+Q 细分该模型，效果如图 6-52 所示。

（3）单击 ⊕（创建）| ⊙（图形）| ▭ 线 按钮，在视图中创建如图 6-53 所示的样条线，在顶点级别下，选择顶部的两个点，单击 ▭ 圆角 按钮，在点上单击并拖动鼠标将直角点设置为圆角，如图 6-54 所示。在渲染卷展栏下勾选 ☑ 在渲染中启用 ☑ 在视口中启用，厚度设置为 1.3cm，边数为 12，效果如图 6-55 所示。

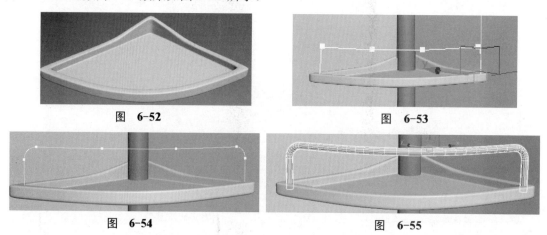

图 6-52

图 6-53

图 6-54

图 6-55

单击 镜像按钮将托盘物体和边框模型向下镜像复制，如图 6-56 所示。选择托盘储物架模型，按快捷键 1 进入点级别，选择内侧凹槽处的点适当向内移动调整形状至图 6-57 所示。

图 6-56

图 6-57

在视图中创建一个胶囊并转换为可编辑多边形物体，删除底部一半面，如图 6-58 所示。移动到圆柱体顶部位置，选择底部边界线，按住 Shift 键向内缩放挤出面调整，如图 6-59 所示。

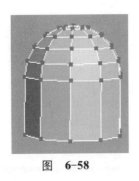

图 6-58

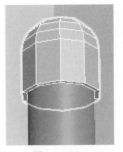

图 6-59

（4）创建一个球体模型并转换为可编辑多边形物体，删除一半面，用缩放工具沿着 Y 轴压扁调整，如图 6-60 所示。在修改器下拉列表下添加"壳"修改器设置"内部量"值或者"外部量"的值调整壳的厚度，如图 6-61 所示。

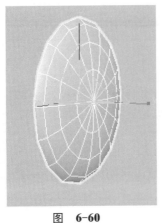

图 6-60

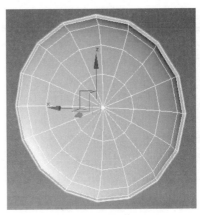

图 6-61

在该物体的外侧位置创建圆柱体，删除底部、顶部面，选择边界线按住 Shift 键移动挤出面调整，如图 6-62 所示，单击"封口"按钮将开口封闭后，选择拐角线段切角处理，如图 6-63 所示。

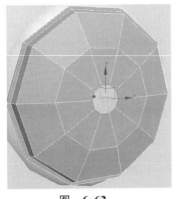

图 6-62

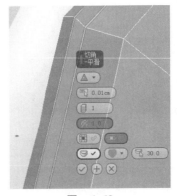

图 6-63

继续创建一个圆柱体，在转换为多边形物体之后，选择图 6-64 中的线段，单击 切角 按钮后面的 ▢ 图标，在弹出的"切角"快捷参数面板中设置切角的值，效果如图 6-65 所示。

265

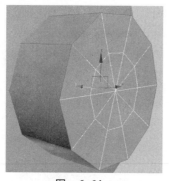

图 6-64

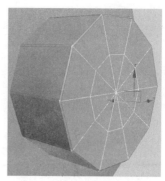

图 6-65

在该物体内侧创建圆柱体并转换为可编辑多边形物体，选择图 6-66 中底部的面，利用"倒角"工具挤出面调整至图 6-67 所示形状。

图 6-66

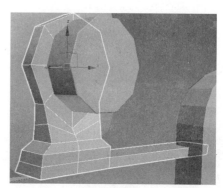

图 6-67

在给模型边缘位置分别加线或者切角后的细分效果如图 6-68 所示。将制作好的吸盘模型向下复制调整角度后的整体效果如图 6-69 所示。

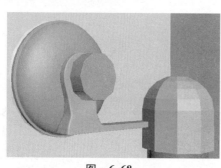

图 6-68

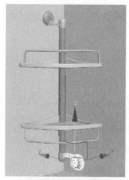

图 6-69

（5）在图 6-70 中的位置创建一个面片，将该面片的分段数设置足够多。

选择毛巾杆模型，在修改器面板中观察其名称，此处毛巾杆名称为 Line002，选择该模型后转换为可编辑多边形物体，在修改器下拉列表中添加"Cloth"修改器，单击 对象属性 按钮，在弹出的参数面板中单击"添加对象"按钮将 Line002 和面片物体添加进来。选择 Line002，设置为从"冲突对象"物体，选择 Plane001，设置为布料并在预设值中选择 Cotton（棉布），如图 6-71 所示。单击 模拟局部 按钮开始模拟计算，模拟后的布料运算效果如图 6-72 所示。

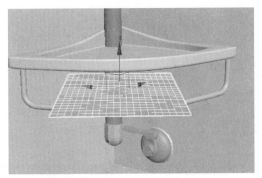

图　6-70

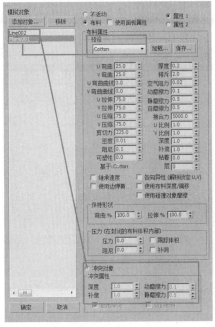

图　6-71

图　6-72

右击，在弹出的快捷菜单中选择"转换为"｜"转换为可编辑多边形"命令，将模型转换为可编辑的多边形物体，在修改器下拉列表中添加"壳"修改器，设置壳的厚度参数后效果如图6-73所示。将该模型再次塌陷为多边形物体，分别选择图6-74和图6-75中的面删除。

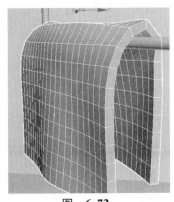

图　6-73

图　6-74

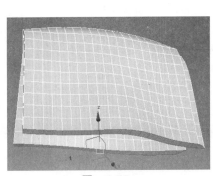

图　6-75

在修改器下拉列表中再次添加"壳"修改器设置厚度，如图 6-76 所示。再次将该模型塌陷为多边形物体，在石墨建模工具栏中选择"偏移"工具调整笔刷大小后调整毛巾形状，如图 6-77 所示。最后整体效果如图 6-78 所示。

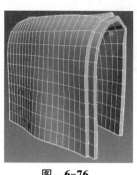
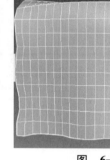
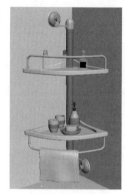

图 6-76 　　　　　　　　图 6-77 　　　　　　　　图 6-78

按快捷键 M 打开材质编辑器，在左侧材质类型中单击标准材质并拖动到右侧材质视图区域，选择场景中所有物体，单击 按钮将标准材质赋予所选择物体，最终的白模渲染效果如图 6-79 所示。

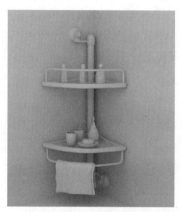

图 6-79

➥ **本实例小结：** 本节重点掌握毛巾的制作，虽然前面的实例中我们介绍过了类似物体的制作，但是制作的均是单面的物体，本实例中的毛巾在此基础上添加了折叠和双面的处理，一定要熟练掌握好此方法。

实例 03 　浴缸的制作

一直以来，大部分浴缸皆为长方型，近年由于亚克力加热制浴缸逐渐普及，开始出现各种不同形状的浴缸。浴缸最常见的颜色是白色，亦有其他例如粉色等色调。多数浴缸在底部和上部皆有去水位。

一个尺寸合适的浴缸，要考虑的不仅包括其形状和款式，还有舒适度、摆放位置、水龙头种类，以及材料质地和制造厂商等因素。设计时要检查浴缸的深度、宽度、长度和围线，有些浴缸的形状特别，如有矮边设计的浴缸，是专为老人和伤残人士而设计的，小小的翻边和内壁倾角让使用者能自由出入。

设计思路

因为浴缸比较占用空间，设计时要充分考虑利用空间。本实例中的浴缸设计在墙边，紧贴墙壁，材质主要以陶瓷为主。

技术要点

- 布尔运算的使用。
- 多边形建模下物体细分形状的控制。
- 通过样条线的创建制作花洒软管。

制作步骤

1. 房间模型创建

（1）在视图中分别创建长方体模型，将小的长方体分别复制调整至图 6-80 所示，选择大的长方体模型，在创建面板下的复合面板中单击 ProBoolean 按钮，单击 开始拾取 按钮，设置布尔运算方式为"并集"，依次拾取外侧的小长方体完成并集运算，如图 6-81 所示。

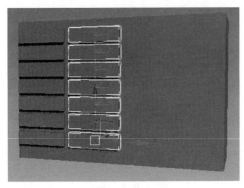

图 6-80   图 6-81

右击，在弹出的快捷菜单中选择"转换为" | "转换为可编辑多边形"命令，将模型转换为可编辑的多边形物体，选择图 6-82 中内侧的面单击 分离 按钮将面分离出来，按快捷键 M 打开材质编辑器，在左侧材质类型中单击标准材质并拖动到右侧材质视图区域。双击材质面板中任意参数选项，在右侧"不透明度"参数中设置不透明度值为 20，选择场景中分离出来的玻璃物体，单击 按钮将材质赋予该物体。除了赋予半透明材质方法外，还可以通过右击选择"对象属性"，在弹出的对象属性面板中勾选"透明"选项即可。效果如图 6-83 所示。

（2）继续完善墙体模型，然后在房间内部创建洗手台模型，效果如图 6-84 所示。

图 6-82   图 6-83   图 6-84

2．浴缸模型创建

（1）在靠近墙体的位置创建一个长方体模型，将该长方体模型转化为可编辑多边形物体，按快捷键 2 进入线段级别，分别选择环形线段后按快捷键 Ctrl+Shift+E 加线，如图 6-85 所示。按快捷键 1 进入点级别，选择顶部的点向下移动调整，然后框选底部所有点用缩放工具向内缩放调整，如图 6-86 所示。继续选择四角的点向内缩放调整形状，如图 6-87 所示。

继续加线调整，如图 6-88 所示。按快捷键 4 进入面级别，选择顶部所有面，单击 倒角 按钮后面的 □ 图标，在弹出的"倒角"快捷参数面板中设置倒角参数将面向内倒角挤出，如图 6-89 和图 6-90 所示。

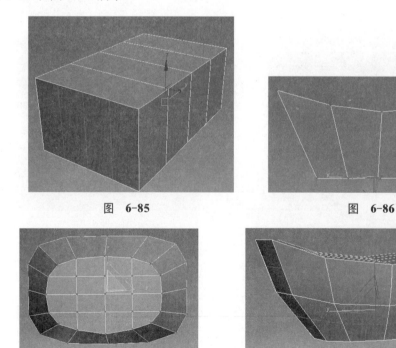

图 6-85

图 6-86

图 6-87   图 6-88

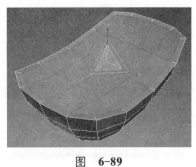

图 6-89

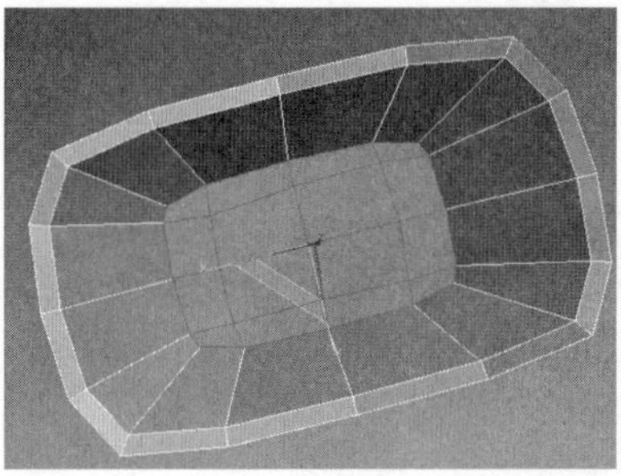

图 6-90

整体调整模型形状如图 6-91 所示，按快捷键 Ctrl+Q 细分该模型，效果如图 6-92 所示。在边级别下分别在模型的底部和内侧底部位置加线调整，如图 6-93 和图 6-94 所示，然后选择边缘的下端用"切角"工具将线段切角设置，如图 6-95 所示。

按快捷键 Ctrl+Q 细分该模型，效果如图 6-96 所示。

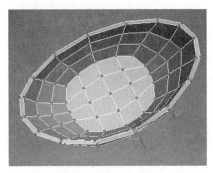

图 6-91

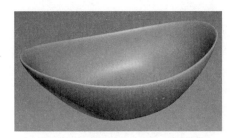

图 6-92

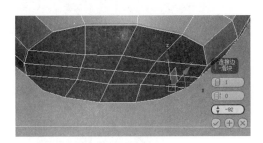

图 6-93

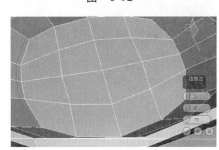

图 6-94

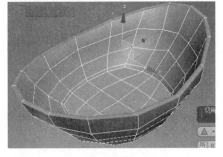

图 6-95

图 6-96

（2）单击 ✻（创建）｜ 🔾（图形）｜ ▭ 线 ▭ 按钮，在视图中创建如图 6-97 所示的样条线，在渲染卷展栏下勾选 ☑ 在渲染中启用 ☑ 在视口中启用，将厚度值设置为 3cm，边数设置为 8，如图 6-98 所示。右击，在弹出的快捷菜单中选择"转换为"｜"转换为可编辑多边形"命令，将模型转换为可编辑的多边形物体。选择底部的边界线分别向内挤出面并调整，如图 6-99 所示。同样的方法将根部形状也制作出来如图 6-100 所示。

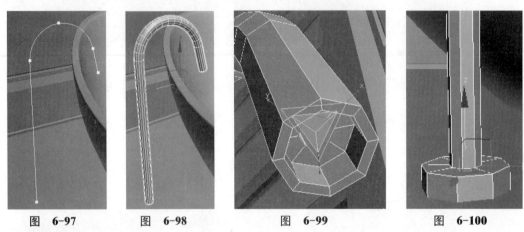

图 6-97　　　图 6-98　　　图 6-99　　　图 6-100

在图 6-101 中的位置创建一个圆柱体模型，设置半径为 1.5cm，高度为 13cm。将该模型转换为多边形物体后，分别在两端位置加线，如图 6-102 所示。

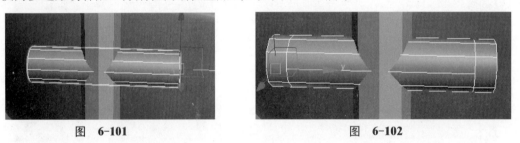

图 6-101　　　　　　　图 6-102

选择两端的面，单击 挤出 按钮后面的 ▫ 图标，在弹出的"挤出"快捷参数面板中设置挤出方式为"按局部法线方向"挤出，然后调整挤出高度，如图 6-103 所示。挤出面后选择边缘的环形线段切角处理，如图 6-104 所示。

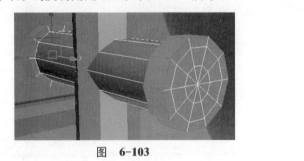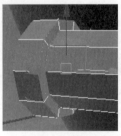

图 6-103　　　　　　　图 6-104

（3）在水管的位置创建两个圆柱体和一个长方体，如图 6-105 和图 6-106 所示。单击 ✻（创建）面板下标准基本体右侧的小三角，选择复合面板，单击 ProBoolean 按钮，然后单击 开始拾取 按钮拾取长方体模型完成超级布尔运算，效果如图 6-107 所示。

图 6-105

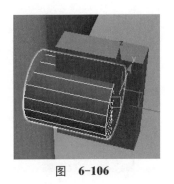
图 6-106

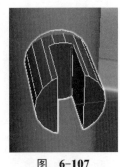
图 6-107

继续创建一个圆柱体并转换为可编辑多边形物体，如图 6-108 所示。在内侧面上加线后，选择图 6-109 中的面用"倒角"工具向内倒角挤出面并调整，如图 6-110 所示。

图 6-108

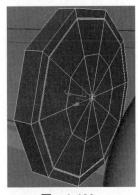
图 6-109

图 6-110

同样的方法选择外圈的面向外倒角挤出，如图 6-111 所示。然后在物体边缘位置加线约束，如图 6-112 所示。

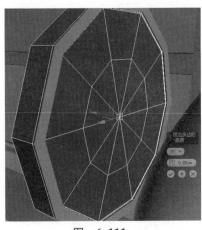
图 6-111

图 6-112

单击 ✦（创建）| ⬡（图形）| ▭ 线 按钮，在视图中创建如图 6-113 所示的样条线，此处样条线的创建需要调整各个轴向上的点，选择点右击将点设置为自动平滑的方式以方便调整。注意在调整时尽量不要使线段互相交叉，如图 6-114 所示。在渲染卷展栏下勾选 ☑ 在渲染中启用 ☑ 在视口中启用，设置厚度为 0.6，边数为 12，效果如图 6-115 所示。

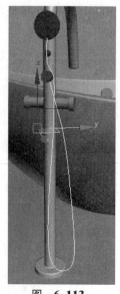

图 6-113   图 6-114   图 6-115

    按快捷键 M 打开材质编辑器，在左侧材质类型中单击标准材质并拖拉到右侧材质视图区域，选择场景中所有物体，单击 ![按钮] 按钮将标准材质赋予所选择物体，最后再简单创建一些灯光和其他物体，最终的白模渲染效果如图 6-116 所示。

图 6-116

   ↘ **本实例小结：** 本实例中的浴缸模型较简单，需要掌握的是浴缸表面光滑曲面的设置，既要保持合理比例又要制作美观。还有一点就是花洒模型的制作，可以直接利用样条线来完成，在绘制样条线时一定要注意各个轴向的方向调节。

实例04   毛巾架模型的制作

    毛巾架用来挂毛巾、浴巾，主要使用场所为浴室，也可用于美观装饰，例如放置花盆、摆放杂物等。有的毛巾架还有加热、烘干、消毒等功能。

■ 设计思路

    毛巾架尺寸一般有 50cm、60cm、70cm、80cm 等，可根据卫生间大小选配相应尺寸。毛巾架是由两个支座承托一根或多根横杆而成，有些可折叠，一般装在卫生间墙壁处。

技术要点

- 样条线直接转化为管状体的方法。
- 布料系统的使用。
- 阵列工具的使用。
- 用偏移工具和软选择工具调整毛巾形状。

制作步骤

本实例虽然简单，但是涉及的知识点还是比较多的，而且都比较重要。

（1）在视图中创建一个圆柱体并转换为可编辑多边形物体，在内侧环形线段上双击快速选择环形线段，用缩放工具沿着 XZ 轴缩放，如图 6-117 所示。选择中心点右击，在弹出的右键快捷菜单中选择"转换到面"，这样就快速选择了中间所有面，按快捷键 Delete 键删除这些面。然后选择边界线按住 Shfit 键配合移动和缩放工具多次挤出面调整至图 6-118 所示。

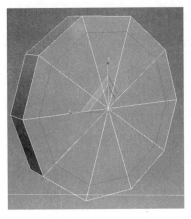

图　6-117

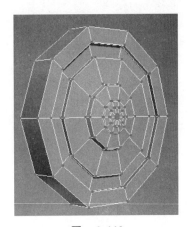

图　6-118

选择图 6-119 中的任意一条线段，单击 环形 按钮快速选择环形线段，然后单击 循环 按钮快速选择循环线段，单击 切角 按钮后面的 图标，在弹出的"切角"快捷参数面板中设置切角值，如图 6-120 所示。按快捷键 Ctrl+Q 细分该模型，效果如图 6-121 所示。

（2）单击 （创建）| （几何体）|扩展基本体| 胶囊 按钮，在视图中创建一个胶囊物体，适当旋转调整角度，如图 6-122 所示。单击工具栏上的 视图 中的小三角按钮，在弹出的下拉列表中选择 拾取 ，拾取底座模型，然后长按 按钮在下拉工具栏中选择 切换到"使用变换坐标中心"，如图 6-123 所示。单击"工具"菜单下的"阵列"工具，在弹出的阵列工具面板中设置参数，如图 6-124 所示。阵列效果如图 6-125 所示。

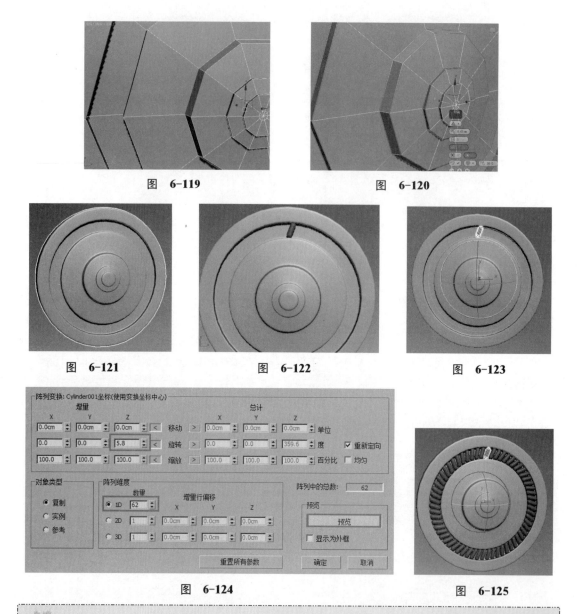

图　6-119　　　　　　　　　　　　图　6-120

图　　6-121　　　　　　图　　6-122　　　　　　图　　6-123

图　　6-124　　　　　　　　　　　图　　6-125

注意

在调整阵列参数时并不能一次就把参数设置好，可以先单击"预览"按钮，再调整旋转角度和数量值，直至满意为止，同时对象类型中选择"复制"。选择任意一个胶囊物体转换为可编辑多边形物体，单击"附加"后面的█按钮，在弹出的文件列表中选择所有胶囊物体附加在一起。这样方便一次性选择所有胶囊，或者用"组"命令将其设置一个组也可以。

（3）在视图中创建一个圆柱体，如图 6-126 所示。再创建一个球体并转化为可编辑多边形物体，删除部分面，如图 6-127 所示。

图 6-126

图 6-127

选择开口处边界，按住 Shift 键配合移动缩放工具挤出面调整至图 6-128 所示状态。调整好形状后复制该模型，并调整圆柱体长短，如图 6-129 所示。

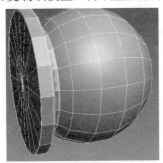

图 6-128

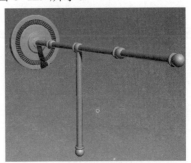

图 6-129

将制作好的模型整体复制，如图 6-130 所示。选择圆柱体模型旋转复制并调整长短，如图 6-131 所示。

图 6-130

图 6-131

在制作时要注意杆的大小和比例是否合适，如图 6-132 是重新调整长短以及比例后的效果。

（4）在图 6-133 中的维持创建一个面片，面片的分段数不能设置太低。在修改器下拉列表下添加"Cloth"修改器，单击 对象属性 按钮，在弹出的对象属性面板中添加底部杆模型并设置为冲突对象，选择布料面片物体，设置为布料系统，选择 Cotton（棉布）效果即可，设置完成后单击确定，单击 模拟局部 按钮模拟布料运算效果，如图 6-134 所示。

运算后的效果布料与杆之间存在空隙，同时布料显得比较生硬。依次单击石墨工具下的 自由形式 | 绘制变形 | 按钮，配合快捷键调整笔刷大小（Ctrl+Shift+鼠标左键拖动可以同时快速调整内圈和外圈的大小，Ctrl+鼠标左键调整外圈衰减值大小，Shift+左键拖动控制调整内圈强度值），如图 6-135 所示。同时还可以勾选"使用软选择"开启软选择选项，在点级别下选择部分点调整衰减值的大小用移动或旋转工具调整布料形状，如图 6-136 所示。

调整好后在修改器下拉列表中添加"壳"修改器，设置厚度值效果如图 6-137 所示。

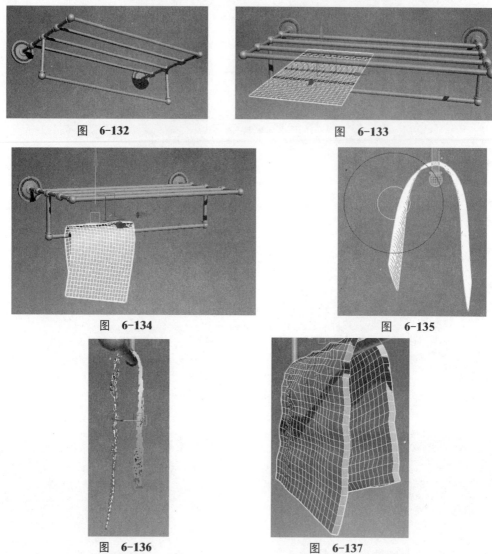

图 6-132

图 6-133

图 6-134

图 6-135

图 6-136

图 6-137

　　将该模型转化为可编辑多边形物体,依次单击 建模 修改选择 步模式,快速选择图 6-138
中的面, 按 Delete 键删除效果如图 6-139 所示。

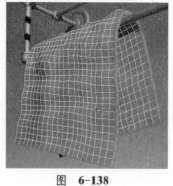

图 6-138

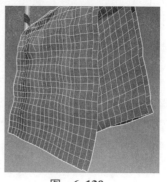

图 6-139

再次在修改器下拉列表中添加"壳"修改器，设置厚度值效果如图 6-140 所示。将该模型塌陷为多边形，按快捷键 Ctrl+Q 细分该模型，效果如图 6-141 所示。

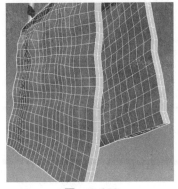

图 6-140

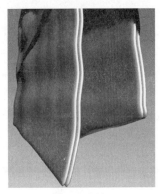

图 6-141

勾选 ☑ 使用软选择 和 ☑ 边距离: 调整边距离值，数值越大影响范围越大。注意图 6-142 中是没有勾选边距离时的软选择范围，图 6-143 是勾选了边距离的范围效果。对比这两种效果可以发现，勾选边距离后，选择其中点或者线段后，另外一边的点或者线不受影响，可以单独调整一侧的面。通过该方法将毛巾调整分离，如图 6-144 所示。

图 6-142

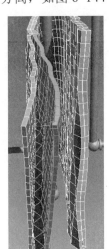

图 6-143

图 6-144

将调整好的毛巾镜像复制并重新调整形状做出一个变化，效果如图 6-145 所示。调整后整体效果如图 6-146 所示。

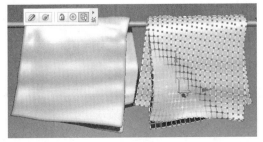

图 6-145

图 6-146

279

按快捷键 M 打开材质编辑器,在左侧材质类型中单击标准材质并拖动到右侧材质视图区域,选择场景中所有物体,单击 按钮将标准材质赋予所选择物体,最终的白模渲染效果如图 6-147 所示。

图　6-147

➥ **本实例小结**:本案例中重点掌握布料系统制作毛巾方法以及在调整毛巾形状时使用的软选择和偏移工具的使用,特别是软选择下的"边距离"选项。

实例 05　垃圾桶的制作

垃圾桶又名废物箱或垃圾箱,用来存放垃圾。垃圾桶多数以金属或塑胶制成,用时放入塑料袋,垃圾满了便可扎起袋丢掉。多数垃圾桶都有盖以防垃圾的异味四散,有些垃圾桶可以以脚踏开启。垃圾桶是人类文明进化的标志,也是社会文化的一种折射。

设计思路

因为卫生间比较潮湿,所以本实例中设计的垃圾桶为一个封闭式的塑料材质垃圾桶,顶部可以旋转开合。

技术要点

● 面片物体的投射方法。
● FFD 修改器的使用。

制作步骤

1. 桶身模型制作

(1) 在视图中创建一个圆柱体,设置半径为 12.5cm,高度为 30cm,将该物体转化为可编辑多边形物体,选择底部点用缩放工具适当缩小,如图 6-148 所示。在高度的环形线段上加线,如图 6-149 所示。

选择加线处的面，单击 挤出 按钮后面的 □ 图标，在弹出的"挤出"快捷参数面板中设置挤出值，先挤出一个很小的高度继续调整高度，然后再次挤出一个很小的高度，如图 6-150 所示。也可以先一次性挤出高度之后，分别在挤出高度的环形位置加线调整。这两种方法虽然操作不同，但是目的一样，就是为了细分后边缘棱角的约束。选择顶部面删除，如图 6-151 所示。

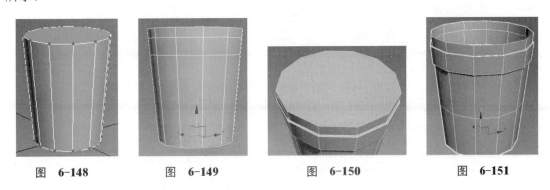

图 6-148　　　　图 6-149　　　　图 6-150　　　　图 6-151

（2）选择点用移动工具调整形状，如图 6-152 所示，删除模型另一半，然后在修改器下拉列表中添加"对称"修改器，如图 6-153 所示。

右击，在右键菜单中选择"剪切"工具加线后移除多余线段，调整模型布线，如图 6-154 所示。细分后效果如图 6-155 所示。

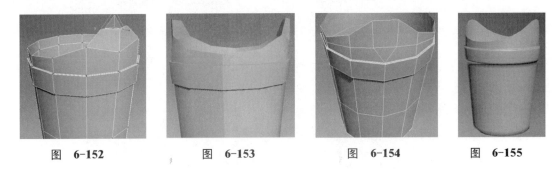

图 6-152　　　　图 6-153　　　　图 6-154　　　　图 6-155

（3）按快捷键 3 进入边界级别，选择顶部边界线，按住 Shift 键向内缩放挤出面并调整，如图 6-156 所示，继续向下挤出面后缩小调整，最后缩放出底部的面，单击 塌陷 按钮将中间点焊接成一个点，如图 6-157 所示。

在内侧面环形位置上加线，然后选择边缘线段切角设置如图 6-158～图 6-160 所示。

 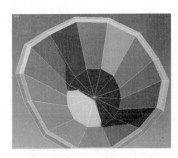

图 6-156　　　　　　　　图 6-157

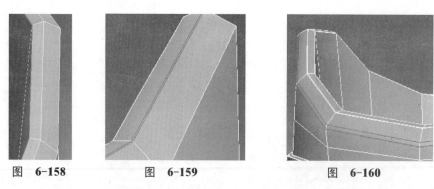

图 6-158　　　　　图 6-159　　　　　图 6-160

将图 6-161 中的线段也做切角处理，然后选择下方的两个点，调整焊接值的大小将这两点焊接起来，如图 6-162 所示。

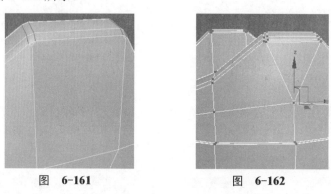

图 6-161　　　　　　　　　图 6-162

2. 桶盖制作

（1）在顶部开口的位置创建一个面片物体，如图 6-163 所示。将该面片物体转化为可编辑多边形物体，选择边后挤出面调整，如图 6-164～图 6-166 所示。

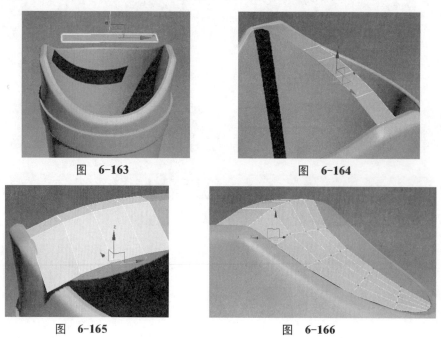

图 6-163　　　　　　　　　图 6-164

图 6-165　　　　　　　　　图 6-166

在挤出面后，调整过程要注意模型表面曲线的变化，必要时可以先将线段用缩放工具缩放为一条直线，然后再根据曲面的需要重新调整曲度。选择边界线按住 Shift 键向下挤出面调整，删除不需要的面，如图 6-167 所示。在修改器下拉列表下添加"对称"修改器，先沿着 X 轴方向镜像对称，然后再次添加"对称"修改器沿着 Y 轴方向镜像对称，如图 6-168 所示。

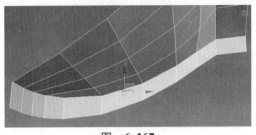
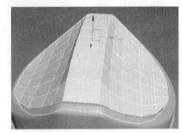

图 6-167　　　　　　　　　　图 6-168

将该模型塌陷为可编辑多边形物体，分别选择边缘的线段如图 6-169 和图 6-170 中的线段，用"切角"工具将线段切角。

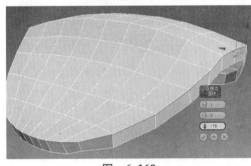

图 6-169　　　　　　　　　　图 6-170

（2）按快捷键 Ctrl+Q 细分该模型，效果如图 6-171 所示。选择图 6-172 中的面用"倒角"工具将选择的面向外倒角挤出，然后选择挤出后拐角处线段，将线段切角处理，如图 6-173 所示。单击"平面"按钮，在视图中创建一个面片物体，如图 6-174 所示。

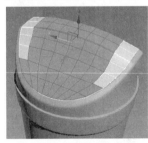
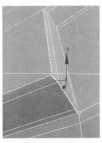

图 6-171　　　　图 6-172　　　　图 6-173　　　　图 6-174

（3）将该模型转化为可编辑多边形物体之后，依次单击石墨工具下的 自由形式 | 多边形绘制 | 绘制于:曲面 | 拾取 按钮拾取垃圾桶模型，然后单击 （一致）按钮，调整笔刷大小和强度（笔刷大小尽量调大），在该面片物体上单击并拖动鼠标，通过该方法可以快速将面片帖附于背部的物体表面上，如图 6-175 所示。如果不使用该方法还可以使用"弯曲"修改器的方法给模型添加弯曲修改器，调整角度使之和垃圾桶模型的曲面保持一致。但是仔细观察垃圾桶模型可以发现，桶的上方半径较大，底部半径较小，通过弯曲修改器方法调整

角度曲面的弯曲度是一样的，不能同时保证上方和下方的点完全贴附于物体表面上，还需要通过逐个调整点来实现。有了石墨建模工具后，这种调整就变得非常简单快捷了。调整好的效果如图 6-186 所示。

图 6-175

图 6-176

选择桶盖模型，在修改器下拉列表中添加 FFD 3×3×3 修改器，如图 6-177 所示。单击 FFD 3×3×3 修改器前面的 "+" 按钮，进入控制点级别，选择控制点并移动调整可以整体调整模型形状，如图 6-178 所示。

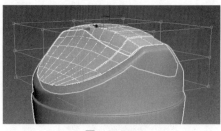

图 6-177

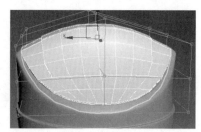

图 6-178

按快捷键 M 打开材质编辑器，在左侧材质类型中单击标准材质并拖动到右侧材质视图区域，选择场景中所有物体，单击 按钮将标准材质赋予所选择物体，最终的白模渲染效果如图 6-179 所示。

图 6-179

➥ **本实例小结**：本实例并不复杂，不容易掌握的模型在于垃圾桶的桶盖形状。另外，通过本实例学习要重点掌握 FFD 修改器原理和面片物体的投射方法。

书房家具设计

　　书房是吟诗作画、读书写字的场所。书房家具主要包括书柜、书桌、书架、杂志架、休闲椅、八仙桌、太师椅等。书房家具的造型、色彩应争取配套一致，从而营造出一种和谐的学习、工作氛围。色彩因人因家而异。一般说来，学习、工作时，心态须保持沉静平稳，色彩较深的写字台和书柜可帮人进入状态。但在这个追求个性风格的时代，也不妨选择另类色彩，更有助于激发想象力和创造力。同时还要考虑整体色泽与其他家具和谐配套的问题。

实例 01　书柜的制作

　　书柜是书房家具中的主要家具之一，是专门用来存放书籍、报刊、杂志、资料等物品的柜子。家用书柜是家家户户都少不了的书房家具，书柜是一个文化、文明的象征，也是人们渴望知识的表现。

　　柜的尺寸是一个内容非常丰满的概念，没有统一的标准尺寸。书柜的尺寸不仅包括了书柜的宽度尺寸和高度尺寸这些书柜外部尺寸，还包括了书柜内部的尺寸，也就是我们常说的书柜书架深度、隔板高度尺寸（书架层与层之间的高度尺寸）、抽屉的高度尺寸等各个局部的尺寸。所以在定制书柜，或者购买书柜的时候，一定要全方位考虑书柜各个尺寸，这样定制或者购买回来的书柜才能协调、融洽地安置进书房。

■ 设计思路

　　现在市场上许多书柜不注意根据各类书的高度和宽度进行设计，空间浪费很大。对于普通消费者来说，选择书柜前要针对自己已有的书籍和将来要添置的书籍决定书柜的样式。本实例中制作的书柜可以分为上中下三层，上下两层放置书籍，中间设计为抽屉，用于储物之用。

■ 技术要点

　　本实例的现代书柜模型从使用性出发，上下为书柜，中间为抽屉。制作使用的技术要点如下：

- 书本的制作模拟方法。
- 档案夹的制作要点。

制作步骤

（1）在视图中创建一个长方体，设置长、宽、高分别为 33cm、83cm、218cm，右击，在弹出的快捷菜单中选择"转换为"｜"转换为可编辑多边形"命令，将模型转换为可编辑的多边形物体。按快捷键 4 键进入面级别，选择图 7-1 中的面，单击 倒角 按钮后面的 □ 图标，在弹出的"倒角"快捷参数面板中设置倒角参数，先向内缩放挤出面后再向后挤出面调整出柜子的轮廓，如图 7-2 所示。分别在柜子横向和纵向上加线，如图 7-3 所示。这里之所以这样加线，是为了使模型在高度上平均分为 6 等分，为下一步棚板模型的位置做好铺垫。

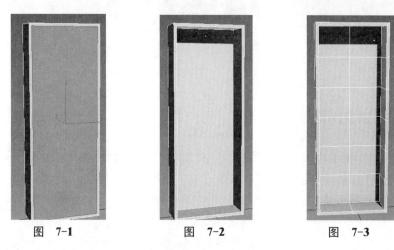

图 7-1　　　　　　图 7-2　　　　　　图 7-3

创建一个长方体模型将其转化为可编辑多边形物体，分别复制调整出棚板和隔板模型，在复制时可以参考图 7-4 中加线的位置来移动复制。

选择其中的一个长方体模型，复制调整大小制作出柜子边缘的木板，如图 7-5 所示。同样的方法复制调整大小制作出抽屉门物体，如图 7-6 所示。

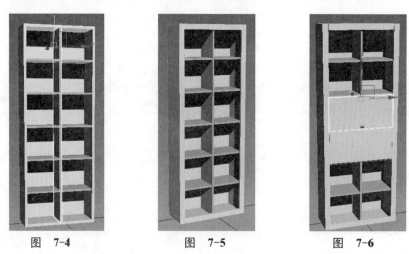

图 7-4　　　　　　图 7-5　　　　　　图 7-6

（2）在柜体内部创建一个长方体模型并转化为可编辑多边形物体。加线移动调整线段位置，如图 7-7 所示。然后按快捷键 4 进入面级别，选择图 7-8 中的面。

单击 倒角 按钮后面的□图标，在弹出的"倒角"快捷参数面板中设置倒角，倒角方式为"按局部法线方向"，先将面缩放挤出面，然后再向下挤出调整，如图 7-9 所示。调整好形状之后，在图 7-10～图 7-12 中的位置分别加线。

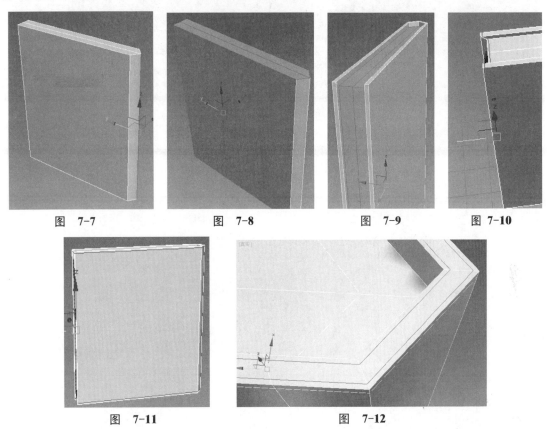

图　7-7　　　　　　　图　7-8　　　　　　　图　7-9　　　　　　　图　7-10

图　7-11　　　　　　　　　　　　　　图　7-12

按快捷键 Ctrl+Q 细分该模型，效果如图 7-13 所示。将制作好的书本模型复制调整厚度和位置，如图 7-14 所示。

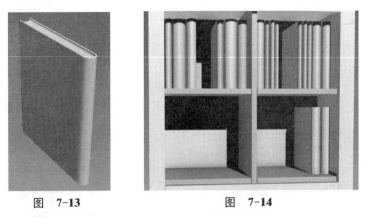

图　7-13　　　　　　　　　图　7-14

（3）创建一个如图 7-15 所示的面片物体并转化为可编辑多边形物体，选择其中一边的线段按住 Shift 键挤出面，调整至图 7-16 中所示形状。

给当前模型加线，如图 7-17 所示，然后选择侧边底部的一个点，用"切角"工具将点切成四边面，如图 7-18 所示。

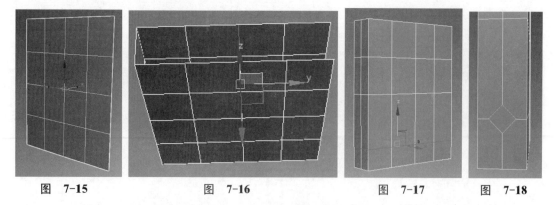

图 7-15　　　　　　图 7-16　　　　　　图 7-17　　　　　　图 7-18

在修改器下拉列表中添加"壳"修改器，设置壳的厚度值，如图 7-19 所示。将该模型塌陷为多边形之后，按快捷键 Ctrl+Q 细分该模型，效果如图 7-20 所示。从图中观察发现边缘棱角过于圆滑，所以选择棱角处的线段用切角工具适当切角，如图 7-21 所示。

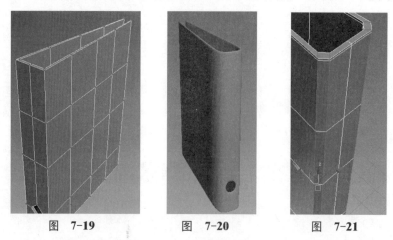

图 7-19　　　　　　　图 7-20　　　　　　　图 7-21

同时在洞口的内部边缘位置也加线调整，如图 7-22 所示，细分后的效果如图 7-23 所示。在侧面的位置创建一个长方体模型作为文件夹的标签模型，如图 7-24 所示。

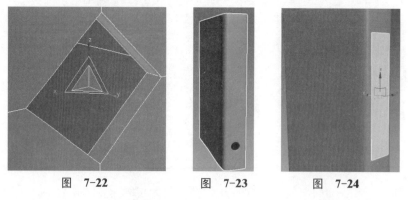

图 7-22　　　　　　　图 7-23　　　　　　　图 7-24

在空口外侧位置创建一个圆环物体，如图 7-25 所示，然后将所有文件夹模型向右复制调整，如图 7-26 所示。

图 7-25

图 7-26

将书本模型和文件夹模型继续向下复制调整位置，如图 7-27 所示。然后选择整个书柜模型，沿着 X 轴复制调整，整体效果如图 7-28 所示。

图 7-27

图 7-28

最后导入书桌、电脑椅以及盆栽植物等模型，按快捷键 M 打开材质编辑器，在左侧材质类型中单击标准材质并拖动到右侧材质视图区域，选择场景中所有物体，单击 按钮将标准材质赋予所选择物体，最后的白模渲染效果如图 7-29 所示。

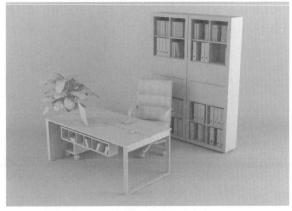

图 7-29

289

➥ **本实例小结：** 在制作类似于书柜模型时可以使用长方体模型进行堆积木似的拼接各个面，也可以使用长方体多边形面的挤出方法一次性将各个面制作出来。无论哪种方法只要达到想要的效果即可。

实例 02　书桌模型的制作

书桌是用来书写或阅读用的桌子，通常配有抽屉。严格来说，书桌分为儿童用书桌和成人用书桌，在设计上要符合人体工程学原理。特别是儿童书桌，书桌椅的高度要与孩子的高度相匹配，这样才有益于孩子的健康成长。

■ 设计思路

本实例中设计的书桌类似于明清家具，造型独特，美观大方。同时也可以作为电脑桌使用。

■ 技术要点

本实例制作中用到的技术要点如下：
● "布尔"命令的使用方法。
● 桌腿细节处理方法。
● 多边形建模命令常用工具介绍。

■ 制作步骤

1．桌面制作

（1）在视图中先创建一个长、宽、高为 60cm、120cm、3cm 的长方体模型并将其转化为可编辑多边形物体，在厚度的中间位置加线并将线段向外适当缩放。然后分别在长度和宽度方向中心位置加线，删除模型一半的面。选择顶部和底部面，用"倒角"工具挤出面调整，如图 7-30 所示。分别在边缘位置加线约束，选择 Z 轴方向对称中心位置的环形线段，用"切角"工具切角设置，如图 7-31 所示。

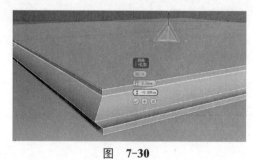

图　7-30　　　　　　　　　　图　7-31

（2）在图 7-32 中的位置创建一个弧形的样条线，在渲染卷展栏下勾选 ☑ 在渲染中启用

☑ 在视口中启用，设置样条线的厚度值为 0.4，如图 7-33 所示。设置边数为 8，步数值为 2，同时调整顶部和底部的点使其倾斜，如图 7-34 所示。

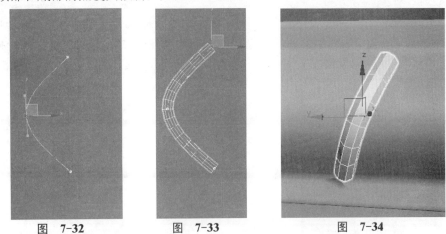

图　7-32　　　　　　图　7-33　　　　　　图　7-34

（3）将该模型转换为可编辑多边形物体之后，沿着 Y 轴方向复制，如图 7-35 所示。

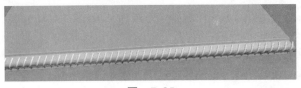

图　7-35

调整该模型到桌面的另一侧位置后复制调整，删除桌面其中的一半模型，如图 7-36 所示。

选择边缘所有物体和桌面模型，在修改器下拉列表中添加"对称"修改器，镜像调整出模型另一半，效果如图 7-37 所示。

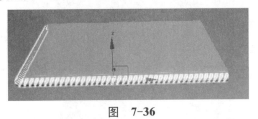

图　7-36　　　　　　　　　　　　　图　7-37

（4）将桌面物体细分后塌陷为多边形物体，增加模型面数（此操作是为了下一步和边缘模型进行布尔运算，因为边缘模型面数比较多，而桌面模型面数较少，在面数相差太大的情况下进行布尔运算容易造成计算错误），在创建面板下的复合面板中单击　布尔　按钮，布尔运算方式选择默认的 ◉ 差集(A-B) 和 ◉ 移动 方式，单击 拾取操作对象 B 拾取边缘的细节模型，布尔运算之后的效果如图 7-38 所示。整体效果如图 7-39 所示。

图　7-38　　　　　　　　　　　　图　7-39

2. 桌腿模型制作

（1）创建一个圆柱体并将其转化为可编辑多边形物体，删除顶部和底部面，选择顶部边界线，按住 Shift 键配合移动和缩放工具挤出面调整所需形状，过程如图 7-40～图 7-42 所示。需要注意的一点是，当挤出调整到图 7-41 中时，选择四角的点用缩放工具沿着 XY 轴方向向外缩放，将开口边界线调整为方形的形状再向上挤出面调整，这样给腿部模型一定的变化效果，显得更加美观。

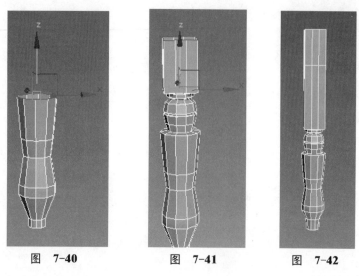

图 7-40　　　　　　图 7-41　　　　　　图 7-42

分别选择拐角位置的线段，单击"切角"工具将线段切角设置，如图 7-43 所示。按快捷键 Ctrl+Q 细分该模型，效果如图 7-44 所示。分别在腿部模型方形位置四周加线，如图 7-45 所示。

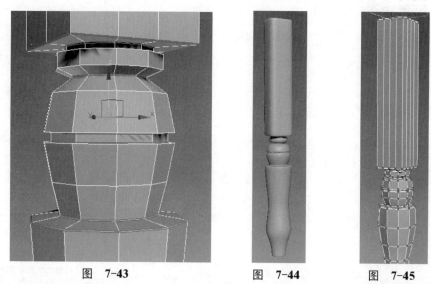

图 7-43　　　　　　图 7-44　　　　　　图 7-45

加线后顶部的布线较为混乱，右击选择"剪切"工具在顶部面上加线调整，移除多余的线段，如图 7-46 和图 7-47 所示。

选择方形位置四周的线段切角，如图 7-48 所示。切角后方形底部面布线较乱，在点级

别下单击 目标焊接 工具，将三角面的点焊接到其他点上，如图 7-49 所示。

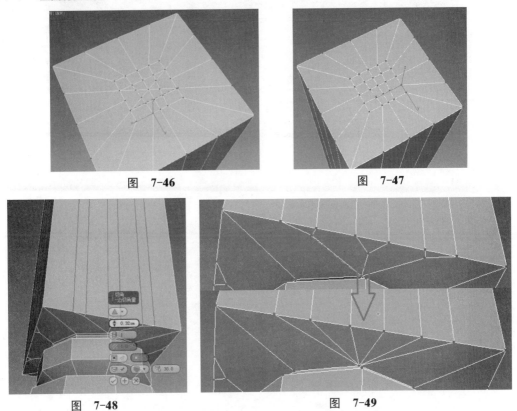

图 7-46   图 7-47

图 7-48   图 7-49

    在方形上下位置加线，然后选择图 7-50 中的面向内倒角设置，如图 7-51 所示。

    倒角后需要在它的顶部和底部位置加线约束，如图 7-52 所示，选择四角位置边缘的线段也同样做切角设置，如图 7-53 所示。切角后随时将多余的点焊接起来调整，如图 7-54 所示。加线、切线后的细分效果如图 7-55 所示。

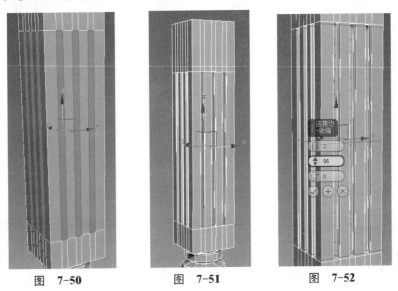

图 7-50   图 7-51   图 7-52

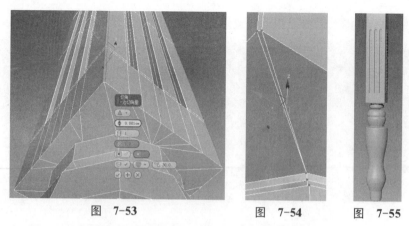

图 7-53   图 7-54   图 7-55

将调整好的腿部模型复制调整到其他部位，整体效果如图 7-56 所示。

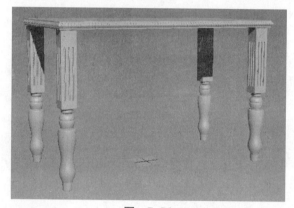

图 7-56

（2）参考桌面的宽度和桌腿模型的高度创建一个长方体模型，分别复制调整出其他部分，如图 7-57 和图 7-58 所示。

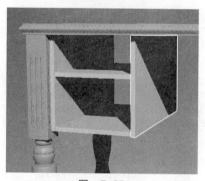
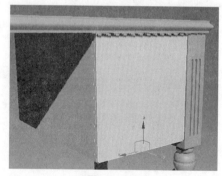

图 7-57   图 7-58

将所有长方体模型转化为可编辑多边形物体，选择侧面的长方体模型，分别加线调整至图 7-59 所示，然后选择中间的面，单击 倒角 按钮后面的 ▣ 图标，在弹出的"倒角"快捷参数面板中设置倒角参数。倒角后效果如图 7-60 所示。

将层板模型向下复制一个，选择顶部的面倒角挤出调整形状，然后分别在模型的前后、左右以及拐角位置加线，细分后的效果如图 7-61 所示。再次创建一个长方体，利用多边形的编辑调整方法制作出抽屉内部的轮廓，如图 7-62 所示。

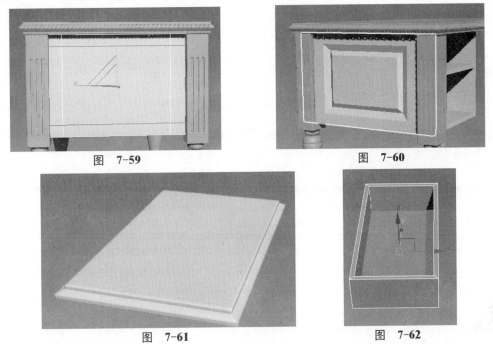

图　7-59　　　　　　　　　　　图　7-60

图　7-61　　　　　　　　　　　图　7-62

选择抽屉面，用"倒角"命令挤出形状，如图 7-63 所示。将抽屉边缘的线段切角，如图 7-64 所示。

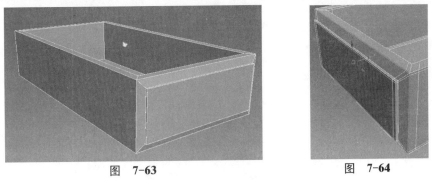

图　7-63　　　　　　　　　　　图　7-64

调整好形状后将该物体向下复制调整大小，如图 7-65 所示。

图　7-65

（3）在抽屉的表面创建一个圆柱体，选择多边形面利用的"倒角"工具将面连续倒角挤出后，最后将中心点焊接，如图 7-66 所示。同样选择拐角位置线段做切角处理，如图 7-67 所示。按快捷键 Ctrl+Q 细分该模型并向右复制调整，如图 7-68 所示。

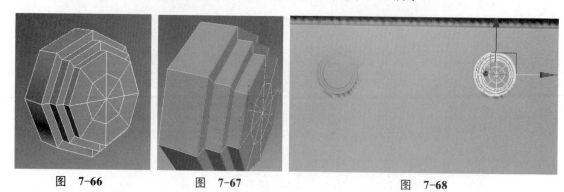

图 7-66　　　　　　图 7-67　　　　　　图 7-68

制作拉环：首先创建一个长方体模型并将其转化为可编辑多边形物体，删除左右两侧端面，选择左侧的边界线按住 Shift 键移动挤出面并调整方向为大小，连续操作制作出如图 7-69 所示形状物体。继续选择边界线，挤出图 7-70 所示的形状。

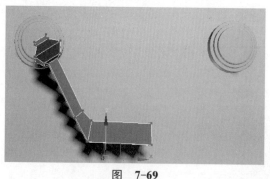

图 7-69　　　　　　　　　　图 7-70

选择图 7-71 所示的线段切角设置，单击 按钮进入修改面板，单击"修改器列表"右侧的小三角按钮，在修改器下拉列表中添加"对称"修改器，单击 对称 前面的"+"，然后单击 镜像 进入镜像子级别，在视图中移动对称中心的位置，如图 7-72 所示。

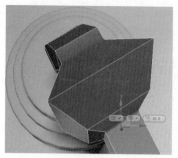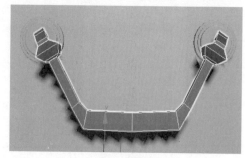

图 7-71　　　　　　　　　图 7-72

按快捷键 Ctrl+Q 细分该模型，效果如图 7-73 所示。然后将制作好的抽屉和拉环模型复制调整右侧，如图 7-74 所示。

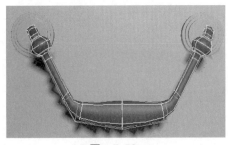

图 7-73

图 7-74

（4）单击 ✛（创建）| ⬭（图形）| ▭线▭ 按钮，在视图中创建如图 7-75 所示的样条线，单击▭按钮镜像复制出另一半，单击 ▭附加▭ 按钮拾取复制的样条线将其附加为一个整体，框选对称中心位置的点，单击 ▭焊接▭ 按钮将两点焊接起来，如图 7-76 所示。

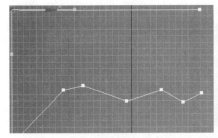

图 7-75

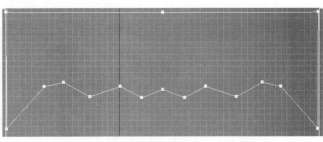

图 7-76

分别选择顶端左右两侧的线段，设置拆分后的值为 4，单击"拆分"按钮在线段上平均添加 4 个点，如图 7-77 所示。然后在修改器下拉列表中添加"挤出"修改器，如图 7-78 所示。

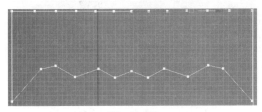

图 7-77

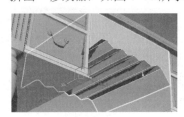

图 7-78

将该模型转化为可编辑多边形物体，分别框选上下对应的点，按快捷键 Ctrl+Shift+E 连接出线段，然后在 X 轴方向水平位置加线，用缩放工具沿着 Z 轴方向将线段缩放至水平，如图 7-79 和图 7-80 所示。

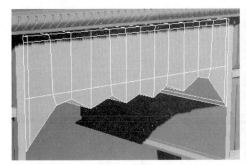

图 7-79

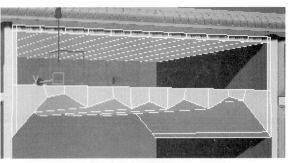

图 7-80

分别在前后边缘位置加线后，选择图 7-81 中的面用"倒角"工具向下倒角挤出，如图 7-82 所示。

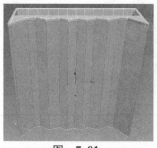
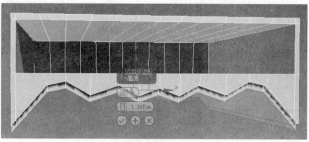

图 7-81   图 7-82

分别在图 7-83～图 7-87 中的位置加线（由于截图的原因不能将所有加线的位置全部显示出来），加线的原则就是在物体的边缘位置需要表现棱角效果的位置加线。细分后整体效果如图 7-88 所示。

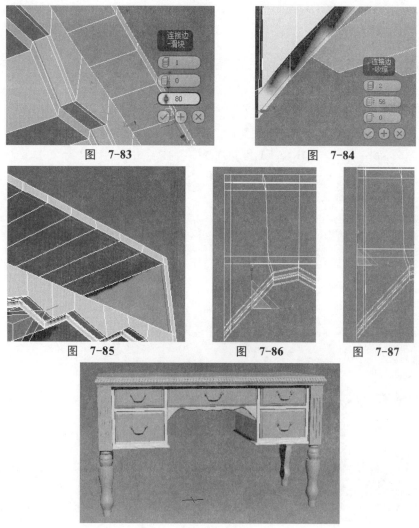

图 7-83   图 7-84

图 7-85   图 7-86   图 7-87

图 7-88

（5）单击软件左上角图标，选择花瓶、盆景等其他一些小的场景文件导入进来并调整位置和大小，效果如图 7-89 所示。

按快捷键 M 打开材质编辑器，在左侧材质类型中单击标准材质并拖动到右侧材质视图区域，选择场景中所有物体，单击 🔲 按钮将标准材质赋予所选择物体，最终的白模渲染效果如图 7-90 所示。

图 7-89

图 7-90

➜ **本实例小结**：本实例中制作的书桌类似于明清家具特点。大家都知道明清家具设计都很复杂，特别是边面纹理效果以及雕花等模型在制作起来需要下一定的工夫。稍复杂的模型在制作时将其分成多个部分分别来完成，最终在拼接在一起即可。

实例 03　书架的制作

书架是专门放书的家具。由于其形态、结构的不同，又有书格、书柜、书橱等其他名称。书架在图书馆广泛使用，但是在近几年，书架也逐步被大家所使用。

▪ 设计思路

书架灵活多变、在设计上有着更多的想象空间。本节中的书架设计为树形结构，突破传统书架外观，样式新颖美观，同时又起到了装饰作用。

▪ 技术要点

本实例制作中用到的技术要点如下：
- 背景图片的设置。
- 面片物体设置贴图方法。
- 局部坐标的使用方法。

制作步骤

确定了书架的形状之后,可以在视图中用直接创建线的方法创建出轮廓线,但是存在一定问题,那就是在创建时往往把握不好比例以及形状,创建时无从下手。接下来给大家介绍一种用背景视图做参考图的方法。

(1)单击前视图,按快捷键 Alt+B 打开视口配置面板,单击"背景"面板,单击 文件... 按钮,打开一张参考图,如图 7-91 所示。

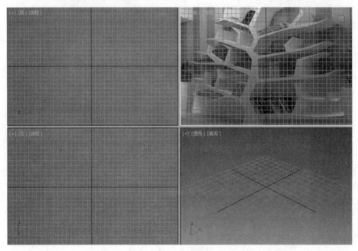

图 7-91

通过该方法可以直接在背景中设置图片来做参考图。但是从图 7-91 中可以发现,背景图片在背景中的显示效果出现了拉伸现象。它是由于当滚动鼠标滑轮或者移动视图时,背景图片不能随之进行缩放和移动操作,这就失去了以背景图片作为参考图的意义。说起该功能我们就不得不说一下软件的版本问题,3ds Max 2014 之前的版本中在设置背景参考图时,有一个"锁定缩放/平移"的选项,勾选该选项后,背景图片会保持图片原有的比例显示,而且当移动视图或者缩放视图时,图片也会随之跟随进行平移和缩放操作,这样就能保证制作的模型和参考图的比例是完全一致的。但是在 2014 版本之后,Autodesk 公司把该功能进行了修改,也并不能说是完全删除,只是在顶视图、前视图、左视图等视图中无法再"锁定缩放/平移",但是在透视图中有一个 2D 平移缩放模式 选项,单击透视图左上角的 [+] 即可看到 2D 平移缩放模式 ,勾选即可。当勾选上该功能时,缩放透视图的大小可以发现图片会自动跟随调整大小比例,如图 7-92 所示。

在透视图中制作模型参考时,特别是制作一些工业模型、人体角色时往往要参考大量的三维视图,在以前的版本中可以分别在顶视图、前视图、左视图中设置不同的三视维图背景图片来做参考快速制作模型。但是在 2014 版本之后取消了该功能,给制作模型带来了不必要的麻烦。接下来详细介绍一种接近"2D 平移缩放模式"选项的方法。首先观察一下参考图片的大小,假设当前我们选择的参考图的像素大小为 394×614,那么在前视图中可以创建一个等比例大小的图片,比如这里创建一个 39.4cm×61.4cm 大小的面片物体,将分段数设置为 1。按下快捷键 M 打开材质编辑器,选择一个标准的材质拖动到右侧空白区域,单击漫反射颜色前面的小圆圈拖到左侧空白区域,如图7-93所示,此时会弹出一个标准/V-Ray的选项面板,如图7-94。选择"标准"然后在弹出的贴图类型中选择"位图"如图7-95所示。找到我给大家搜集的一张参考图,单击赋予按钮将材质赋予当前面片,这样就把贴图文件赋予了面片物体,但是面片物体此时是不显示图片效果的,单击(在视口中显示明暗处理材质)按钮,此时创建的面片物体就会显示出贴图文件,如图7-96所示。

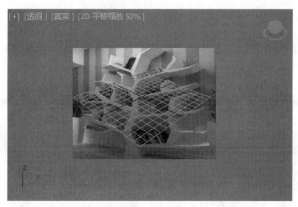

图 7-92

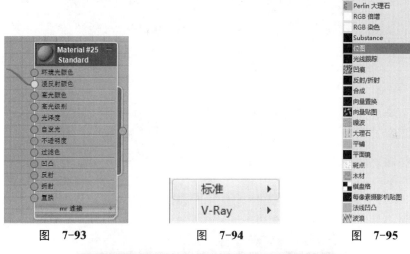

图 7-93　　　　　图 7-94　　　　　图 7-95

图 7-96

创建好贴图后，该面片物体不希望在制作过程中选择到它，右击，在弹出的右键快捷菜单中选择"冻结当前选择"把模型冻结起来，冻结后的模型会以灰色显示冻结对象，贴图文件又看不到了。右击选择"全部解冻"，选择面片物体，右击选择"对象属性"，在弹出的对象属性面板中取消勾选"以灰色显示冻结对象"，再次将该模型冻结起来后就会显示贴图了，而且又能保证该物体不会被选中操作。

（2）单击 ✳（创建）｜ ⊙（图形）｜ ▭ 线 ▭ 按钮，在前视图中参考图片的形状创建样条线，如图 7-97 和图 7-98 所示。

创建好样条线之后，右击选择全部取消冻结，选择面片物体删除。创建的样条线必须为封闭的空间，如图 7-99 所示。因为参考图是一个带有透视关系的图片，所以根据该图片创建的树形结构左侧部分肯定偏小，选择左侧的树枝线段用缩放工具适当缩放调整如图 7-100 所示。

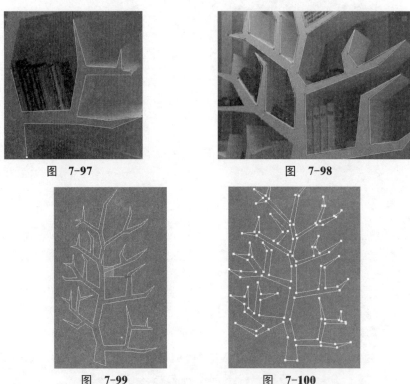

图 7-97   图 7-98

图 7-99   图 7-100

（3）单击 ▱ 按钮进入修改面板，单击"修改器列表"右侧的小三角按钮，在修改器下拉列表中添加"挤出"修改器，设置挤出厚度参数为 25cm，效果如图 7-101 所示。

添加"挤出"修改器后模型边面为多边面，如果此时细分模型后，会出现面挤压在一起的情况，如图 7-102 所示，所以此时要先将面处理为四边面。在修改器下拉列表下添加"四边形网格化"修改器，通过该修改器可以快速调整模型的布线效果，如图 7-103 所示。调整"四边形大小%"参数值为 1.5 时的效果如图 7-104 所示。从图中观察得知，该值越小，模型布线越密。虽然该方法能快速将面处理为四边面，但是在某些部位的调整效果还不尽如人意。将该修改器删除，手动调整布线。在前视图中，框选对应的点按快捷键 Ctrl+Shift+E 加线调整，必要时要先在线段上加线再调整，直至将所有的点之间连接出线段，调整好之后的效果如图 7-105 所示。

选择厚度上任意一条线段，单击 环形 选择环形线段如图 7-106 所示。单击 连接 按钮后面的 图标，在弹出的"连接"快捷参数面板中设置参数在模型的前后两侧边缘位置加线，如图 7-107 所示。

图 7-101   图 7-102   图 7-103   图 7-104

图 7-105   图 7-106   图 7-107

按快捷键 Ctrl+Q 细分该模型，效果如图 7-108 所示。

细分后效果不尽如人意，需要重新调整。在"树枝"分枝的拐角位置以及顶尖的位置分别加线调整，如图 7-109 和图 7-110 所示。

再次按快捷键 Ctrl+Q 细分该模型，效果如图 7-111 所示。

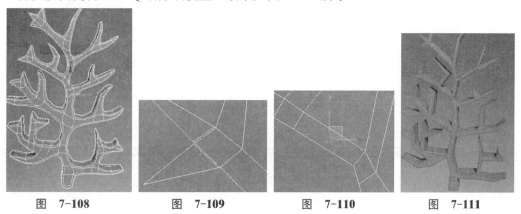

图 7-108   图 7-109   图 7-110   图 7-111

（4）单击软件左上角图标选择 导入 | 合并 将 3ds Max 外部文件的对象插入到当前场景 命令，选择上一个实例中的书桌模型，在弹出的导入面板中选择全部物体，如图 7-112 所示。单击确定按钮将其导如合并到当前场景中，保留书本和盆栽以及花瓶模型，删除其他不需要的模型，选择书本模型调整大小和位置移动到书架上，在调整过程中因为要缩放和旋转调整，可以将坐标方式设置为局部坐标方式，设置的方法很简单，单击视图 小三角，在下拉菜单中选择"局部"即可。如图 7-113 所示为调整局部坐标后的效果。

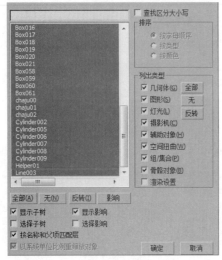

图 7-112

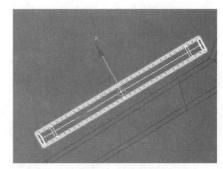

图 7-113

书本复制调整后的效果如图 7-114 所示。同样的方法将盆栽模型也调整到书架上如图 7-115 所示。

图 7-114

图 7-115

（5）按快捷键 M 打开材质编辑器，在左侧材质类型中单击标准材质并拖拉到右侧材质视图区域，选择场景中所有物体，单击 ⬚ 按钮将标准材质赋予所选择物体。单击修改面板文件名称显示后面的颜色框，在弹出的颜色面板中选择"黑色"，单击确定如图 7-116 所示，同样调整花瓶大小和位置，最后的白模+线框效果如图 7-117 所示。

最后的白模渲染效果如图 7-118 所示。

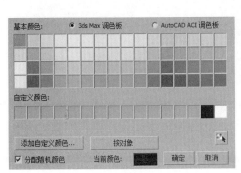

图　7-116　　　　　　　　图　7-117　　　　　图　7-118

➥ **本实例小结**：通过本实例的学习，新掌握了背景图片参考图的设置方法以及利用面片和贴图的方法来做参考。这两种方法都要掌握，特别是后者在新版本中用到的比较多。

实例 04　杂志架模型的制作

杂志架是用来摆放杂志、报纸、广告宣传资料的一种展示工具。杂志架广泛应用于企事业单位、广告公司、展示厅、休闲家居、宾馆超市等场所，用以提升企业形象，具有新颖独特、美观实用、时尚简约的特点，深受广大消费者的青睐。随着生活水平的提高，杂志架也渐渐进入书房、客厅，从展示工具转向了家居用品。

■ 设计思路

杂志架在设计时要注意书本取阅的方便。本实例制作一个木制框架结构的杂志架，该杂志架设计自由明了、简洁大方。

■ 技术要点

本实书架模型的制作主要用到的技术要点如下：
● 样条线创建物体轮廓。
● 模型在不细分情况下边缘光滑棱角的表现方法。
● 样条线之间的布尔运算。

■ 制作步骤

（1）单击 ⚙（创建）| 🔲（图形）| ▭ 线 ▭ 按钮，在视图中创建如图 7-119 所示的

样条线，单击▶◀按钮镜像复制出另一半，单击 附加 按钮拾取复制的样条线将其附加为一个整体，框选对称中心位置的点单击 焊接 按钮将两点焊接起来，如图 7-120 所示。

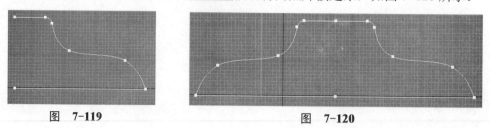

图 7-119　　　　　　　　　　　图 7-120

在底座剖面曲线的上方位置创建一个矩形框，设置高度为 130cm，宽度为 10cm，选择底座剖面样条线，单击 附加 按钮拾取矩形将两者附加在一起，注意矩形和底座样条线之间要有重合，如图 7-121 所示。按快捷键 3 进入样条线级别，选择底部样条线，单击◎选择并集模式，然后单击 布尔 按钮拾取矩形完成布尔运算，运算之后效果如图 7-122 所示。

选择顶部两个直角点，单击 圆角 工具在点上单击并拖动鼠标只将点处理为圆角，如图 7-123 所示。在修改器下拉列表中添加"挤出"修改器，设置挤出高度后效果如图 7-124 所示。

右击，在弹出的快捷菜单中选择"转换为"｜"转换为可编辑多边形"命令，将模型转换为可编辑的多边形物体。选择两侧边缘所有线如图 7-125 所示。单击 切角 "切角"按钮后面的▢图标，在弹出的"切角"快捷参数面板中设置切角值如图 7-126 所示，单击"+"再次设置切角值第二次连续切角，效果如图 7-127 所示。

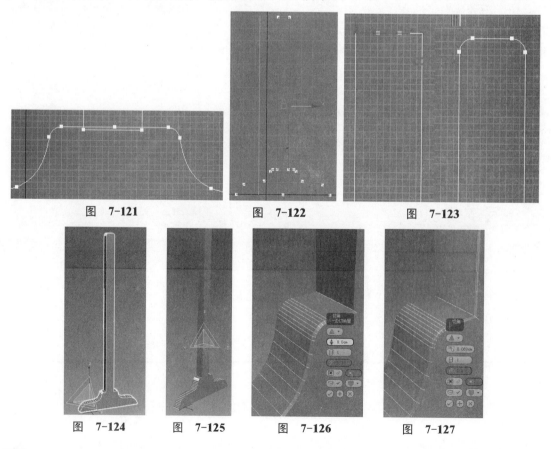

图　7-121　　　　　图　7-122　　　　　图　7-123

图　7-124　　图　7-125　　图　7-126　　图　7-127

按 F4 键取消线框显示后的效果如图 7-128 所示。从图上可以观察到，模型在没有多边形细分光滑的情况下通过边缘线的连续切角也能制作出光滑的棱角效果。

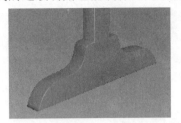

图　7-128

（2）将该物体沿着 X 轴方向向右复制调整，如图 7-129 所示，在两模型中间位置创建一个圆柱体模型调整半径值后复制调整，如图 7-130 所示。

（3）创建一个长为 5cm、宽度为 65cm、高度为 1.3cm，圆角为 0.3cm 左右的切角长方体模型，如图 7-131 所示。将该物体转化为可编辑多边形物体后向下复制调整，然后将顶端的物体加线调整形状至图 7-132 所示。选择复制的物体模型沿着 X 轴复制到右侧如图 7-133 所示。

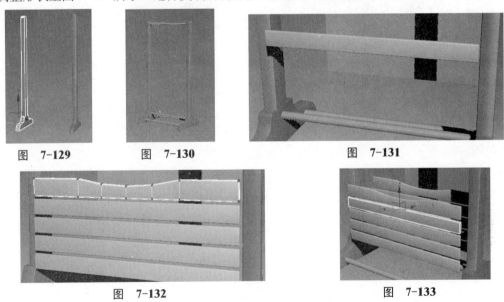

图 7-129　　　图 7-130　　　　图　7-131

图　7-132　　　　　　　　　图　7-133

选择其中一个切角长方体模型，旋转 90°复制，然后调整大小制作出左右两侧的挡板，同样的方法制作出底部挡板模型，如图 7-134 所示。最后在模型的内部创建一个圆柱体如图 7-135 所示。

图　7-134　　　　　　　　图　7-135

（4）选择所有书栏模型，沿着 Z 轴向上复制调整如图 7-136 所示，当切换到旋转工具旋转时会出现图 7-137 所示效果，这是因为当前使用的坐标中心为选择物体中心方式。

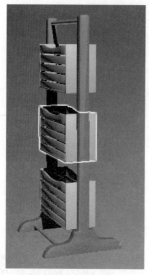

图　7-136

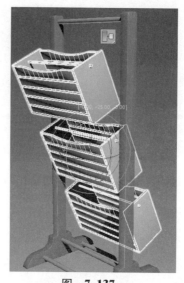

图　7-137

该效果不是所需要效果，按快捷键 Ctrl+Z 撤销操作，此时需要调整物体的公共坐标为自身坐标值，长按工具栏上的 按钮选择 使用自身轴中心模式，再次旋转调整角度如图 7-138 所示。但是这里还有一个问题，虽然调整了自身的坐标中心，但是自身坐标中心的位置不是我们希望的位置，如何来调整呢？单击 （层次）面板下的 仅影响轴 按钮，在视图中移动物体的轴心位置如图 7-139 所示。

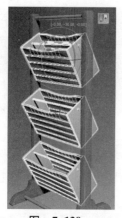

图　7-138

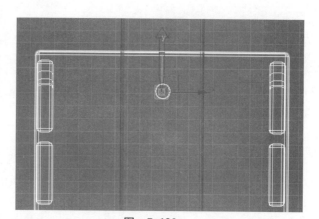

图　7-139

调整好轴心后再次单击 仅影响轴 按钮退出轴心点的调整，再次旋转物体时就会以新的轴心点位置旋转，如图 7-140 所示。

（5）单击软件左上角图标，依次选择“导入”|“合并”命令，找到前面实例中制作的书柜模型全部合并进来，只保留文件夹和书本模型，删除其余模型。分别调整文件夹和书本的大小和位置放置在杂志栏中，效果如图 7-141 和图 7-142 所示。最终的白模渲染效果如图 7-143 所示。

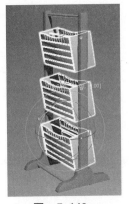

图 7-140

图 7-141

图 7-142

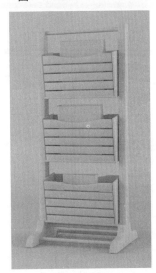

图 7-143

↘ **本实例小结**：本实例模型非常简单，重点掌握模型在不细分的情况下，物体边缘光滑棱角的表现方法，同时还要掌握模型轴心点的调整方法。

实例 05　休闲椅的制作

　　多样灵活的造型是休闲椅夺人眼球的重要招数，它通过不同的造型，锁合不同的客厅风格，起到画龙点睛的装饰效果。造型独特的休闲椅特别适合摆放于阳台等位置，不但能充分利用空间，而且别致的造型总能成为家装空间跳跃的音符。

　　目前市场上休闲椅材质多样，比较普遍的是藤制、实木、皮质和布艺等。藤制休闲椅透气性强、手感舒适，营造清凉感觉；实木能给人稳重安全感，皮质则高贵大气。

■ 设计思路

　　根据休闲椅的个性以及随意性，本实例制作的休闲椅分为两部分，一部分为座椅带靠垫，另一部分为单独的座椅。两者配合起来，人们在向后倾斜休息的同时可将脚放置于独立的座椅部分，放松身体，享受美好的时光。

技术要点

本实例休闲椅从实用性和舒适性相结合，表现出休闲椅的高端大气效果。本节主要用到的技术要点如下：

- 交叉样条线的创建修改方法。
- 挤出修改器使用方法。
- 物体与物体的桥接面调整。
- 阵列工具的使用。
- 噪波修改器使用。
- 表面纹理处理方法。
- 多边形物体下样条线的分离操作。
- FFD 修改器的使用方法。

制作步骤

1. 独底座椅模型制作

（1）在视图中创建一个如图 7-144 的样条线，然后单击 镜像 镜像按钮镜像复制调整出一个 X 形状的样条线。单击 附加 按钮将两个样条线附加起来，选择所有点用 圆角 工具将点处理为圆角，如图 7-145 所示。

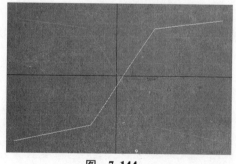

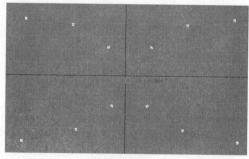

图　7-144　　　　　　　　　　　　　图　7-145

按快捷键 3 进入样条线级别，单击 轮廓 按钮款选所有样条线并拖动鼠标挤出轮廓，如图 7-146 所示。右击，在弹出的右键菜单中选择"细化"，分别在样条线交叉的地方单击加点，如图 7-147 所示。

删除交叉内部的线段，如图 7-148 所示。分别选择相邻的两点，用"焊接"工具将其焊接起来，如图 7-149 所示。用 圆角 命令将点处理为圆角如图 7-150 所示。

用圆角工具同样将两侧顶端的点也做圆角处理，整体调整样条线形状至图 7-151 所示，在修改器下拉列表中添加"挤出"修改器，设置挤出数量值设置为 2cm，效果如图 7-152 所示。

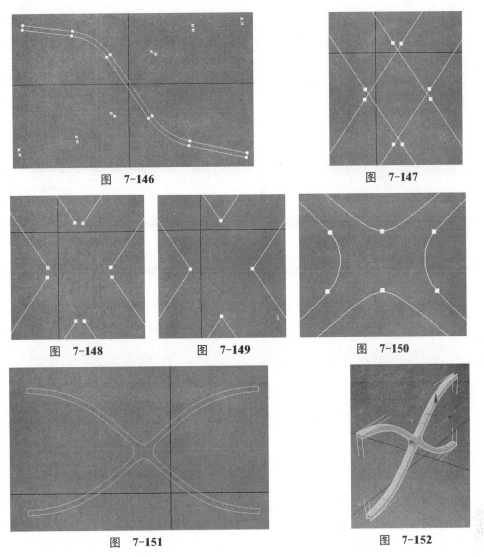

图　7-146　　　　　　　　　　　　图　7-147

图　7-148　　　　　图　7-149　　　　　图　7-150

图　7-151　　　　　　　　　　　　图　7-152

　　按住 Shift 键移动向右复制，将复制的模型转化为可编辑多边形物体，选择边缘的线段，
单击 切角 按钮后面的 ▢ 图标，在弹出的"切角"快捷参数面板中设置切角的值，如图 7-153
所示。然后选择圆角位置部分线段按快捷键 Ctrl+Backspace 移除部分线段如图 7-154 所示。
用同样的方法将其他部位的线段也做移除调整。

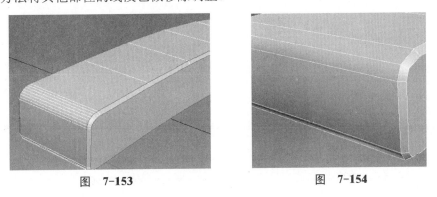

图　7-153　　　　　　　　　　　　图　7-154

单击 附加 按钮拾取原模型将两个模型附加起来，分别在顶端如图 7-155 中的位置加线，其他三个角的位置也做同样的加线处理，然后分别选择图 7-156 中的位置面，单击 桥 按钮使其中间部分自动生成面处理，如图 7-157 所示。

（2）在图 7-158 中的位置创建一个长方体模型并转化为可编辑多边形物体，适当向上移动调整好位置，在一端的位置加线，选择面挤出调整至图 7-159 所示形状，然后再次在对应面的位置加线后选择上下两个面，单击"桥"按钮桥接出中间的面，如图 7-160 所示。

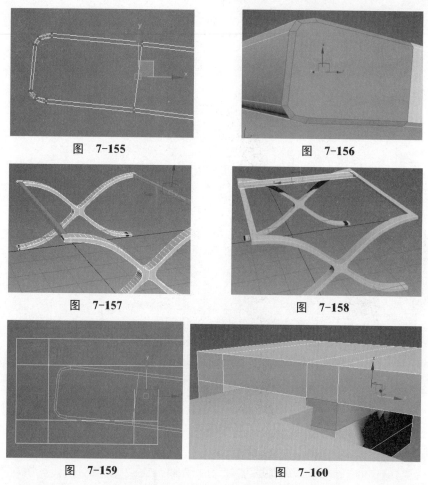

图 7-155

图 7-156

图 7-157

图 7-158

图 7-159

图 7-160

分别在边缘拐角位置加线如图 7-161，内侧边缘位置加线如图 7-162 所示。

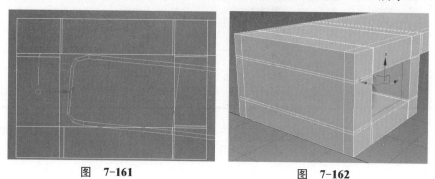

图 7-161

图 7-162

按快捷键 Ctrl+Q 细分该模型，效果如图 7-163 所示。调整好一侧的模型后，删除另一半模型，然后添加"对称"修改器直接对称调整出另一半模型，效果如图 7-164 所示。

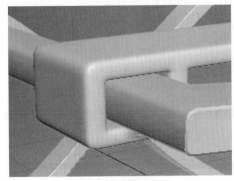

图　7-163

图　7-164

单击工具菜单选择阵列工具，调整位移距离和要复制的数量值后预览，在预览的过程中可以细致调整距离和数量直至达到满意的效果，阵列复制效果如图 7-165 所示。整体效果如图 7-166 所示。

图　7-165

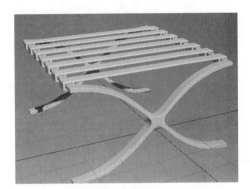

图　7-166

（3）在顶端位置创建一个大小一致的长方体模型并加线调整如图 7-167 所示。为了表现出坐垫模型的凹凸变化效果，需要再次加线然后选择图 7-168 中的点沿着 Z 轴向上移动调整，如图 7-169 所示。

图　7-167

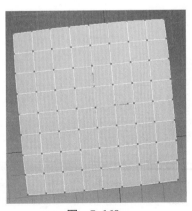

图　7-168

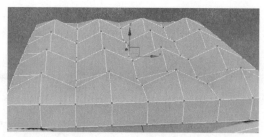

图 7-169

删除模型一半的面，然后选择图 7-170 中的线段切角处理，再次对模型进行加线处理如图 7-171 所示，然后选择图 7-172 中的点适当沿着 Z 轴向上调整。这样调整的目的是为了尽量使凹凸效果过渡的自然。

图　7-170

图　7-171

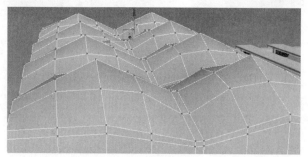

图　7-172

调整好之后在修改器下拉列表中添加对称修改器对称出另一半模型，将该模型塌陷为多边形物体，选择对称中心位置线段切角设置，如图 7-173 所示。按快捷键 Ctrl+Q 细分该模型，效果如图 7-174 所示。

图　7-173

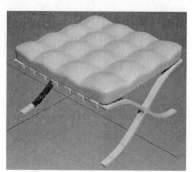

图　7-174

选择边缘一周的线段用缩放工具适当沿着 Z 轴缩放，使其尽量缩放至水平但不要绝对的水平，适当有一定的凹凸效果即可，如图 7-175 所示。同样的方法将下方的一周线段也做缩放处理然后向上移动调整，如图 7-176 所示。

图　7-175

图　7-176

选择图 7-177 中一周的面，按住 Ctrl 键加选图 7-178 中的面（在选择时可以打开石墨建模工具下的"步模式"快速选择）。

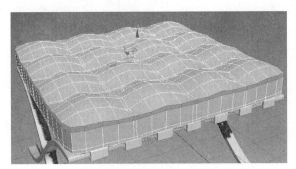
图　7-177

图　7-178

单击 倒角 按钮后面的□图标，在弹出的"倒角"快捷参数面板中设置倒角参数，将面以局部法线的方向挤出调整，如图 7-179 所示，按快捷键 Ctrl+Q 细分该模型，效果如图 7-180所示。

图　7-179

图　7-180

模型在细分后，十字交叉的部分圆角过大，所以要在十字交叉的位置加线约束调整。选择所有十字交叉位置的线段比如图 7-181 中的线段，单击 切角 按钮后面的□图标，在弹出的"切角"快捷参数面板中设置切角的值，如图 7-182 所示。

再次细分后模型效果如图 7-183 所示。虽然圆角形状得到了控制约束，但是效果感觉还不是很完美。

图 7-181

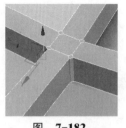
图 7-182

图 7-183

（4）因为此处操作步骤太多，通过撤销命令已经回不到之前的形状，所以这里只有重新调整到没有倒角之前的形状，删除模型四分之三的面和倒角挤出的面，只保留四分之一模型，如图 7-184 所示。用点的"目标焊接"工具将多余的点焊接调整之后，选择对应的线段用"桥"命令连接出面调整如图 7-185 所示。修改完成后添加"对称"修改器分别对称出剩余的模型，然后选择如图 7-186 中的线段。

单击 利用所选内容创建图形 按钮将选择的线段分离出来，在弹出的分离面板中选择平滑选项确定，如图 7-187 所示。选择分离出的样条线重新调整，设置厚度为 0.6cm，边数为 10，效果如图 7-188 所示。

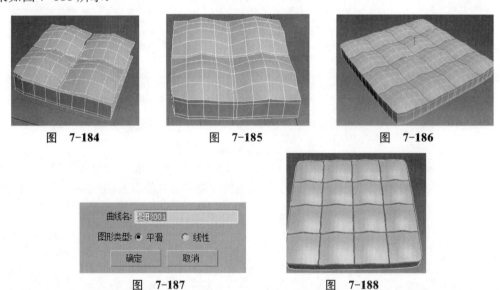
图 7-184　　　　　　　图 7-185　　　　　　　图 7-186

图 7-187　　　　　　　图 7-188

创建一个长方体模型，分别加线如图 7-189，将四角的点向内缩放收缩调整如图 7-190 所示。在高度上的位置加线后向外缩放调整如图 7-191 所示，将该模型细分后调整到坐垫的凹陷位置如图 7-192 所示。

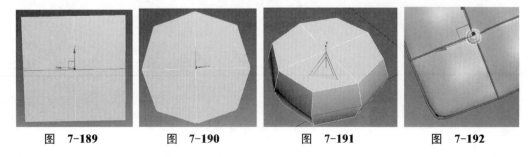
图 7-189　　　　　　图 7-190　　　　　　图 7-191　　　　　　图 7-192

将该物体分别复制调整到其他位置如图 7-193 所示。

图　7-193

（5）褶皱效果处理。选择坐垫模型，右击选择"剪切"工具在坐垫模型的表面上剪切加线调整如图 7-194 所示。同样的方法在相邻位置继续剪切加线细分后效果如图 7-195 所示。继续在物体表面加线和调整布线如图 7-196～图 7-198 所示。因为这里加线调整很复杂，不能将所有步骤全部讲解，具体过程可以参考本实例视频。

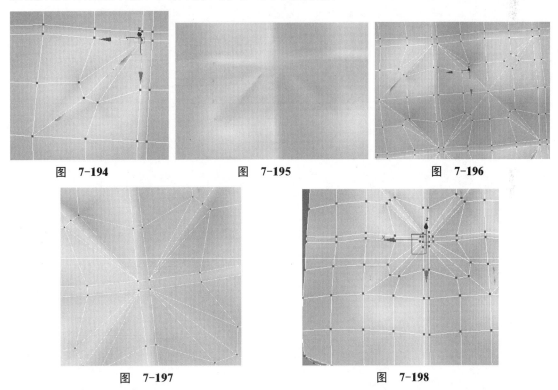

图　7-194　　　　　　图　7-195　　　　　　图　7-196

图　7-197　　　　　　　　　　图　7-198

调整好一角的布线效果如图 7-199 所示。删除模型其他四分之三的面，如图 7-200 所示。

选择边缘的线段用缩放工具缩放调整使其调整在一个面片上，按住 Shift 键分别挤出面调整，如图 7-201 所示。在修改器下拉列表中添加"对称"修改器对称出另一半如图 7-202 所示。

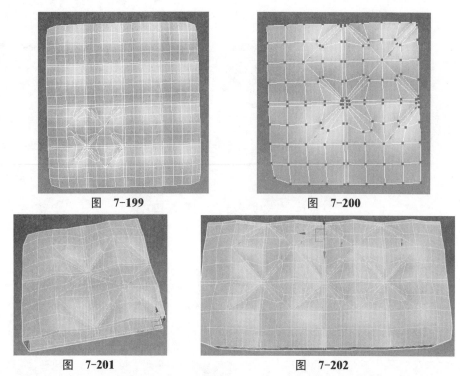

图 7-199　　　　　　　　　　　图 7-200

图 7-201　　　　　　　　　　　图 7-202

单击参数面板下的 ▢ 松弛 ▢ 按钮调整笔刷大小和强度在模型的表面雕刻平滑处理,然后再次对称出另一半模型如图 7-203 所示。将纽扣模型显示出来后的效果如图 7-204 所示。

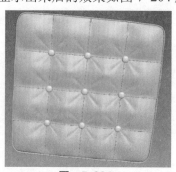

图 7-203　　　　　　　　　　　图 7-204

2. 另外一部分模型的制作

(1)创建一个如图 7-205 所示的样条线,在修改器下拉列表中添加"挤出"修改器后将模型塌陷为多边形物体,选择边缘的线段切角,如图 7-206 所示。

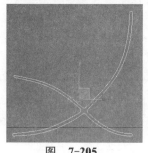

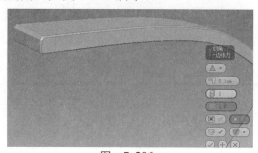

图 7-205　　　　　　　　　　　图 7-206

分别在图 7-207～图 7-209 中的位置加线连接。

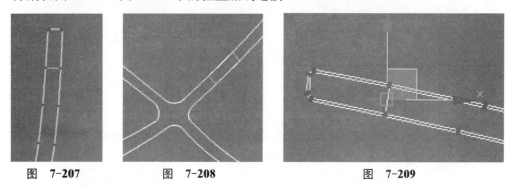

图 7-207　　　　　图 7-208　　　　　图 7-209

（2）选择对应的面单击"桥"命令连接出中间的面，如图 7-210 所示。然后将前面制作的固定杆模型复制调整如图 7-211 所示。

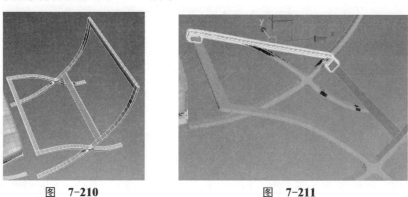

图 7-210　　　　　　　图 7-211

将该物体复制到靠背位置，加线调整弧度，如图 7-212 所示。选择复制调整的两个固定杆模型，用"阵列"工具调整出剩余部分如图 7-213 所示。

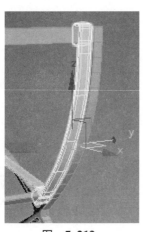 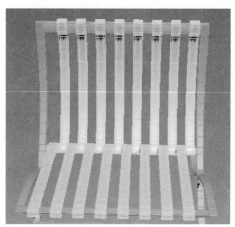

图 7-212　　　　　　　图 7-213

（3）将前面制作的坐垫模型复制，如图 7-214 和图 7-215 所示。

用缩放工具缩放调整模型宽度，缩放调整后类似纽扣的物体会出现拉长现象如图 7-216 所示。选择纽扣模型，用缩放工具调整过来即可，如图 7-217 所示。

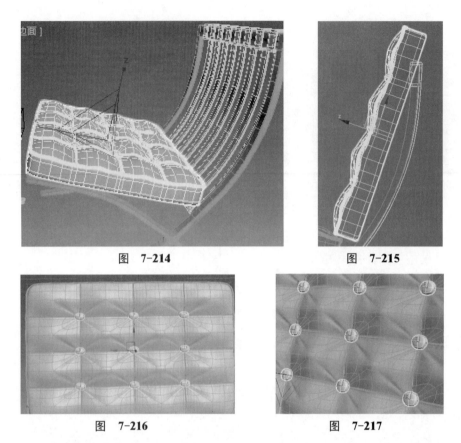

图 7-214   图 7-215

图 7-216   图 7-217

（4）选择靠垫模型，在修改器下拉列表中添加"FFD3×3×3"修改器，因为物体有细分级别，所以在添加修改器后会将细分后级别后的布线全部显示出来，模型看上去布线非常密集，如图 7-218 所示。单击 FFD 修改器前的"+"展开子级别，选择"控制点"级别，在视图中选择控制点移动调整模型形状，如图 7-219 所示。

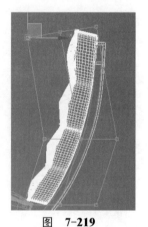

图 7-218   图 7-219

调整后的整体效果如图 7-220 所示。

按快捷键 M 打开材质编辑器，在左侧材质类型中单击标准材质并拖拉到右侧材质视图区域，选择场景中所有物体，单击 按钮将标准材质赋予所选择物体。最终的白模渲染效果如

图 7-221 所示。

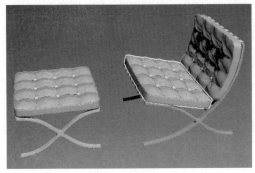

图 7-220   图 7-221

↘ **本实例小结**: 本实例中的难点在于坐垫模型上的皱褶纹理处理, 用的方法就是基于剪切工具加线然后调整布线的方法。虽然说起来容易, 但是在制作过程中会遇到种种问题, 只有真正动手去做时才会发现问题和想法去解决问题, 这也是快速提高建模水平的基本方法。

实例 06 八仙桌模型的制作

八仙桌是我国古代的一种家具, 用于吃饭饮酒, 是每边可坐二人的大方桌, 可以围坐八个人, 故名八仙桌。

明代时期, 八仙桌的造型已基本完善, 分为有束腰与无束腰两种形式。有束腰的工艺是在桌面下部有一圈是收缩进去的, 而无束腰的即四腿直接连着桌面。至清代时, 八仙桌大部分改成带束腰的, 腿有的也改成了三弯腿, 牙板加了很多如拐子龙、浮雕吉祥图案等装饰性的部件, 美观性强, 做工精巧。

设计思路

八仙桌边长一般在一米左右, 高度在 80~90cm。既然是八仙桌就要有明清时期的风格, 所以重点还是突出表现它的纹理和复古气息。

技术要点

本实例本节主要用到的技术要点如下:
● 桌腿一角的多边形制作处理方法。
● 侧面纹路模型的快速制作方法。

制作步骤

本实例在制作时先制作桌面, 然后是桌腿一角, 最后镜像调整出剩余桌腿, 最后重点处理桌面底部的雕花效果。

1. 桌面模型制作

（1）在视图中创建一个 100cm×100cm×5cm 的长方体模型，右击，在弹出的快捷菜单中选择"转换为"｜"转换为可编辑多边形"命令，将模型转换为可编辑的多边形物体。按快捷键 4 进入面级别选择底部面单击"倒角"命令向下挤出面调整，如图 7-222 所示。

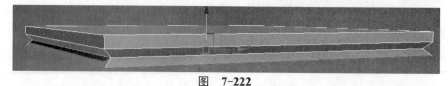

图 7-222

（2）分别在模型四边的边缘位置加线，然后选择顶部中间的面倒角挤出设置如图 7-223 和图 7-224 所示。

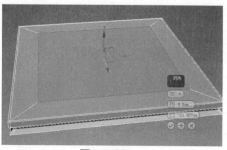

图 7-223

图 7-224

选择倒角位置的环形边，单击"切角"工具切角处理如图 7-225 所示，然后选择图 7-226 中的线段切角处理。

图 7-225

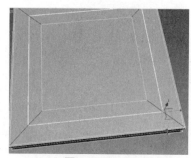

图 7-226

再次加线调整如图 7-227～图 7-229 所示。细分后效果如图 7-230 所示。

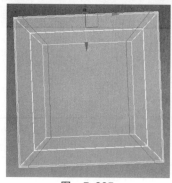

图 7-227

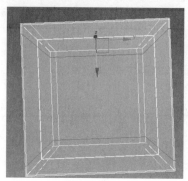

图 7-228

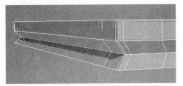

图 7-229

图 7-230

2．腿部模型制作

（1）在桌面底部位置创建长方体模型并转化为可编辑多边形物体后，加线调整如图 7-231 所示。选择右侧的面删除，如图 7-232 所示。

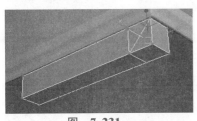

图 7-231

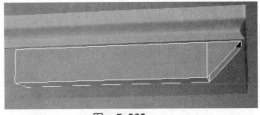

图 7-232

选择边界线按住 Shift 键向下挤出面调整至图 7-233 所示，然后再次加线调整布线如图 7-234 所示。

图 7-233

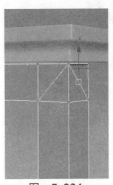

图 7-234

（2）在图 7-235 中的位置加线，然后选择加线位置的环形面，如图 7-236 和图 7-237 所示。单击 倒角 按钮后面的口图标，在弹出的"倒角"快捷参数面板中设置倒角参数，将面以"局部法线"模式向内倒角挤出，如图 7-238 所示。

图 7-235

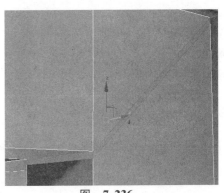

图 7-236

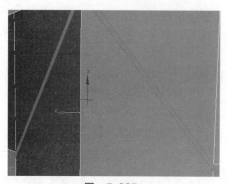

图 7-237

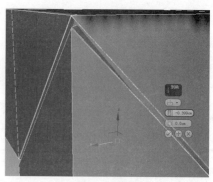

图 7-238

删除两端的面，选择顶部所有面挤出，如图 7-239 所示。细分后效果如图 7-240 所示。

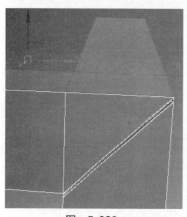

图 7-239

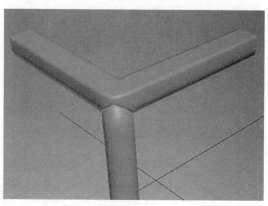

图 7-240

单击 切片平面 按钮，调整切片平面的位置然后单击"切片"按钮完成切线加线效果，如图 7-241 所示。同样的方法分别在腿部模型边缘位置切线如图 7-242 所示。

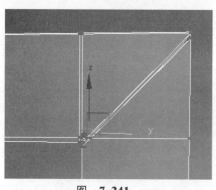

图 7-241

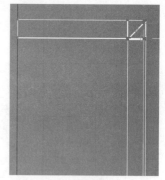

图 7-242

在桌腿底部边缘位置分别加线处理如图 7-243，然后选择腿部内侧的线段切角如图 7-244 所示。

按快捷键 Ctrl+Q 细分该模型，效果如图 7-245 所示。在修改器下拉列表下添加"对称"修改器，对称出另一半后再次添加"对称"修改器对称出另外一半模型，如图 7-246 和图 7-247 所示。

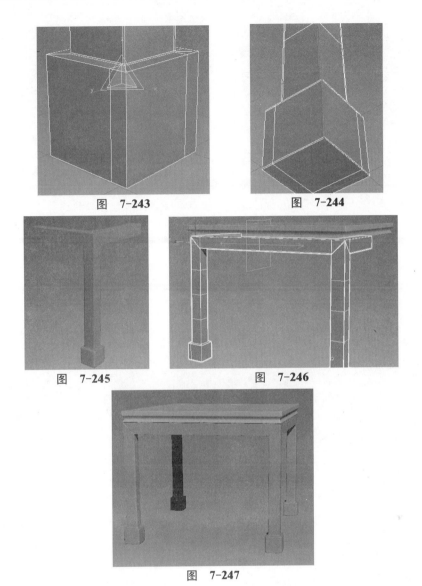

图　7-243　　　　　　　　　　图　7-244

图　7-245　　　　　　　　　　图　7-246

图　7-247

（3）在视图中创建一个长方体模型并将其转化为可编辑多边形物体，分别不同的面配合"倒角"或者"挤出"工具挤出面调整所需形状，也可以删除面后选择边界线按住 Shift 键移动边界挤出面调整。不管用哪种方法原理都相同。面的调整过程如图 7-248 至图 7-251 所示。

图　7-248

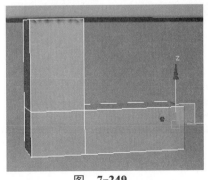

图　7-249

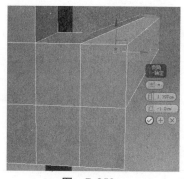

图 7-250

图 7-251

在修改器下拉列表中添加"对称"修改器,如图 7-252 所示。右击,在弹出的快捷菜单中选择"转换为"｜"转换为可编辑多边形"命令,将模型转换为可编辑的多边形物体。继续选择面倒角挤出制作所需形状,如图 7-253 所示,在制作时可以选择部分面按住 Shift 键移动复制出部分面如图 7-254 所示。然后利用面的倒角挤出工具以及"桥"工具制作出如图 7-255 所示形状。

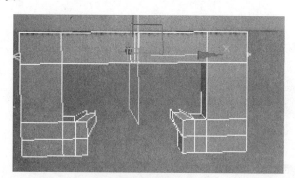

图 7-252

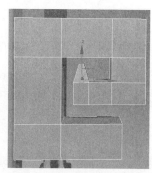

图 7-253

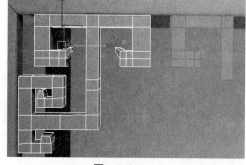

图 7-254

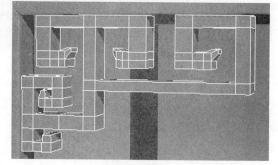

图 7-255

制作出整体形状之后,分别在拐角位置加线处理如图 7-256 所示。加线后细分效果如图 7-257 所示。然后单击 按钮镜像复制出另一半模型,整体调整比例和形状如图 7-258 所示。

将制作好的一侧雕花模型复制到其他三面位置,整体效果如图 7-259 所示。

按快捷键 M 打开材质编辑器,在左侧材质类型中单击标准材质并拖拉到右侧材质视图区域,选择场景中所有物体,单击 按钮将标准材质赋予所选择物体,最终的白模渲染效果如图 7-260 所示。

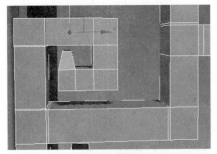

图 7-256

图 7-257

图 7-258

图 7-259

图 7-260

➥ **本实例小结**：本实例的复杂之处在于桌腿模型角落斜向方向凹陷纹理的加线布线调整以及底部雕花模型的制作。其实雕花模型也可以采用创建样条线然后添加"挤出"修改器生成三维模型的方法，该方法对于创建的样条线形状和比例有一定的要求。无论哪种方法只要达到所需效果节省时间即可。

实例07 太师椅模型的制作

由于太师椅并不是按照外形特征或功能特征来命名的家具，于是其椅形的发展变化更多的受到旧时社会礼制、习俗文化的影响。"太师"是官名，是尊贵、高雅的象征，在同时代的椅类家具中，能被尊称为"太师椅"的，一定是椅类家具中的翘楚，也象征着坐在太师椅的人的地位尊贵、受人敬仰。

■ 设计思路

太师椅最能体现清代家具的造型特点，体态宽大，靠背与扶手连成一片，形成一个三扇、五扇或者是多扇的围屏。

太师椅在设计时需庄重严谨，以便突出主人的地位和身份。

■ 技术要点

本实例太师椅中的制作可以直接利用八仙桌的部分模型进行调整，同时主要命令还是多边形建模方法，所以多边形建模功能十分强大，任何复杂的物体都可以用长方体模型修改出来。当然本实例中的技术要点也主要是多边形建模下的常用命令，难点在于太师椅靠背模型位置的调整。

■ 制作步骤

（1）打开上一实例中制作的八仙桌模型，选择底部腿部模型复制后进入点级别，调整腿部模型的大小和比例如图 7-261 所示。然后分别在腿部模型高度方向的位置上加线调整如图 7-262 所示。

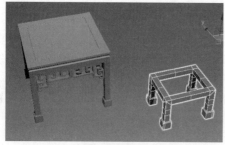
图 7-261

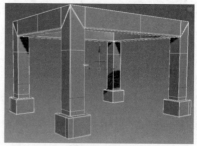
图 7-262

选择前后不同腿部模型上相对应的面，单击 桥 按钮中间自动生成连接面，如图 7-263 所示。需要注意的一点是：如果用"桥"命令连接出的面的部分线段有扭曲，可以先将对应的面删除，然后选择边界线移动挤出面调整，再用"点的目标焊接"工具将对应的点焊接起来即可。同样的方法桥接出另外一侧的面，如图 7-264 所示。

图 7-263

图 7-264

在模型顶部线段上加线如图 7-265 所示。选择面单击"倒角"工具向下挤出倒角面调整，如图 7-266 所示。

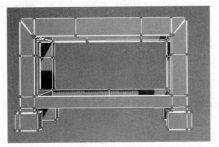

图 7-265

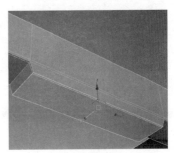

图 7-266

分别在边缘位置加线如图 7-267 和图 7-268 所示。

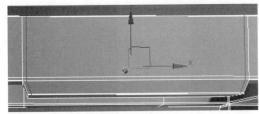

图 7-267

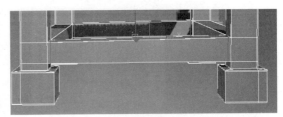

图 7-268

按快捷键 Ctrl+Q 细分该模型，效果如图 7-269 所示。选择八仙桌的桌面物体复制调整比例和大小，制作出椅子的坐面部分，如图 7-270 所示。

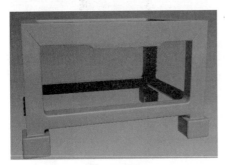

图 7-269

图 7-270

（2）在椅子的靠背位置创建一个长方体模型并右击，在弹出的快捷菜单中选择"转换为"｜"转换为可编辑多边形"命令，将模型转换为可编辑的多边形物体。按快捷键 2 进入线段级别，分别在模型上加线和切线处理如图 7-271 和图 7-272 所示。

在对称中心位置加线，选择一半的点删除。调整形状后单击 按钮关联复制出另一半，如图 7-273 所示。选择中间的面，单击 倒角 按钮后面的 图标，在弹出的"倒角"快捷参数面板中设置倒角参数，先将面向内挤出然后再向外挤出如图 7-274 和图 7-275 所示。

在图 7-276 中的位置加线，然后将底部的面删除如图 7-277 所示。

同样的方法继续加线后删除底部面形状至图 7-278 所示。然后利用"桥"命令和"封口"命令将前后对应的线段之间连接出面，如图 7-279 所示。

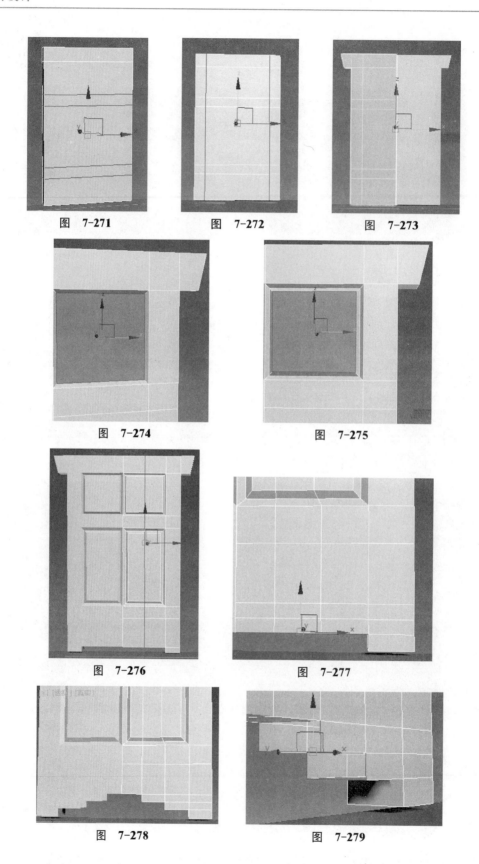

图 7-271   图 7-272   图 7-273

图 7-274   图 7-275

图 7-276   图 7-277

图 7-278   图 7-279

右击鼠标，在弹出的右键菜单中选择"剪切"工具手动加线调整模型布线，效果如图7-280所示。然后选择面向内倒角挤出调整至图7-281所示形状。

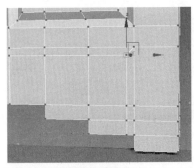
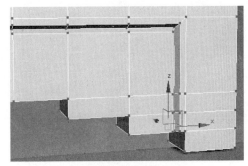

图 7-280   图 7-281

选择如图7-282中心位置的边界线段，用缩放工具沿着X轴方向多次缩放使其放在一个平面之内，效果如图7-283所示。

分别选择拐角位置如图7-284中的线段用"切角"工具切角设置，然后在模型前后的边缘位置加线，如图7-285所示。

在靠背模型的右上角位置加线调整大小如图7-286所示，然后将拐角位置线段切角处理如图7-287所示。

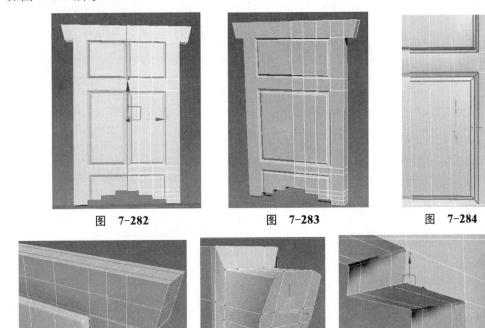

图 7-282   图 7-283   图 7-284

图 7-285   图 7-286   图 7-287

将图7-288中的斜线线段也做切角设置，细分后的效果如图7-289所示。

在修改器下拉列表下添加"对称"修改器对称复制出另外一半模型，然后将模型塌陷为多边形物体，再次细分后效果如图7-290所示。

（3）在靠背模型的一侧位置创建一个长方体模型并转化为可编辑多边形物体，删除一侧面，选择边界线按住 Shift 键移动挤出面并调整形状，调整过程如图 7-291～图 7-294 所示。

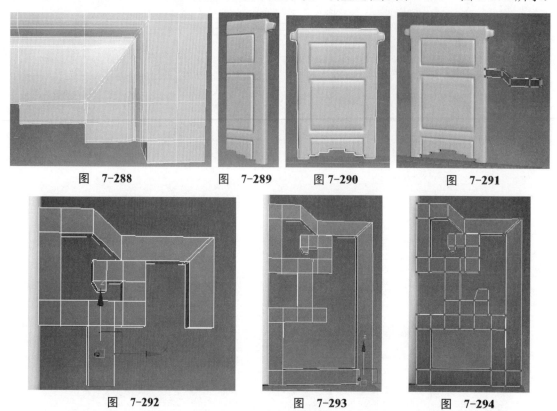

图 7-288　　　图 7-289　　　图 7-290　　　图 7-291

图 7-292　　　　图 7-293　　　　图 7-294

同样的方法制作出右侧边缘的形状如图 7-295 所示。分别在拐角位置以及前后左右模型的边缘位置加线，按快捷键 Ctrl+Q 细分该模型，效果如图 7-296 所示。

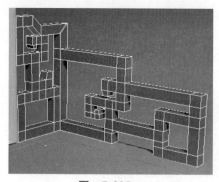

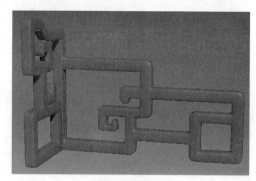

图 7-295　　　　　　　　　　图 7-296

将调整好的模型镜像复制调整到另一侧位置，效果如图 7-297 所示。

（4）选择所有椅子部分模型，复制调整到桌子另一侧，整体效果如图 7-298 所示。

按快捷键 M 打开材质编辑器，在左侧材质类型中单击标准材质并拖拉到右侧材质视图区域，选择场景中所有物体，单击 按钮将标准材质赋予所选物体，最终的白模渲染效果如图 7-299 所示。

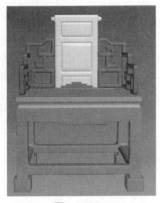

图　7-297

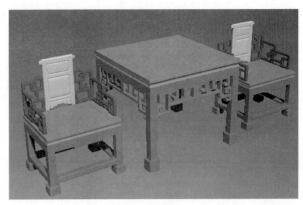

图　7-298

图　7-299

　　➥ **本实例小结：**本实例中没有用到太多新的知识点，主要还是多边形的编辑调整。但是从本实例中可以发现，一个简单的长方体物体通过对齐边界线、面的挤出倒角等工具可以制作出非常复杂的模型。所以，再复杂的模型只要静下心来，都可以用多边形的方式来完成。由此可见多边形建模的重要性和强大之处，所以，想学好建模工具，必须熟练掌握多边形建模下的各种工具命令和技巧。

办公家具设计

办公家具是为工作和社会活动中的办公者工作方便而配备的家具。办公家具在设计时既要遵循一般的设计原则，即实用、经济、美观性准则，但又要区别于其他类型（如建筑设计、视觉传达设计）的设计。因此办公家具设计的原则具有其特殊性，在设计时要按人体工程学的要求把握尺度、舒适性、宜人性设计，避免设计不当带来的疲劳、紧张、忧患、事故以及对人体的各种损害。

本章以大班台、办公椅、办公桌、会议桌、电脑桌、办公沙发为例逐一讲解办公家具的设计与制作方法。

实例 01 大班台的设计制作

大班台特指单人办公用的桌台家具。大班台首先就是尺寸非常大，所以需要占用的办公室空间也大，只有高级管理层才有机会使用。大班台还具有高档次的特点，造价昂贵，彰显的是办公家具使用者的社会地位和生活品质。大班台普遍采用实木或者原木材质来制作，同时板式的大班台也具有板式办公家具的特点。

设计思路

因为大班台尺寸比较大，所占据的空间也比较多。在设计时尽量设计为多个部分进行组合，这样便于拆装和组合。

技术要点

本实例中的大班台制作主要用到的技术要点如下：
- 样条线之间的创建。
- "挤出"修改器的使用方法。
- "弯曲"修改器的使用方法。
- "倒角剖面"修改器的使用方法。

制作步骤

1. 大班台台面的制作

（1）单击 （创建）| （图形）| 线 按钮，在视图中创建如图 8-1 所示的样条线。

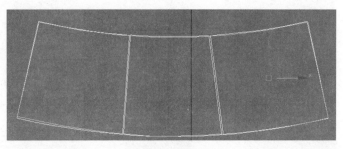

图 8-1

该样条线创建方法如下。单击 ⚙（创建）｜ 🔲（图形）｜ 矩形 按钮，在视图中创建一个长、宽为 110cm、360cm 左右的长方形，添加"弯曲"修改器，设置弯曲角度和方向。右击，在弹出的快捷菜单中选择"转换为"｜"转换为可编辑样条线"命令，将矩形转换为可编辑的样条线，选择长度上的两条线段，单击 拆分 2 按钮在线段中间添加 2 个点，将线段平均拆分成 3 份，如图 8-2 所示。右击，在弹出的右键快捷菜单中选择"细化"命令，分别在添加的点旁边单击再次添加点如图 8-3 所示。

图 8-2

图 8-3

删除两点之间的线段如图 8-4 所示。单击 创建线 按钮，按快捷键 S 打开捕捉开关，分别在图 8-5 中的两点之间捕捉创建线段。用同样的方法在其他位置也创建出线段后，将所有样条线附加起来，用"焊接"工具将点焊接起来即可。

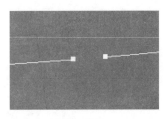

图 8-4

图 8-5

（2）创建好大班台的平面曲线之后，接下来创建侧面剖面曲线。首先创建一个长方体，如图 8-6 所示。右击，在弹出的快捷菜单中选择"转换为"｜"转换为可编辑样条线"命令，将矩形转换为可编辑的样条线，选择左侧的线段设置拆分后的数值为 1，然后单击"拆分"按钮在线段中间位置添加点，然后选择左侧上下的角点，单击"圆角"按钮在点上单击并拖动鼠标将角点设置为圆角，如图 8-7 所示。在点级别下调整点手柄使曲线更加平滑，然后删除右侧的线段如图 8-8 所示。

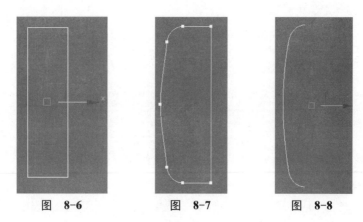

图 8-6　　　　　　图 8-7　　　　　　图 8-8

底座平面线段创建：首先创建一个如图 8-9 所示的样条线。按快捷键 3 进入样条线级别，单击"轮廓"按钮在线段上单击并拖动鼠标挤出轮廓，如图 8-10 所示。

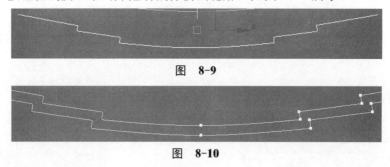

图　8-9

图　8-10

按快捷键 1 进入点级别，选择所有角点，用"圆角"命令将角点处理为圆角点如图 8-11 所示。调整好后的效果如图 8-12 所示。

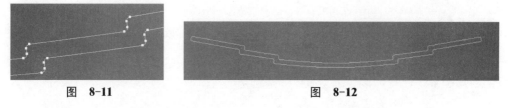

图　8-11　　　　　　　　　　　图　8-12

（3）在视图中创建一个高为 2cm、宽为 1cm 的矩形，设置圆角值为 0.25 左右如图 8-13 所示，将该圆角矩形转化为可编辑样条线之后，删除右侧所有线段，如图 8-14 所示。

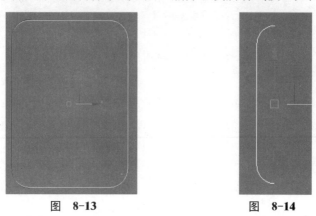

图　8-13　　　　　　　　图　8-14

选择图 8-1 中的线段，在修改器下拉列表中添加"倒角剖面修改器"，拾取图 8-8 中的线段，倒角剖面后的效果如图 8-15 所示。但是倒角剖面后的效果方向是反的，进入倒角剖面┈ 剖面 Gizmo子级别，框选选择侧面剖面线段后旋转 180°调整，调整后的效果如图 8-16 所示。

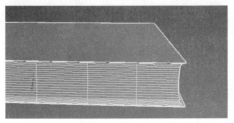

图 8-15   图 8-16

（4）将图 8-12 中的样条线向下复制调整，进入点级别在顶视图中调整点的位置使样条线整体向外缩放调整。在修改器下添加"挤出"修改器，如图 8-17 所示。

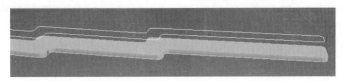

图 8-17

选择上方的样条线，同样添加"挤出"修改器，设置挤出高度为 70cm，如图 8-18 所示。在大班台的一侧创建一个长方体，调整大小后复制调整到右侧位置如图 8-19 所示。

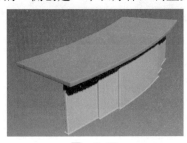
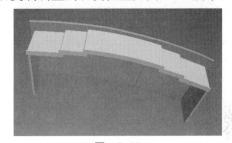

图 8-18   图 8-19

（5）选择大班台台面模型，右击，在弹出的快捷菜单中选择"转换为"｜"转换为可编辑多边形"命令，将模型转换为可编辑的多边形物体。在点级别下选择前后的点按快捷键 Ctrl+Shift+E 在点与点之间连接出线段，如图 8-20 所示。然后在线段之间再次加线如图 8-21 所示。

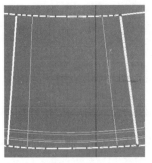
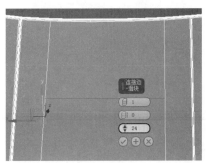

图 8-20   图 8-21

选择图 8-22 中的面，单击"分离"按钮将选择的面分离出来。

通过点与点的连接、加线等操作调整模型布线如图 8-23 所示。然后选择图 8-24 中的面，用"挤出"工具将面向下挤出调整如图 8-25 所示。

选择挤出的底部面分离出来，再次将面向上挤出，为了便于区分给它换一种颜色如图 8-26 所示。

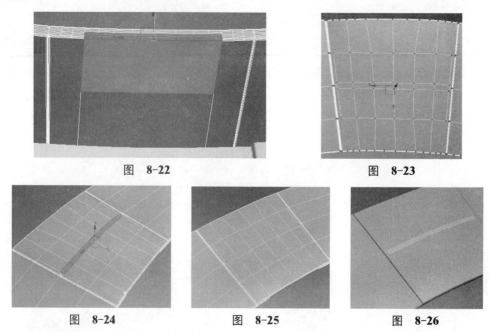

图 8-22　　　　　　　　　　　　　　　　图 8-23

图 8-24　　　　　　图 8-25　　　　　　图 8-26

2. 柜子模型制作

（1）在视图中创建一个长、宽、高为 134cm、58cm、2.2cm 的长方体模型，然后复制调整宽度和高度，如图 8-27 所示。将复制后的长方体转换为可编辑多边形物体，在高度中间位置添加加线，选择中间的线段向外移动调整，然后分别选择边缘位置和中间的环形线段单击"切角"按钮将线段切角如图 8-28 所示。

图 8-27　　　　　　　　　　　图 8-28

单击切角面板中的"+"按钮，再次调整切角值连续切角如图 8-29 和图 8-30 所示。

在连续切角时，尽量使切出的线段距离大小均等，通过该方法不需细分模型也能达到边缘自然的光滑过渡。

（2）在创建面板下的扩展基本体面板中单击"切角长方体"，创建一个切角长方体调整长宽高和圆角值，如图 8-31 所示。然后复制调整切角长方体制作出柜门和抽屉门模型，如

图 8-32 所示。

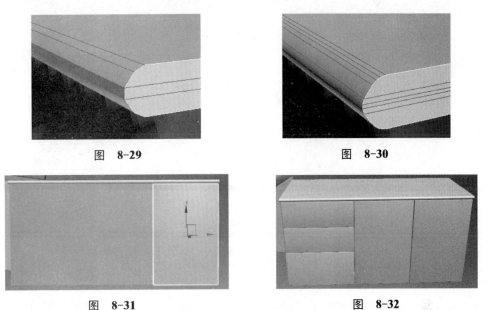

图 8-29　　　　　　　　　　　　　图 8-30

图　8-31　　　　　　　　　　　　　图　8-32

单击 ✴（创建）｜ ⊙（图形）｜▭ 线 ▭ 按钮，在视图中创建如图 8-33 所示的样条线，单击 ▨ 镜像按钮镜像出另一半然后将这两个线段附加在一起后，选择中心的点用"焊接"工具将点焊接起来，如图 8-34 所示。

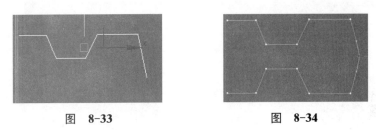

图　8-33　　　　　　　　　　　　　图　8-34

调整右侧点的手柄至其效果如图 8-35 所示。然后选择中间部分的点用"圆角"工具将点处理为圆角，如图 8-36 所示。

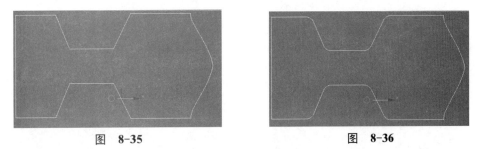

图　8-35　　　　　　　　　　　　　图　8-36

（3）在修改器下拉列表中添加"挤出"修改器，设置挤出高度为 12cm 制作出拉手模型，如图 8-37 所示。然后向下复制拉手模型效果如图 8-38 所示。

在桌子底部创建一个半径为 4.5cm，高度为 1.6cm，圆角为 0.3cm 左右的切角圆柱体如图 8-39，复制调整出桌子的底部支撑，如图 8-40 所示。

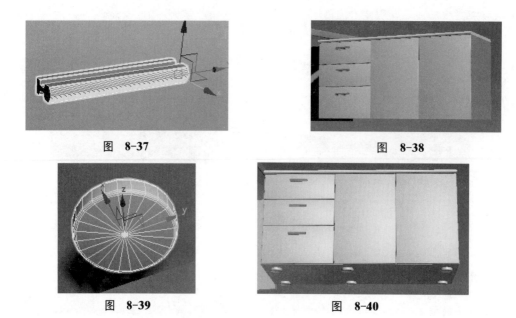

图 8-37

图 8-38

图 8-39

图 8-40

（4）选择所有桌子模型复制后，删除不需要的部分，然后调整桌面的长度制作出柜子模型，如图 8-41 所示。调整柜子位置和角度后大班台的效果如图 8-42 所示。

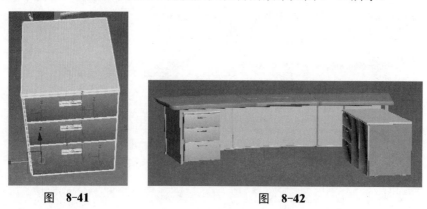

图 8-41

图 8-42

此时大班台模型制作完成，整体效果如图 8-43 所示。

按快捷键 M 打开材质编辑器，在左侧材质类型中单击标准材质并拖拉到右侧材质视图区域，选择场景中所有物体，单击 按钮将标准材质赋予所选择物体，最后的白模渲染效果如图 8-44 所示。

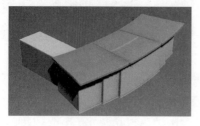

图 8-43

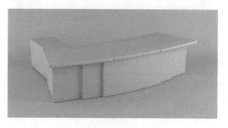

图 8-44

➔ **本实例小结**：本实例中用到的主要是创建好样条线和侧面剖面曲线，用"倒角剖面"方法制作出基本轮廓形状，然后再进一步细致调整。在创建样条线时如果不容易把握大小和比例，可以先创建一个矩形或长方体模型，设定好尺寸后作为参考并再次创建样条线。

实例 02　老板椅（办公椅）模型的制作

衡量一款老板椅是否合格的标准首先要坐得舒服，好的老板椅甚至还要腰和头靠得舒服，其功效就是为了老板们在思索和休息时舒服；其次，老板椅也是一种形象和身份的体现。市场上最常见的也最常用的就是皮质老板椅。多数老板椅都是采用 PU 皮、真皮制作而成，也有少量的老板椅采用牛皮等原料制作而成。

■ 设计思路

老板椅强调的是舒适性，强调腰部和头部的舒缓能力。因为老板椅是一种形象和身份的象征，老板椅的设计要点也在于表现皮质的真实效果。

■ 技术要点

本实例中的模型比较复杂，制作起来需要下一定的功夫，用到的知识点如下：
● 参考图的设置。
● Photoshop 中参考图的调整。
● 多边形编辑下皮质纹理的表现。
● 褶皱效果的表现制作方法。

■ 制作步骤

本实例中的模型先制作背部和底座的支撑物体，然后制作靠垫和坐垫，着重调整皮质的纹理褶皱效果，最后制作底座模型。

1. 支撑物制作

（1）为了更好、更快、更精准地制作老板椅模型，这里先设置两张参考图。这里给大家提供的参考图是 640mm×480mm 大小的图片，所以在视图中先创建一个 640mm×480mm 大小的面片物体。按快捷键 M 打开材质编辑器，在左侧材质类型中的漫反射前面的圆圈中单击拖放到左侧空白区域，在弹出的选项中依次选择标准|位图，选择提供给大家的 8-2L.jpg（侧视图）图片，单击 按钮将标准材质赋予面片物体，接着单击 按钮在赋予贴图的面片物体上显示图像。将该面片物体旋转 90°复制，同样的方法再次拖出一个标准的材质选择位图，选择 8-2F.jpg（前视图）图片，单击 按钮将标准材质赋予面片物体，如图 8-45 所示。

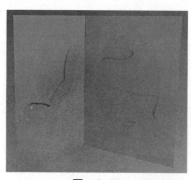

图 8-45

因为贴图文件使贴附于面片物体上的，在制作模型时很容易误选到面片物体造成不必要的麻烦，那么有没有办法在制作过程中让面片物体不被选择呢？可右击鼠标，在弹出的右键菜单中勾选"冻结当前选择"，这样面片物体就不会被选中进行移动、缩放、旋转操作了。但是这里又出现了一个新的问题，那就是物体在被冻结后会以灰色颜色显示，赋予的贴图看不到了。该如何解决呢？先暂时把冻结的物体取消冻结，取消冻结的方法也很简单，右击选择取消冻结即可。选择这两个面片物体，右击选择"对象属性"，在打开的对象属性面板中取消勾选 □ 以灰色显示冻结对象 后确定，再次右击选择"冻结当前选择"，这样面片物体既保持了冻结又能正常显示贴图文件，如图 8-46 所示。

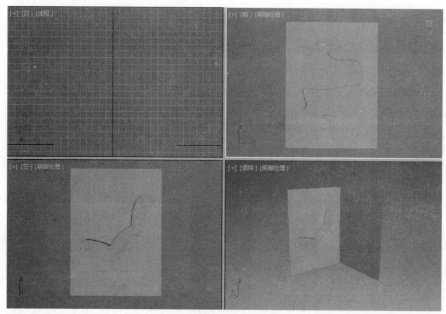

图 8-46

（2）在前视图中创建一个长方体模型并转化为可编辑多边形物体，按快捷键 Alt+X 透明化显示，对长方体模型进行加线调整处理如图 8-47 所示，单击⚏镜像按钮关联复制另一半，如图 8-48 所示。

在调整点的位置时不能只调整一个视图中的位置，要根据左视图和前视图中的参考图配合综合调整形状。但是在调整时又出现了一个问题：如图 8-49，前视图中模型的高低和参考图匹配，而在左视图中参考图图片要显得小一些。这是因为在制作参考图时两张图片的大小没有匹配好的原因。

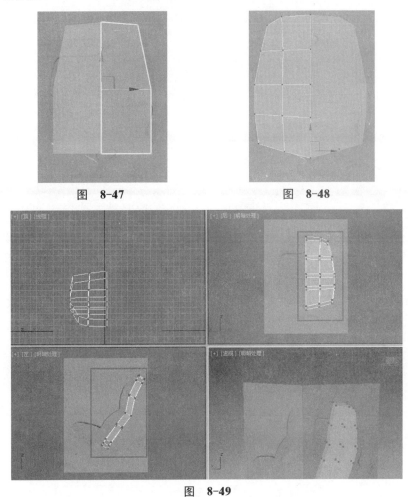

图　8-47　　　　　　　　　　　　图　8-48

图　8-49

（3）点击 Photoshop 软件，分别打开两张参考图文件，按快捷键 Ctrl+R 打开标尺，然后单击标尺向下拖拉，拉出参考线如图 8-50 和图 8-51 所示。

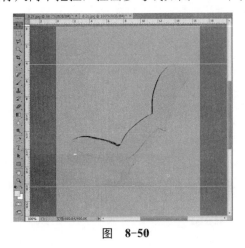

图　8-50

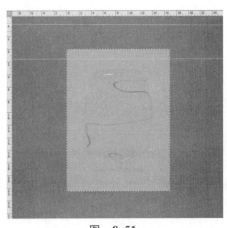

图　8-51

343

在前视图文件中用 Ctrl+A 全选，Ctrl+C 复制，回到打开的左视图图片中 Ctrl+V 粘贴进来，如图 8-52 所示。此时会发现图片总高度和参考线的位置不匹配，Ctrl+T 键缩放调整，使图片的总高度和参考线的高度相一致，如图 8-53 所示。

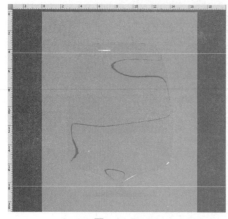
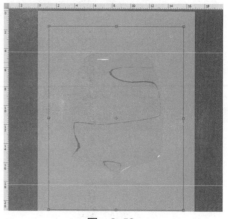

图 8-52 　　　　　　　　　　　　　　　图 8-53

将该图片重新保存，在材质中重新赋予贴图文件，这样模型的高低位置就比较合适了，如图 8-54 和图 8-55 所示。

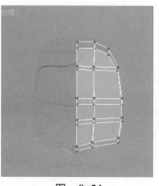
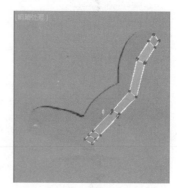

图 8-54 　　　　　　　　　　　　　　　图 8-55

（4）删除底部面如图 8-56 所示，选择底部线段按住 Shift 键向下挤出面调整，如图 8-57 所示。

分别在模型底部位置的前后面加线调整布线，如图 8-58 和图 8-59 所示。

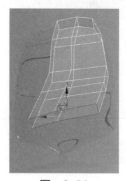
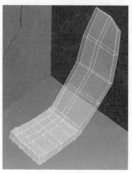
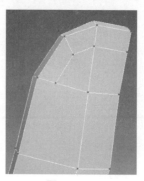

图 8-56 　　　　　图 8-57 　　　　　图 8-58 　　　　　图 8-59

右击选择"剪切"工具在图 8-60 中的位置加线，然后选择所加线段切角设置如图 8-61 所示。

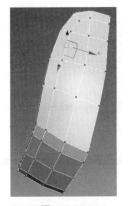
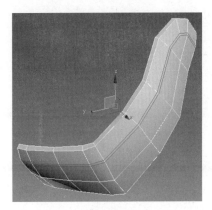

图　8-60　　　　　　　　　　　　图　8-61

按快捷键 Ctrl+Q 细分该模型，效果如图 8-62 所示。再次按 Ctrl+Q 键取消细分，同样的方法在模型的正面位置也做线段切角设置后，整体调整形状如图 8-63 所示。

图　8-62　　　　　　　　　　　　图　8-63

调整后的左视图效果如图 8-64 所示。在模型底部位置加线如图 8-65 所示。

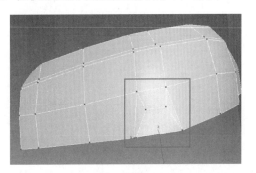

图　8-64　　　　　　　　　　　　图　8-65

（5）选择底部加线位置的面用"倒角"工具向下挤出面调整如图 8-66 所示。调整完后，在修改器下拉列表中添加"对称"修改器，调整对称轴心后的效果如图 8-67 所示。

345

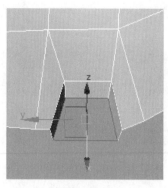

图 8-66

图 8-67

将图 8-68 中线段切角，细分后效果如图 8-69 所示。

图 8-68

图 8-69

2. 靠垫和坐垫模型制作

（1）创建一个长方体模型并将其转换为可编辑多边形物体如图 8-70 所示。分别加线根据参考图的形状调整模型形状如图 8-71 所示。

在调整时如果只调整左视图形状，前视图中的效果如图 8-72 所示，所以在调整时一定要在各个视图中同时调节，调整后效果如图 8-73 所示。

在上下位置加线调整，如图 8-74 所示，注意底座部分的面没有凹凸变化，效果显得太过于平整如图 8-75 所示。

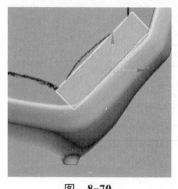

图 8-70

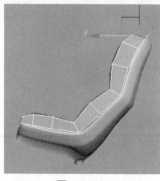

图 8-71

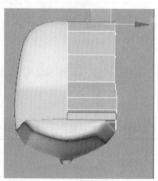

图 8-72

 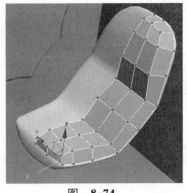 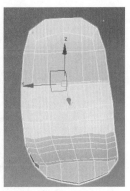

图 8-73　　　　　　图 8-74　　　　　　图 8-75

将底座部分的点适当向下调整出一个凹陷的效果，如图 8-76 所示。然后根据底座部分的凹凸效果调整蓝色物体的凹凸形状如图 8-77 所示。

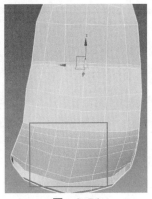 

图 8-76　　　　　　　　　图 8-77

删除对称中心处的面，有些点会嵌入到背部物体的内部，如图 8-78 所示。

（2）继续对模型进行加线调整如图 8-79 和图 8-80 所示。同时在厚度上一周的位置也加线调整如图 8-81 所示。

选择图 8-82 中背部和底部所有面并删除，然后在图 8-83 中的位置分别加线。

根据参考图形状分别选择对应的点调整到合适位置，在调整时要注意模型凹凸位置的变化，使模型更有立体感，如图 8-84 所示。为了更好地表现凹凸效果，必要时可以随时加线，然后单击▣镜像工具镜像复制出另一半整体观察形状，如图 8-85 所示。

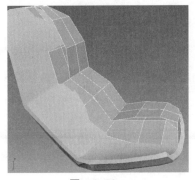 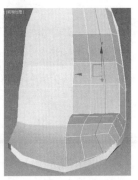

图 8-78　　　　　　　　　图 8-79

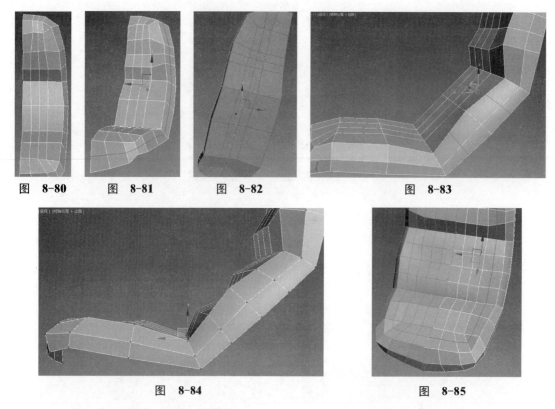

图 8-80   图 8-81   图 8-82   图 8-83

图 8-84   图 8-85

将图 8-86 中的线段向下凹陷调整，同样选择图 8-87 中纵向的线段向下凹陷调整。

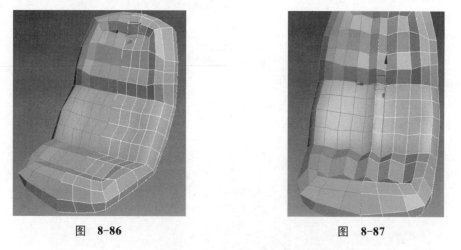

图 8-86   图 8-87

（3）选择图 8-88 中的线段，单击"切角"按钮将线段切角设置如图 8-89 所示。

按快捷键 Ctrl+Q 细分该模型，效果如图 8-90 所示。同样将图 8-91 中的线段也做切角设置。

（4）整体形状制作出来之后接下来调整细节部分。在坐垫和靠垫交叉的位置加线调整如图 8-92 所示，调整线段凹陷位置制作出模型的褶皱效果，如图 8-93 所示。

同样的方法加线调整其他位置褶皱效果如图 8-94 和图 8-95 所示。

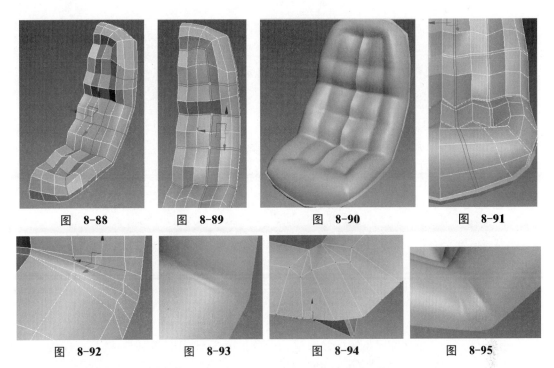

图 8-88   图 8-89   图 8-90   图 8-91

图 8-92   图 8-93   图 8-94   图 8-95

（5）选择图 8-96 中的面用"倒角"工具向下挤出倒角如图 8-97 所示。

删除对称中心位置多余的面如图 8-98，此步操作正确非常重要，否则在细分后会出现问题。按快捷键 Ctrl+Q 细分该模型，效果如图 8-99 所示。

从细分效果来看，十字交叉位置的凹陷位置细分后圆角值有些过大，所以选择所有十字交叉口的线段切角设置，如图 8-100 和图 8-101 所示。

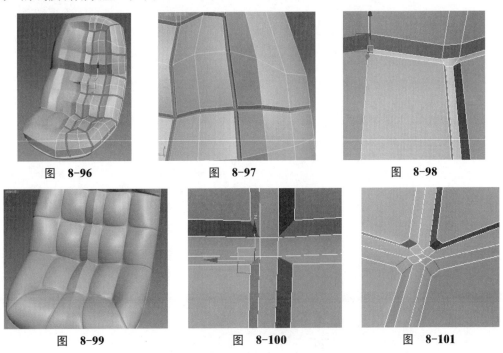

图 8-96   图 8-97   图 8-98

图 8-99   图 8-100   图 8-101

切线后右击选择"剪切"工具，分别在图 8-102 和图 8-103 中的位置加线设置。

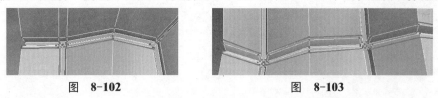

图 8-102   图 8-103

再次细分后效果如图 8-104 所示。选择凹陷位置的面适当向外挤出倒角如图 8-105 所示。

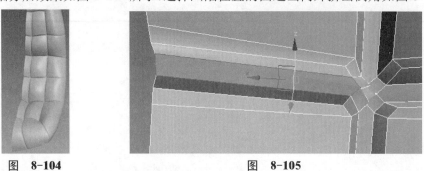

图 8-104   图 8-105

在挤出倒角后，十字交叉位置的线段过于混乱如图 8-106 所示，用点的目标焊接工具适当焊接调整该部位布线效果，如图 8-107 所示。

同样的方法选择其他位置凹陷的面向外挤出倒角如图 8-108，在调整时，可以按下快捷键 Alt+X 透明化显示后调整高度，如图 8-109 所示。

细分后有些地方的面显得过于生硬，如图 8-110 所示。单击"松弛笔刷"调整笔刷大小和强度，在相应的位置松弛雕刻处理如图 8-111 所示。

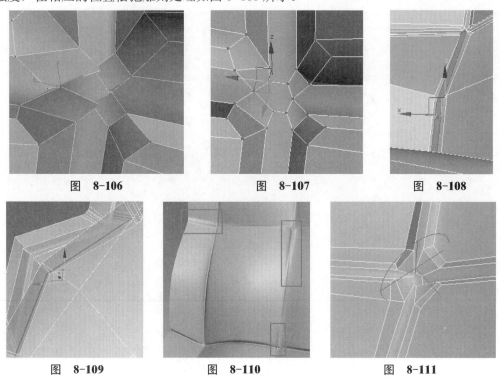

图 8-106   图 8-107   图 8-108

图 8-109   图 8-110   图 8-111

调整底部对称中心位置临近的点，使其凹陷效果不那么明显。调整的方法可以配合点的目标焊接，点的位置移动、线段移除等。如图 8-112～图 8-114 所示。

选择图 8-115 中的环形线段，按快捷键 Ctrl+Shift+E 加线如图 8-116 所示。

选择图 8-117 中边缘位置的面，单击"倒角"按钮向外倒角挤出如图 8-118 所示。

按快捷键 Ctrl+Q 细分该模型，效果如图 8-119 所示。选择对称中心位置的线段用缩放工具沿着 X 轴方向多次缩放使其缩放为水平状态，然后适当向左移动调整位置，如图 8-120 所示。

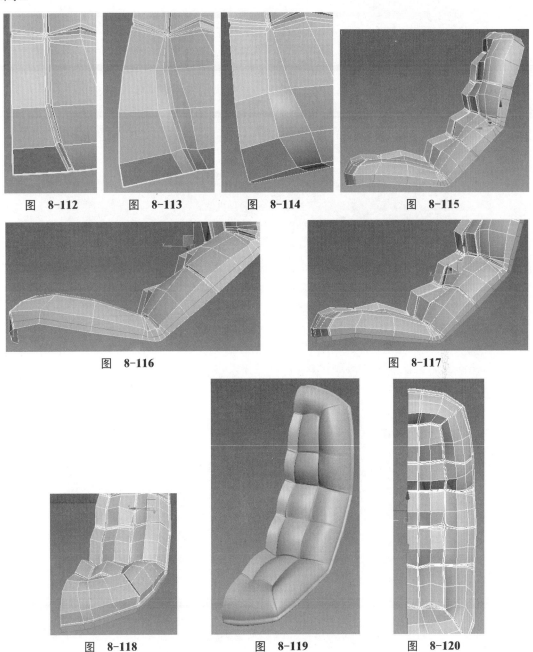

图 8-112　　　图 8-113　　　　图 8-114　　　　图 8-115

图 8-116　　　　　　　　　图 8-117

图 8-118　　　　图 8-119　　　　图 8-120

（6）调整好后添加"对称"修改器对称出另一半模型后将物体塌陷为多边形物体，再次细分后的整体效果如图 8-121 所示。

（7）创建一个圆柱体模型并将其转换为可编辑多边形物体，分别加线调整位置如图 8-122 所示。然后选择图 8-123 中的线段单击"挤出"按钮设置挤出值将线段向外挤出，然后再次加线调整形状如图 8-124 所示。

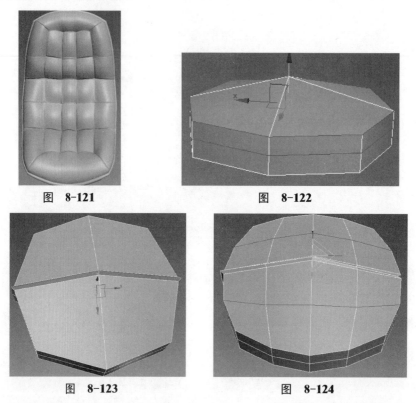

图 8-121　　　　　　　　　　图 8-122

图 8-123　　　　　　　　　　图 8-124

细分后效果如图 8-125 所示。将调整好的模型分别复制调整到皮质座椅的十字交叉凹陷位置，如图 8-126 所示。

图 8-125　　　　　　　　　　图 8-126

3. 底座模型创建

（1）在底座的位置创建一个长方体，加线、挤出面调整所需形状如图 8-127 和图 8-128 所示。

图 8-127

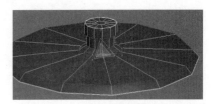

图 8-128

（2）分别选择拐角位置线段切角后细分，此时老板椅的整体效果如图 8-129 所示。

单击"偏移"工具整体调整形状和比例，按快捷键 M 打开材质编辑器，在左侧材质类型中单击标准材质并拖动到右侧材质视图区域，选择场景中所有物体，单击 按钮将标准材质赋予所选择物体，最终的白模渲染效果如图 8-130 所示。

图 8-129

图 8-130

↘ **本实例小结**：本实例模型制作起来比较复杂，在坐垫和靠垫的细分纹理调整中间要大量使用加线、面的倒角挤出、移动点位置调整形状，利用这几个重复的命令调整出复杂的设计效果。

实例03 会议桌的制作

会议桌是常见的现代办公用品。会议桌按照人数的使用可以分为小型会议桌和大型会议桌。会议桌的定位是根据公司的规模、形象和资质来定位的。如果公司是大型公司，那么给公司会议桌的定位就是高端会议桌；如果公司规模小，可以适当的选择中低档的会议桌；如果是一个工作室，可根据情况再进行降位。

设计思路

本实例中制作一个中型会议桌，长边每边坐 4 个人，短边分别坐一个人，总共设计为 10 人会议桌。桌子以矩形为主并带有轻微的弯度曲线。底部为钢架结构。

技术要点

本实主要用到的技术要点如下：

● 多边形物体之间的连接建模处理方法。
● 座椅表面纹理绘制技巧。
● 椅子底部的五星支架的建模技巧。

制作步骤

1. 会议桌的制作

（1）在视图中创建一个长、宽、高为 150cm、400cm、6cm 的长方体模型。右击，在弹出的快捷菜单中选择"转换为" | "转换为可编辑多边形"命令，将模型转换为可编辑的多边形物体，分别加线调整至图 8-131 所示。然后在厚度上下边缘位置加线如图 8-132 所示。

 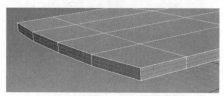

图 8-131   图 8-132

（2）在底部创建一个圆柱体并转换为可编辑多边形物体，然后在顶端位置加线后选择顶部的面用"倒角"工具向外倒角挤出面，选择拐角位置线段进行切角设置，细分后效果如图 8-133 所示。

（3）创建一个长方体同样转换为可编辑多边形物体，如图 8-134 所示。删除右侧的面选择边界线按住 Shift 键挤出面调整如图 8-135 所示。

 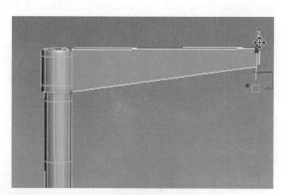

图 8-133   图 8-134

图 8-135

选择右方开口的边界线段，单击"循环" | "循环工具"命令，在弹出的"循环工具"面

板中单击 呈圆形 按钮，此时开口处会自动变成圆形，如图 8-136 所示。

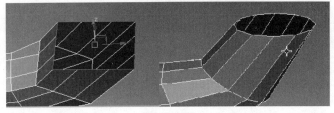

图 8-136

按下快捷键 A 打开角度捕捉，调整物体的轴心，然后旋转 90°复制如图 8-137 所示。

（4）在底部位置创建一个长方体面模型调整形状至图 8-138 所示。分别加线调整至图 8-139 所示。调整好后单击 镜像按钮镜像复制如图 8-140 所示。

将制作好的底座物体整体向右复制如图 8-141 所示，然后选择底部紫色物体，如图 8-142，删除右侧端的面，选择边界线按住 Shift 键移动挤出面调整如图 8-143 所示。

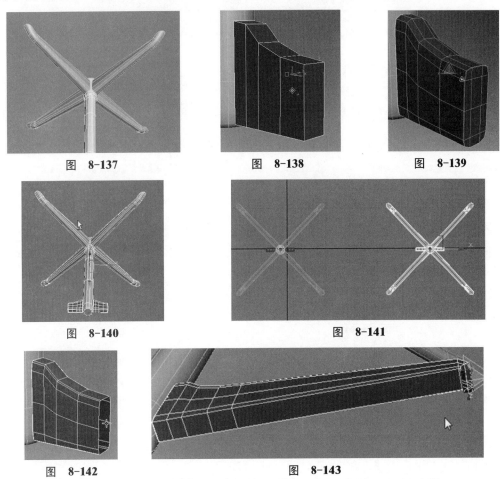

图 8-137　　　　　图 8-138　　　　　图 8-139

图 8-140　　　　　图 8-141

图 8-142　　　　　图 8-143

单击"循环"|"循环工具"命令，在弹出的循环工具面板中单击 呈圆形 将开口长方形形状调整为原型，如图 8-144 所示。继续选择边界线向下挤出面调整形状如图 8-145 所示。

调整好形状后细分该模型，然后复制如图 8-146 所示。

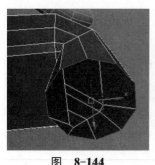

图 8-144

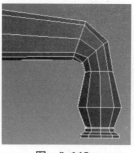

图 8-145

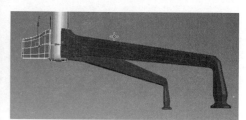

图 8-146

单击 按钮拾取其他模型并将其附加在一起，然后选择图 8-147 中的面，单击"桥"按钮桥接出中间部分的面如图 8-148 所示。

图 8-147

图 8-148

分别复制调整出底座另外一端的部分如图 8-149 所示。

同样的方法复制调整出中间部分的支腿模型，如图 8-150 所示。

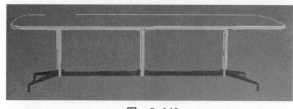

图 8-149

图 8-150

2．会议椅的制作

（1）在创建面板中单击 长方体 创建一个 65cm×62cm×6cm 的长方体，右击，在弹出的快捷菜单中选择"转换为"｜"转换为可编辑多边形"命令，将模型转换为可编辑的多边形物体。加线移动点调整出椅子的坐垫和靠背模型如图 8-151 所示。然后分别加线调整凹凸效果如图 8-152 所示。

在模型的厚度上加线如图 8-153 所示。然后选择边缘一圈的线，单击 利用所选内容创建图形 按钮将选择的线段分离出样条线，如图 8-154 所示。

选择分离出来的样条线，调整至图 8-155 位置，在渲染卷展栏下勾选 ☑ 在渲染中启用 ☑ 在视口中启用，设置厚度为 3，边数为 10，效果如图 8-156 所示。

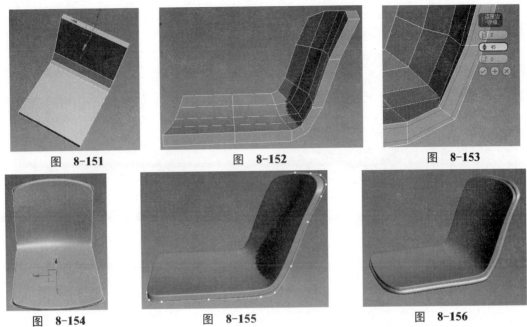

图 8-151　　　　　　　　图 8-152　　　　　　　　图 8-153

图 8-154　　　　　　　　图 8-155　　　　　　　　图 8-156

选择图 8-157 中的面用倒角工具先向内挤出面调整，　单击　分离　按钮将面分离出来，再次用倒角工具向外挤出倒角，如图 8-158 所示。

分别在横向和纵向上分别加线调整如图 8-159 所示。选择点单击"切角"按钮将选择的点挤出至图 8-160 所示形状。

选择挤出部分的面，单击　倒角　按钮后面的□图标，在弹出的"倒角"快捷参数面板中设置倒角参数，效果如图 8-161 所示，按快捷键 Ctrl+Q 细分该模型，效果如图 8-162 所示。

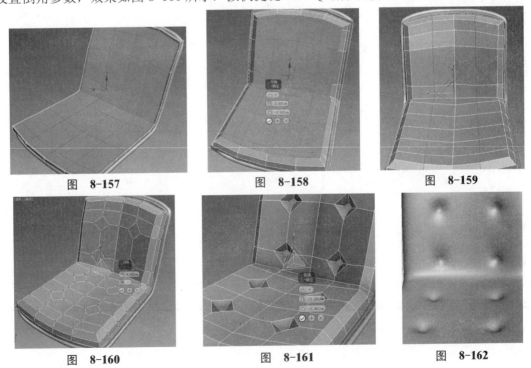

图 8-157　　　　　　　　图 8-158　　　　　　　　图 8-159

图 8-160　　　　　　　　图 8-161　　　　　　　　图 8-162

（2）创建一个球体用缩放工具缩放压扁调整到凹陷位置，如图 8-163 所示。然后将该球体模型复制调整到其他凹陷位置，如图 8-164 所示。

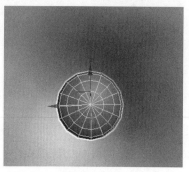

图　8-163

图　8-164

（3）扶手模型创建。在扶手位置创建一个长方体模型，在转换为可编辑多边形物体后通过加线调整线段位置调整出图 8-165 所需形状，然后在修改器下拉列表中添加"对称"修改器对称出另一半模型，如图 8-166 所示。

继续加线调整点的位置调整形状如图 8-167 所示，选择图 8-168 中的线段单击 利用所选内容创建图形 按钮，将所选线段分离为样条线。

在渲染卷展栏下勾选 ☑ 在渲染中启用 ☑ 在视口中启用 ，厚度为 0.6，然后再复制调整到扶手左侧，如图 8-169 所示。将一侧的扶手模型复制调整到另一侧如图 8-170 所示。

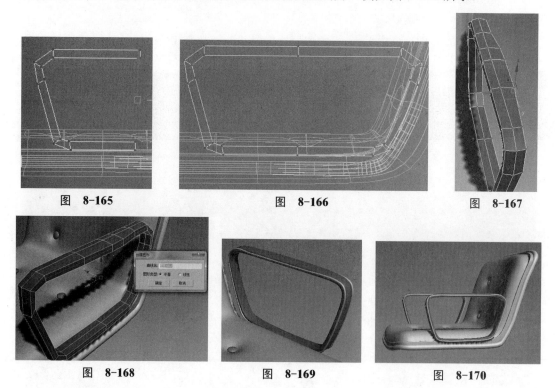

图　8-165　　　　　图　8-166　　　　　图　8-167

图　8-168　　　　　图　8-169　　　　　图　8-170

（4）底座模型创建：创建一个圆柱体，边数设置为 5，将模型塌陷为多边形物体，按"多边形"方式向外挤出面调整如图 8-171 所示。然后对模型加线约束调整如图 8-172 所示。

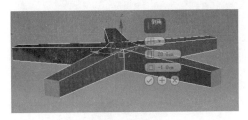
图 8-171

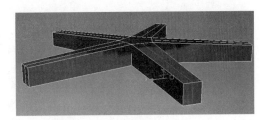
图 8-172

右击选择"剪切"工具，将中心位置的线段切线调整布线如图 8-173 所示。然后分别在支撑腿模型的两端位置加线如图 8-174 所示。

图 8-173

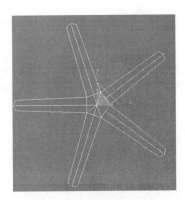
图 8-174

（5）创建一个圆柱体调整至图 8-175 所示形状，然后将前面实例中制作好的滚轮模型导入进来调整大小和位置如图 8-176 所示，复制出其他滚轮模型如图 8-177 所示。

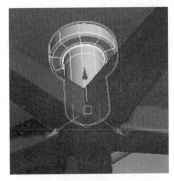
图 8-175

图 8-176

图 8-177

（6）将制作好的椅子整体复制调整如图 8-178 所示。按快捷键 M 打开材质编辑器，在左侧材质类型中单击标准材质并拖拉到右侧材质视图区域，选择场景中所有物体，单击 🔲 按钮将标准材质赋予所选择物体，单击修改面板下的颜色框，在弹出的颜色面板中选择黑色将线框颜色设置为黑色，整体效果如图 8-179 所示。

最终的白模渲染效果如图 8-180 所示。

如果想更好地表现整体场景，可以将创建好的会议桌模型放置在一个室内场景中，创建灯光等道具，最后的渲染效果如图 8-181 所示。

359

图 8-178

图 8-179

图 8-180

图 8-181

➥ **本实例小结**：本实例制作的会议桌尺寸较大，要保证足够的人数会议使用，所以在起初制作会议桌面的尺寸时要把握好它的尺寸，否则在后面的椅子比例上会造成差错。本实例中需要重点掌握的是椅子表面皮质凹陷纹理的制作和底部转椅支架的快速制作方法。

实例 04　电脑桌的制作

电脑桌是一种特殊的家具，它不同于电视柜、沙发等的地方就在于人们在使用时须始终近距离使用，因此对电脑摆放的高度、键盘鼠标的位置都有特定的要求，普通家具大都不符合条件。俗话说好马配好鞍，选择一张合适的电脑桌，就能使你在操作时轻松舒适，提高工作效率。

设计思路

本实例中设计的电脑桌是一张个人办公电脑桌，除了正常的桌子以外，底部和侧边设计了底座盛放打印机和文件夹模型。电脑桌最高不宜超过 70cm。

技术要点

本实例电脑桌用到的技术要点如下：
● 复杂形状样条线的创建。

● 图形挤出命令使用方法。

● 模型导入导出以及合并方法。

制作步骤

（1）在顶视图中创建一个长方体模型并转换为可编辑多边形物体后，在底部位置加线，然后选择面用"倒角"工具将底部面向内缩放调整，然后分别在顶部底部、四周边缘位置加线后细分效果如图 8-182 所示。将该物体向右复制后，在中间位置分别创建出圆柱体如图 8-183 所示。

（2）单击 ☀（创建）| ◐ （图形）| ▇▇ 线 ▇▇ 按钮，在视图中创建如图 8-184 所示的样条线，在修改器下拉列表下添加"挤出"修改器，如图 8-185 所示，将该模型塌陷为多边形物体分别在边缘位置加线后细分，然后复制调整出其他部分，如图 8-186 所示。

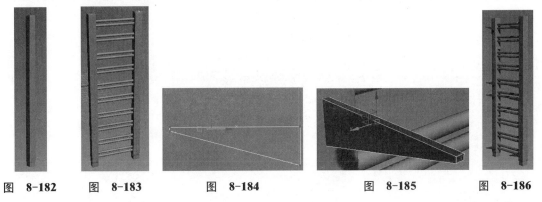

图 8-182　　　图 8-183　　　　图 8-184　　　　　图 8-185　　　　图 8-186

（3）在顶视图中创建一个长方体后转换为可编辑多边形物体，在中间位置加线然后选择右侧的面挤出调整，如图 8-187 所示。再次加线调整模型形状至图 8-188 所示。

在边缘位置分别加线以及在图 8-189 中的位置加线，细分后模型边缘会出现如图 8-190 所示的棱角。

此处棱角是多余的，该如何处理呢？可以用"目标焊接"工具将相邻的点焊接在一起。同样的方法创建调整出其他台面模型，如图 8-191 所示。最后创建一个圆柱体作为台面中间的支撑物，如图 8-192 所示。

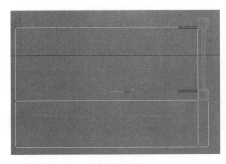

图　8-187　　　　　　　图　8-188　　　　　　　图　8-189

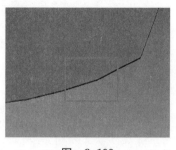
图 8-190

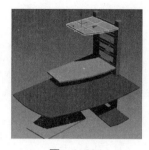
图 8-191

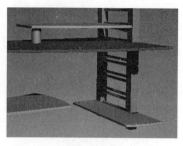
图 8-192

　　将圆柱体模型复制后调整位置和高低等参数，调整后的桌腿模型如图 8-193 所示。然后分别在顶部和底部位置加线，用"倒角"工具将底部面向内倒角，顶部面向外倒角挤出，如图 8-194 和图 8-195 所示。调整好后的效果如图 8-196 所示。

　　将腿部模型复制后调整大小，如图 8-197 所示。

　　（4）创建一个切角长方体作为台面的支撑杆模型如图 8-198 所示，然后旋转复制调整如图 8-199 所示。制作好的电脑桌整体效果如图 8-200 所示。

　　（5）为了使模型更加丰富，导入打印机、电脑、键盘、笔盒、文件夹、电脑椅等模型，调整好它们之间的大小和位置，如图 8-201 所示。按快捷键 M 打开材质编辑器，在左侧材质类型中单击标准材质并拖拉到右侧材质视图区域，选择场景中所有物体，单击 按钮将标准材质赋予所选择物体，单击修改器面板中的颜色框，在弹出的颜色面板中选择黑色，线框显示效果如图 8-202 所示。

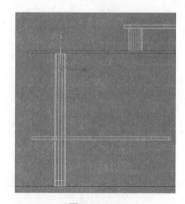
图 8-193

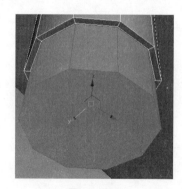
图 8-194

图 8-195

图 8-196

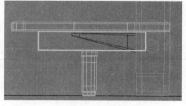
图 8-197

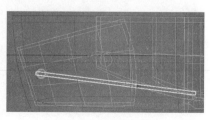
图 8-198

图 8-199　　　　　　　　　图 8-200

图 8-201　　　　　　　　　图 8-202

最后整体将所有模型复制调整，调整摄像机角度后的白模渲染效果如图 8-203 所示。

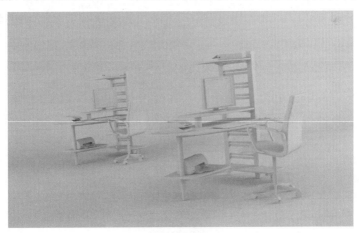

图 8-203

↘ **本实例小结**：本实例并不复杂，前几个例子中已经介绍过电脑椅的创建方法所以本实例中的重点还是放在了电脑桌的制作上，显示器、打印机也不是本节的重点不再详细介绍。需要注意的一点是最后在复制调整出另一个电脑桌后，调整合适的视图角度，按快捷键 Ctrl+C 创建摄像机并匹配当前视角，选择摄像机适当调整角度，使场景看起来更加美观。

实例 05　办公沙发模型的制作

办公沙发是指办公、会议场合适用的沙发。办公沙发不同于家庭沙发的地方在于办公沙发一般设计高档、大气,较多采用皮质。

■ 设计思路

本实例中设计的沙发分为 4 组,一组是双人沙发,一组是单人沙发,一组是可移动的沙发,最后中间配一个茶几,组合起来显得非常美观。

■ 技术要点

本实例沙发,主要用到的技术要点如下:
● 沙发形状的三维控制。
● 沙发褶皱的纹理制作方法。
● FFD 修改器调整整体形状。

■ 制作步骤

1. 主沙发制作

(1)在视图中创建一个长、宽、高为 100cm、255cm、25cm 的长方体模型,分别在中心位置加线删除一半模型,如图 8-204 所示。调整底部左侧位置点,使模型底部向内收缩如图 8-205 所示。

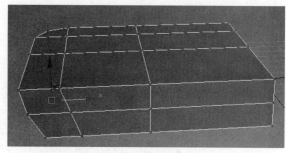

图　8-204　　　　　　　　　　图　8-205

在图 8-206 中的位置加线,右击选择“剪切”工具调整模型布线如图 8-207 所示。

选择左侧顶部的面单击“倒角”工具向上挤出面后调整点位置,如图 8-208 所示。然后选择图 8-209 中的面向上倒角挤出面。

Alt+X 透明化显示,删除图 8-210 中的面,用目标焊接工具将相邻的点之间焊接起来,效果如图 8-211 所示。

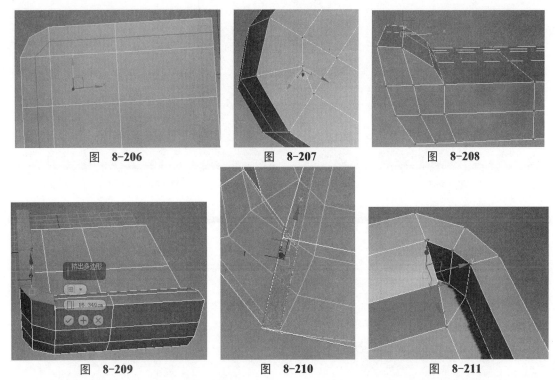

图 8-206　　　　　　图 8-207　　　　　　图 8-208

图 8-209　　　　　　图 8-210　　　　　　图 8-211

删除图 8-212 中的面，然后选择开口边界线，单击"封口"按钮将开口封闭起来，右击选择"剪切"工具在两点之间剪切连接出线段，如图 8-213 所示。

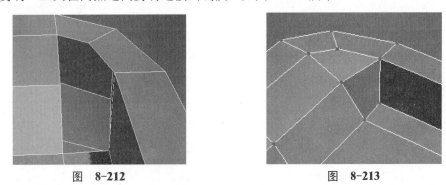

图 8-212　　　　　　　　　　图 8-213

（2）选择图 8-214 中的面向上倒角挤出，然后调整点的位置使其出现一个坡度如图 8-215 所示。

在点级别下单击"目标焊接"工具焊接点调整如图 8-216 所示。接着在图 8-217 中的位置加线，用"剪切"工具加线调整布线如图 8-218 和图 8-219 所示。

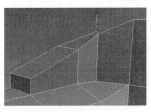

图 8-214　　　　　　图 8-215　　　　　　图 8-216

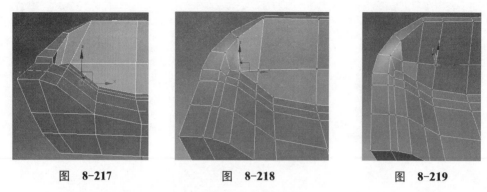

图 8-217　　　　　　　　图 8-218　　　　　　　　图 8-219

（3）在外侧边缘位置手动剪切加线，如图 8-220 所示。然后在图 8-221 中的位置加线调整。同样在图 8-222 和图 8-223 中的位置分别加线调整。

选择图 8-224 中线段按快捷键 Ctrl+Backspace 移除，然后在图 8-225 中位置加线。

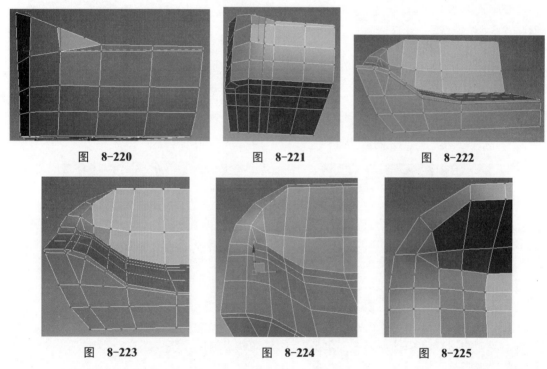

图 8-220　　　　　　　　图 8-221　　　　　　　　图 8-222

图 8-223　　　　　　　　图 8-224　　　　　　　　图 8-225

在外侧的位置也加线调整，如图 8-226 所示。调整布线，如果有三角面，选择线段移除，如图 8-227 所示。

在拐角位置加线如图 8-228 所示。细分后会出现一个比较好看的凹陷纹理效果，如图 8-229 所示。

同样分别在模型的厚度位置以及边缘位置加线如图 8-230～图 8-232 所示。

在靠背位置加线，调整布线如图 8-233 和图 8-234 所示。

为了避免出现三角面或者多边面，在图 8-235 中的位置加线，然后在模型底部边缘位置和拐角位置加线如图 8-236 和图 8-237 所示。按快捷键 Ctrl+Q 细分该模型，效果如图 8-238 所示。

单击◢按钮进入修改面板，单击"修改器列表"右侧的小三角按钮，在修改器下拉列表中添加"对称"修改器，单击 ✿ ■ 对称 前面的"+"然后单击 └ 镜像 进入镜像子级别，在视图中移动对称中心的位置，如果模型出现空白的情况，可以勾选"翻转"参数。对称后的细分效果如图 8-239 所示。

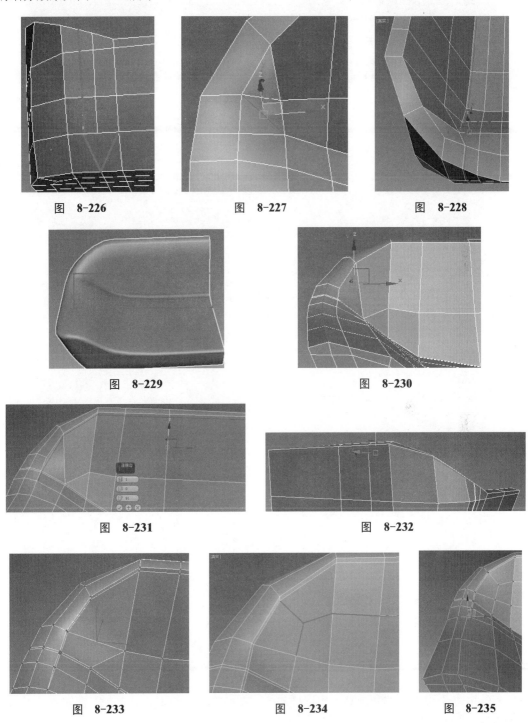

图 8-226　　　　　　图 8-227　　　　　　图 8-228

图 8-229　　　　　　图 8-230

图 8-231　　　　　　图 8-232

图 8-233　　　　　图 8-234　　　　　图 8-235

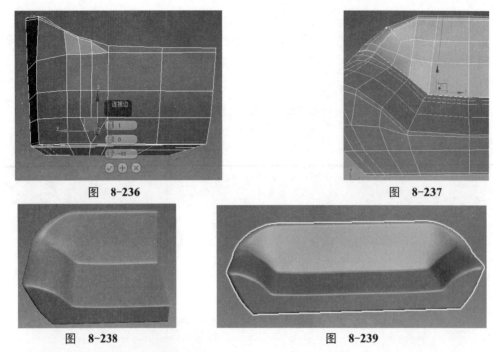

图 8-236　　　　　　　　　　　　图 8-237

图 8-238　　　　　　　　　　　　图 8-239

2. 坐垫及扶手靠背模型制作

（1）坐垫模型制作。创建一个长方体模型并转换为可编辑多边形物体，分别加线调整点的位置使模型中间凸起，四周稍微压扁，如图 8-240 所示。在模型细分一级下将模型塌陷然后添加"噪波"修改器，调整噪波值后效果如图 8-241 所示。

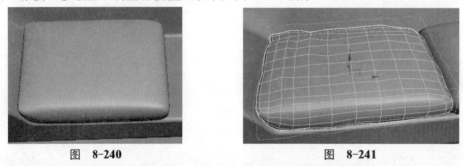

图 8-240　　　　　　　　　　　　图 8-241

在修改器下拉列表下添加"网格平滑"修改器，然后复制调整出另一个坐垫模型如图8-242 所示。

图 8-242

（2）在扶手位置创建长方体，用同样的方法在转换为多边形物体后加线调整物体形状如图 8-243 和图 8-244 所示。

为了使模型在细分后边缘不过于圆润，在厚度上分别加线调整如图 8-245 所示，然后选择中间的线段单击"挤出"按钮将线段向内挤出如图 8-246 所示。

按快捷键 Ctrl+Q 细分该模型，效果如图 8-247 所示。

（3）靠垫模型制作。创建长方体模型调整至图 8-248 所示形状，然后在修改器下拉列表下添加 FFD4×4×4 修改器进入控制点级别，选择控制点移动调整物体形状如图 8-249 所示。如果有点、面挤压在一起的情况，可以用松弛工具松弛调整如图 8-250 所示。

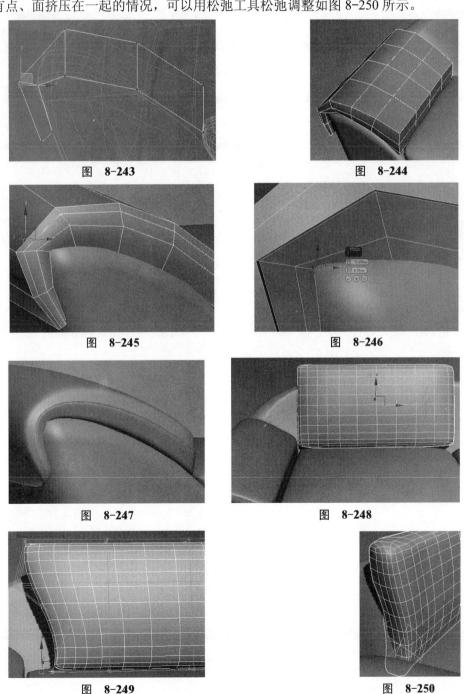

图　8-243

图　8-244

图　8-245

图　8-246

图　8-247

图　8-248

图　8-249

图　8-250

（4）创建靠背和扶手之间的模型。在靠背和扶手中间的位置创建一个面片物体，如图 8-251 所示。同样将该物体塌陷为多边形物体，加线调整形状至图 8-252 所示。

在修改器下拉列表下添加"壳"修改器，调整厚度如图 8-253 所示。将模型再次塌陷为多边形物体后调整形状，最终效果如图 8-254 所示。

复制调整出右侧的靠垫、扶手垫等模型，最终效果如图 8-255 所示。

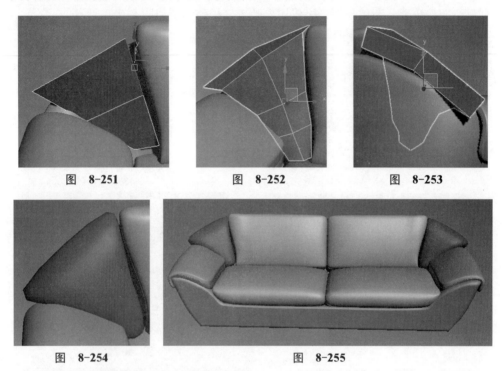

图 8-251　　　　　　　图 8-252　　　　　　　图 8-253

图 8-254　　　　　　　　　图 8-255

3. 单人沙发和移动沙发制作

（1）侧面沙发制作。同样利用长方体模型，多边形修改制作出如图 8-256 所示形状。加线细分效果如图 8-257 所示。

选择顶部面删除，然后选择边界线向内缩放挤出面调整，如图 8-258 所示。单击"封口"按钮，将开口封闭起来后右击选择"剪切"工具在对应的点之间连接出线段，如图 8-259 所示。

选择图 8-260 中的线段，单击"挤出"按钮向内挤出如图 8-261 所示。

图 8-256　　　　　　　图 8-257　　　　　　　图 8-258

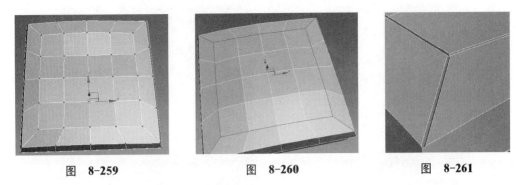

图 8-259   图 8-260   图 8-261

选择图 8-262 中交叉位置线段切角设置，然后在四角的位置分别手动剪切线段调整布线如图 8-263 所示。按快捷键 Ctrl+Q 细分该模型，效果如图 8-264 所示。

（2）在底部位置创建一个长方体模型，多边形编辑调整出图 8-265 所示形状。然后分别在两端以及厚度上线边缘位置加线如图 8-266 所示，调整好后复制出其他底座模型如图 8-267 所示。

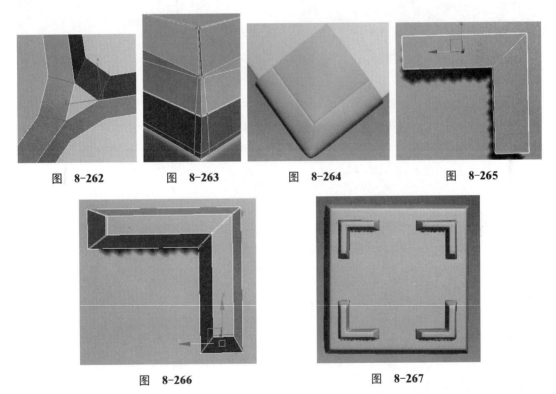

图 8-262   图 8-263   图 8-264   图 8-265

图 8-266   图 8-267

（3）同样复制出主沙发底座模型，如图 8-268 所示。最后再创建出右侧的沙发模型，创建方法均是由长方体模型进行多边形编辑而成，这里不再详细赘述。创建好的效果如图 8-269 所示。

（4）单击软件左上角图标，选择"导入"|"合并"命令，找到桌子以及茶杯等模型导入到当前场景中，如图 8-270 所示。

整体效果如图 8-271 所示。

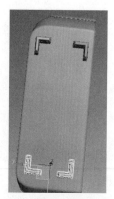

图 8-268

图 8-269

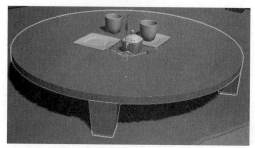

图 8-270

图 8-271

最终的白模渲染效果如图 8-272 所示。

图 8-272

➥ **本实例小结**：本实例的难点在于双人沙发形状的控制调整，因为同时要兼顾三个轴向上的形状调整，在制作起来就稍微复杂一点，过程中大量用到剪切、切角、倒角命令，加线调整过程比较烦琐，但是每一步的操作基本上都在为下一步的形状调整打基础，所以读者不要有浮躁的思想。

户外家具设计与制作

户外家具是指在开放或半开放性户外空间中，为方便人们健康、舒适、高效的公共性户外活动而设置的一系列相对于室内家具而言的用具，其主要涵盖了城市公共户外家具、庭院户外休闲家具、商业场所户外家具、便携户外家具等四大类产品。户外家具决定了建筑物室外空间功能的物质基础和表现室外空间形式的重要元素。作为家具整体中的重要组成部分，户外家具其基本内容一般是指城市景观设施中的休息设施，例如用于室外或半室外空间的休息桌、椅、遮阳伞等。

户外家具依使用方式可以分为三大类。

1. 永久固定型：比如木亭、帐篷、实木桌椅、铁木桌椅等。一般这类家具所选用的优质木材须具有良好的防腐性，重量也比较重，可长期放在户外。

2. 可移动型：比如西藤台椅、特斯林椅、可折叠木桌椅和太阳伞等。用的时候放置到户外，不用的时候收纳起来放在房间，所以这类家具更加舒适实用，不用考虑那么多坚固和防腐的性能，还可以根据个人爱好加入一些布艺等作点缀。

3. 可携带型：比如小餐桌、餐椅和阳伞，这类家具一般是由铝合金或帆布做成的，重量轻，便于携带，野外出行游玩、垂钓都很适合。最好还能带上一些户外装备，如烧烤炉架、帐篷一类的，为户外出行增添不少乐趣。

本章中就以藤椅、沙滩椅、遮阳伞、吊椅、木花箱为例着重讲解户外家具的设计与制作。

实例 01　藤椅的制作

藤椅采用粗藤制成椅子架体，用藤皮藤芯藤条缠扎架作制成，有藤凳、藤圈椅、藤太师椅等样式。

藤椅轻巧大方，那些细密交织的藤条古朴、清爽。人们已经厌倦了现代都市的喧嚣与冷漠，越来越深刻地体会到反璞归真的可贵，渴望与大自然亲密融合，布置一间洋溢着田园气息的居室，给自己另一种居住的体验。从这个意义上来说，自然才是时尚。那些藤椅及其他藤制家具，在不经意间共同营造出小木屋感觉，富有泥土气息的小藤条做成的装饰品，其造型和构图完全可以随心所欲。

藤材编织的材料、手工及技术来源均以东南亚地区的传统工艺为主，使藤制品充满古老的东南亚风情，通常较受中老年消费者的喜爱。藤椅不仅古朴不乏情趣，且其造型非常强调艺术性，既有中式的孔雀形、鸡心形、太阳形，也有欧美的宫廷型、皇冠形及规则和不规则的几何形等。几乎任何藤质家具都可度身定做，因而藤质家具的风格也是多种多样。

设计思路

藤椅轻巧大方，那些细密交织的藤条既古朴又清爽。人们已经厌倦了现代都市的喧嚣与冷漠，越来越深刻地体会到反璞归真的可贵，渴望与大自然亲密融合，布置一间洋溢着田园气息的居室，给自己另一种居住的体验。从这个意义上来说，自然才是时尚。藤椅及其他藤制家具在不经意间营造出小木屋感觉，而质朴的小藤条做成的装饰品，其造型和构图完全可以随心所欲。

技术要点

本实例中制作的藤椅实用性和美观相结合，表现出藤椅的复古特点。本节主要用到的技术要点如下。

● 创建长方体时参数中分段参数的控制。
● 多边形建模挤出命令。
● 可编辑面片物体的介绍与使用方法。
● "晶格"修改器的使用。

制作步骤

（1）创建一个长、宽、高为 50cm、60cm、45cm 的长方体并转换为可编辑多边形物体，加线后删除一半模型，如图 9-1 所示。单击 镜像按钮镜像复制出另一半，继续加线选择顶部边缘的面单击"倒角"工具将面向上挤出，如图 9-2 所示。

继续选择背部顶部面向上挤出调整如图 9-3 所示。在中间位置加线调整背部和边缘模型的形状如图 9-4 所示。

选择底部面向上倒角挤出如图 9-5 所示，然后选择对称轴位置的面删除，然后选择边界线用缩放工具将对称轴中心线缩放在一个平面内，如图 9-6 所示。

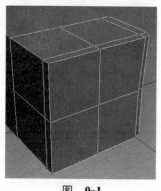
图 9-1

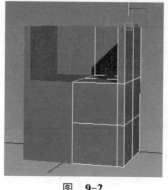
图 9-2

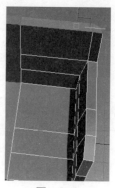
图 9-3

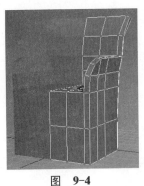

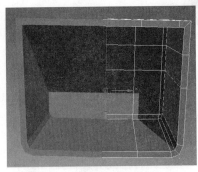

图 9-4 　　　　　　　图 9-5 　　　　　　　图 9-6

　　按快捷键 Ctrl+Q 细分该模型，效果如图 9-7 所示。从图中观察可以发现靠背模型中心位置出现了一些问题，这是因为对称中心位置的面没有删除的原因造成的。删除对称中心位置的面后再次细分，效果如图 9-8 所示，问题得到解决。

　　继续加线调整，尽可能使模型布线均匀如图 9-9 所示。然后在模型扶手位置边缘加线如图 9-10 和图 9-11 所示。

　　选择图 9-12 中棱角位置的线段按快捷键 Ctrl+Backspace 移除线段，然后用点的目标焊接工具将模型底部位置多余的点焊接起来，如图 9-13 所示。这样做的目的是只保留需要表现棱角效果的线段，不需要棱角效果的多余线段尽可能地精简掉。

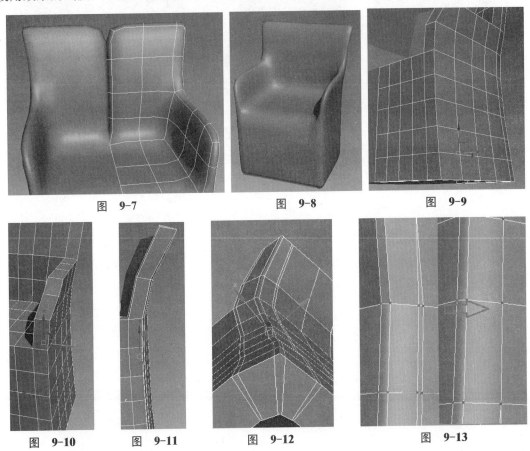

图 9-7 　　　　　　　图 9-8 　　　　　　　图 9-9

图 9-10 　　　图 9-11 　　　　图 9-12 　　　　　　图 9-13

依次单击石墨工具下的 自由形式 | 绘制变形 | 按钮，调整模型底部形状，如图 9-14 所示。调整好后的细分效果如图 9-15 所示。

观察模型，用点的目标焊接工具继续焊接多余线段如图 9-16 和图 9-17 所示。然后在模型底部位置加线如图 9-18 所示。

选择模型底部内侧如图 9-19 的面按 Delete 键删除，按快捷键 Ctrl+Q 细分该模型，设置"迭代"数为 1，添加"对称"修改器后将模型塌陷，如图 9-20 所示。

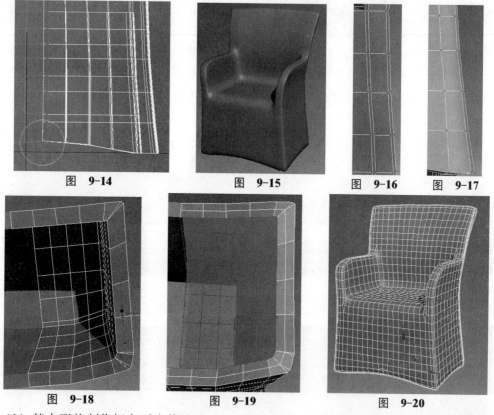

图 9-14　　　　图 9-15　　　　图 9-16　　图 9-17

图 9-18　　　　图 9-19　　　　图 9-20

（2）基本形状制作好之后在修改器下拉列表中添加"晶格"修改器，选择 ⊙ 仅来自边的支柱，半径为 1，边数为 6，如图 9-21 所示。从图中细致观察可以看出模型显得太规整同时有些地方框架太密集，按快捷键 Ctrl+Z 撤销操作，移除密集部分如图 9-22 和图 9-23 中的线段。

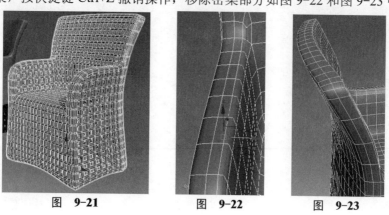

图 9-21　　　　图 9-22　　　　图 9-23

右击，在弹出的右键快捷菜单中依次选择"转换为"|"转换为可编辑面片"命令，将物体转换为可编辑的面片物体，效果如图 9-24 所示。可编辑的面片物体每个点上都有八个可控手柄，调整每隔手柄的位置都能改变面的弯曲度，如图 9-25 所示。

在修改器下拉列表中添加"晶格"修改器，勾选 ⦿ 仅来自边的支柱 半径设置为 1，边数为 8，效果如图 9-26 所示。

（3）创建一个长方体模型并转换为可编辑多边形物体，通过对该长方体的多边形调整制作出坐垫模型如图 9-27 所示。然后在底部位置创建一个圆柱体调整半径和大小后复制调整出其他腿部支撑物体，如图 9-28 所示。

（4）再次创建一个圆柱体，加线调整出茶几基本形状如图 9-29 所示。继续加线调整形状后在模型细分一级的情况下将模型塌陷，如图 9-30 所示。模型外轮廓虽然布线比较均匀，但是顶部面的中心位置布线较密，需要手动调整布线，选择部分线段后移除，然后用"剪切"工具加线调整布线，如图 9-31 和图 9-32 所示。

图　9-24

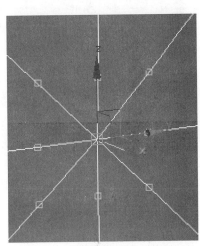

图　9-25

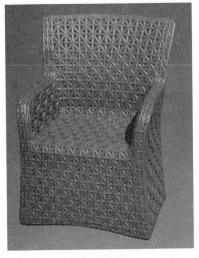

图　9-26

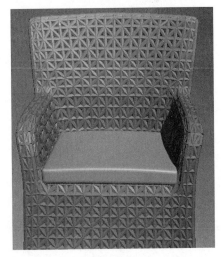

图　9-27

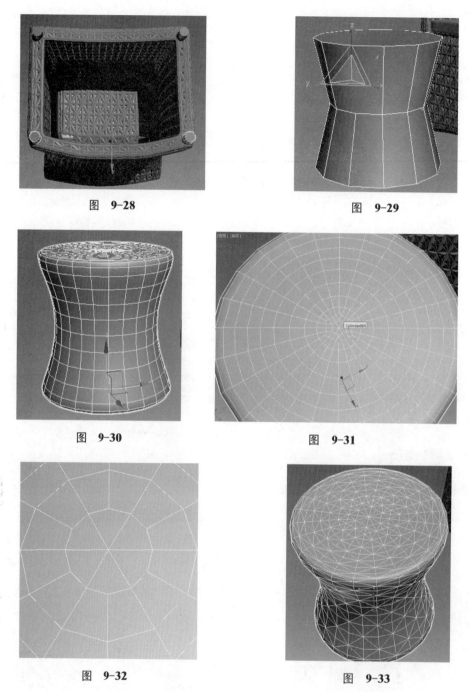

图 9-28

图 9-29

图 9-30

图 9-31

图 9-32

图 9-33

　　右击，选择转换为可编辑面片物体。半径为1，边数为8，效果如图9-34所示。将藤椅模型复制调整角度后整体效果如图9-35所示。

　　按快捷键M打开材质编辑器，在左侧材质类型中单击标准材质并拖动到右侧材质视图区域，选择场景中所有物体，单击 ⊞ 按钮将标准材质赋予所选择物体，最后的白模渲染效果如图9-36所示。

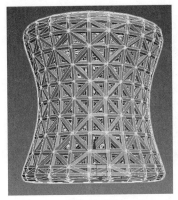

图 9-34

图 9-35

图 9-36

➥ **本实例小结**：通过本实例的学习重点掌握"晶格"修改器的使用方法以及面片物体的特点。通过多边形面片物体以及"晶格"修改器的使用可以制作出很多类似藤椅效果的其他复杂模型。

实例 02　沙滩椅的制作

沙滩椅是休闲椅的一类，可分为布制沙滩椅、休闲沙滩椅、户外沙滩椅、折叠沙滩椅，有皮质、不锈钢、塑料等材质，是户外休闲和室内休息的舒适椅子。而休闲沙滩椅的制作一般都是纯手工编织的，由于使用起来比较柔软，给人感觉舒适大方，透气性好，越来越受到人们青睐。户外沙滩椅已经不仅仅是为休闲人士带来方便的工具，更是城市一道靓丽的风景线。

■ 设计思路

本实例要制作一个不锈钢框架，坐垫和靠垫的部位为皮质的手工编织条纹工艺。

■ 技术要点

本实例结合透气性能和携带方便的特点来设计。主要用到的技术要点如下：

- 样条线的三维空间编辑。
- 超级布尔运算工具使用。

制作步骤

（1）单击 ■（创建）| ◎（图形）| 矩形 按钮，在视图中创建一个矩形。右击鼠标，在弹出的快捷菜单中选择"转换为"|"转换为可编辑样条线"命令，将矩形转换为可编辑的样条线，选择前后两条线段，设置 拆分 | 4 值为 4，然后单击"拆分"按钮将线段平均分为 5 等份，如图 9-37 所示。

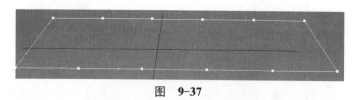

图 9-37

选择中间部分的点沿着 Z 轴向上移动如图 9-38 所示。

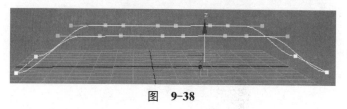

图 9-38

选择四角的点，右击选择"角点"先将点设置为角点，然后单击"圆角"按钮，在点上单击并拖动鼠标将角点处理为圆角如图 9-39 和图 9-40 所示。

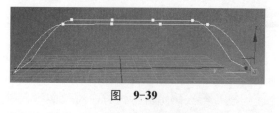

图 9-39

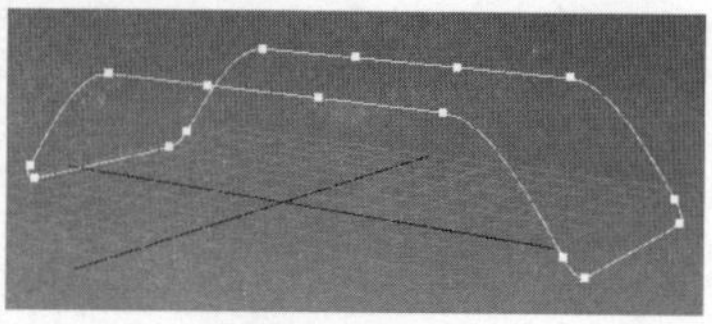

图 9-40

选择右侧底部的点重新调整形状至图 9-41 所示。

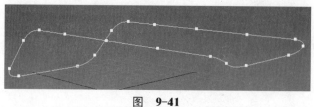

图 9-41

（2）同样的方法再创建一个图 9-42 中所示形状的样条线。

右击，选择细化，在左侧顶端的位置加点后选择顶端的点向下移动，调整形状，在渲染卷展栏下勾选 ☑在渲染中启用 ☑在视图中启用，半径为 3，边数为 16，效果如图 9-43 所示。

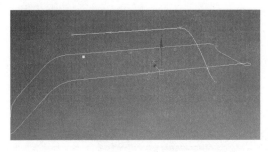 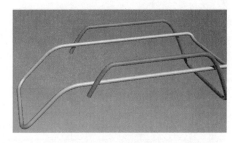

图 9-42   图 9-43

（3）创建一个球体模型并转换为可编辑多边形物体，删除左侧部分面，然后选择边界线按住 Shift 键向左测移动复制出面，如图 9-44 所示。在外侧位置创建一个十字形长方体模型，如图 9-45 所示。

在创建面板下的复合面板中单击 ProBoolean 超级布尔运算按钮，单击 开始拾取 按钮拾取十字形长方体模型完成布尔运算如图 9-46 所示。

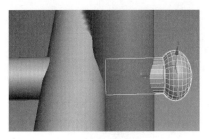 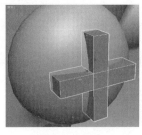 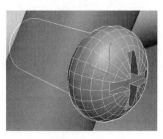

图 9-44   图 9-45   图 9-46

（4）继续创建矩形并调整矩形形状，同时勾选 ☑ 在渲染中启用 和 ☑ 在视图中启用 选项，如图 9-47 所示。然后在图 9-48 中位置创建矩形并转换为可编辑多边形物体，删除顶部面。因为模型进行了旋转调整如图 9-49 所示，在调整开口边界线时比较麻烦，所以先将模型旋转至垂直位置，选择顶端的边界线后用缩放工具沿着 Z 轴缩放水平如图 9-50 所示。

选择边界线段按住 Shift 键向上移动挤出面调整，形状至图 9-51 所示。然后旋转调整模型角度后，将创建好的螺丝钉模型复制调整到合适位置如图 9-52 所示。

（5）在图 9-53 中的位置创建一个面片物体并转换为可编辑多边形物体，选择边挤出面调整，然后在修改器下拉列表中添加"壳"修改器如图 9-54 所示，同时加线调整如图 9-55。

 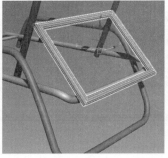 

图 9-47   图 9-48   图 9-49

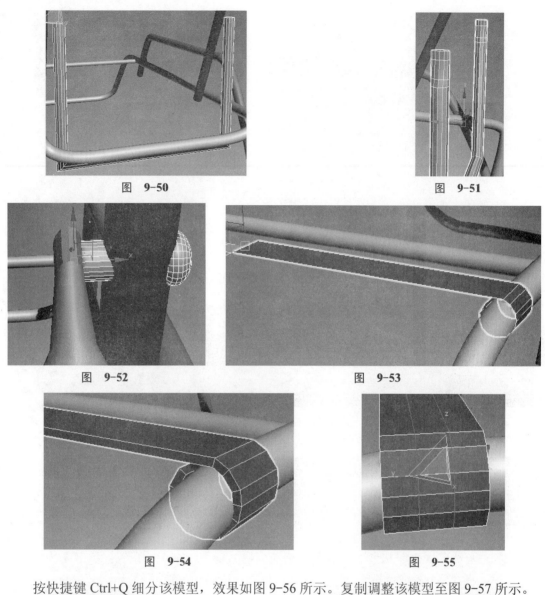

图 9-50

图 9-51

图 9-52

图 9-53

图 9-54

图 9-55

按快捷键 Ctrl+Q 细分该模型，效果如图 9-56 所示。复制调整该模型至图 9-57 所示。

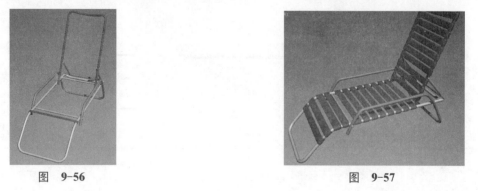

图 9-56

图 9-57

（6）在视图中创建一个三角形和一个圆形如图 9-58 所示，单击 附加 按钮将两个样条线附加在一起，在参数中选择差集 ⊘ 后单击 布尔 按钮拾取圆形完成样条线之间的布尔运算，运算后效果如图 9-59 所示。

图　9-58

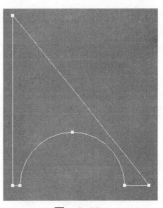

图　9-59

在修改器下拉列表下添加"挤出"修改器，调整高度后移动该模型到图 9-60 中的位置，同时复制该模型调整到另外一侧的位置，整体效果如图 9-61 所示。

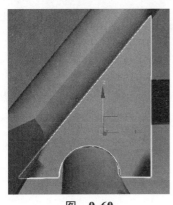

图　9-60

图　9-61

将沙滩椅整个模型再复制一个，效果如图 9-62 所示。

图　9-62

按快捷键 M 打开材质编辑器，在左侧材质类型中单击标准材质并拖动到右侧材质视图区域，选择场景中所有物体，单击 ⬛ 按钮将标准材质赋予所选择物体，最后的白模渲染效果如图 9-63 所示。

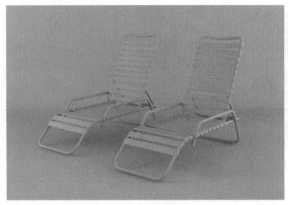

图　9-63

➥ **本实例小结**：本实例中重点学习样条线的三维空间修改调整方法以及样条线之间的布尔运算，一些管状体也可以直接可以用样条线来代替，不过需要将它们勾选为渲染可见以及视图中可见选项，在最终确定制作好模型之后，可以选择所有样条线将其转换为多边形物体进行塌陷即可。

实例 03　遮阳伞模型的制作

遮阳伞也叫太阳伞，主要用于遮蔽太阳光直接照射。遮阳伞在沙滩场所经常被人们使用，其中好一点的遮阳伞有防紫外线功能。

■ 设计思路

遮阳伞外形一般均为圆形，特殊的有方形等，本实例制作一个圆形遮阳伞。

■ 技术要点

本实例主要用到的技术要点如下：
● 星形线的创建方法。
● 锥化修改器的使用方法。
● 线段的分离。

■ 制作步骤

（1）单击 ⬛（创建）|⬛（图形）| **星形** 按钮，在视图中创建一个星形线，效果和参数如图 9-64 和图 9-65 所示。

在修改器下拉列表中刚添加"挤出"修改器,设置数量值为50,分段为5,效果如图9-66所示。

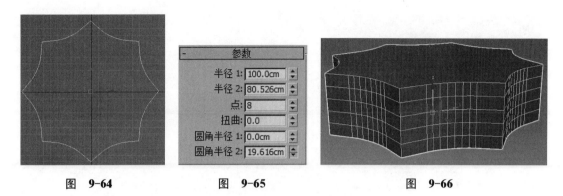

图 9-64　　　　　　图 9-65　　　　　　图 9-66

接下来要用到"锥化"修改器,在添加锥化修改器之前,首先来学习一下锥化工具的使用。在视图中创建一个圆柱体,高度分段设置为4,然后将该模型复制两个,将复制的两个圆柱体模型分别添加"锥化"修改器,第一个调整数量值为-1,第二个调整数量值为1,效果如图9-67所示。

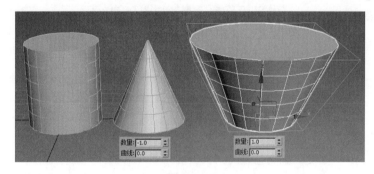

图 9-67

然后再次调整曲线参数,第一个曲线参数设置为-1.1左右,第二个设置为2.6左右,效果如图9-68所示。

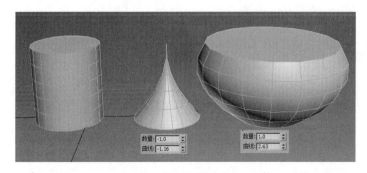

图 9-68

锥化变形曲线效果的前提是要有足够分段数,如果没有高度分段,调整曲线值是没有任何效果的,如图9-69所示。

了解了锥化修改器的使用方法后给模型添加锥化修改器，数量值设置为-1.9，曲线为1.85，效果如图9-70所示。

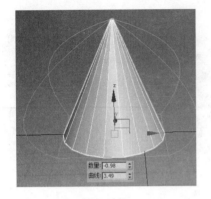

图 9-69　　　　　　　　　　　　　　　　　图 9-70

在修改器下拉列表中添加"编辑多边形"修改器，选择顶部点单击焊接按钮将点焊接在一起，选择底部面删除。然后选择图9-71中所示线段，单击 利用所选内容创建图形 按钮将线段分离出来，在渲染卷展栏下勾选 ☑ 在渲染中启用 ☑ 在视图中启用 ，设置厚度如图9-72所示。

选择分离出的部分线段按住Shift键向下复制如图9-73所示。

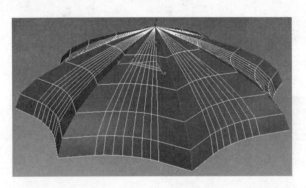

图 9-71

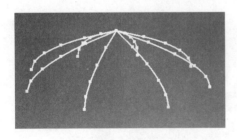

图 9-72　　　　　　　　　　　　　　图 9-73

单击 按钮将模型沿着Z轴镜像，同样勾选 ☑ 在渲染中启用 ☑ 在视图中启用 如图9-74所示。伞内部效果如图9-75所示。

（2）创建一个圆柱体模型作为遮阳伞的支撑杆，如图9-76所示。在伞的顶端位置创建圆柱体修改成伞帽形状如图9-77所示。

（3）选择伞模型，选择底部线段，按住 Shift 键向下挤出面调整如图 9-78 所示，然后选择图 9-79 中的面，单击 隐藏选定对象 将面暂时隐藏起来，隐藏面的目的在于方便底部形状调整。

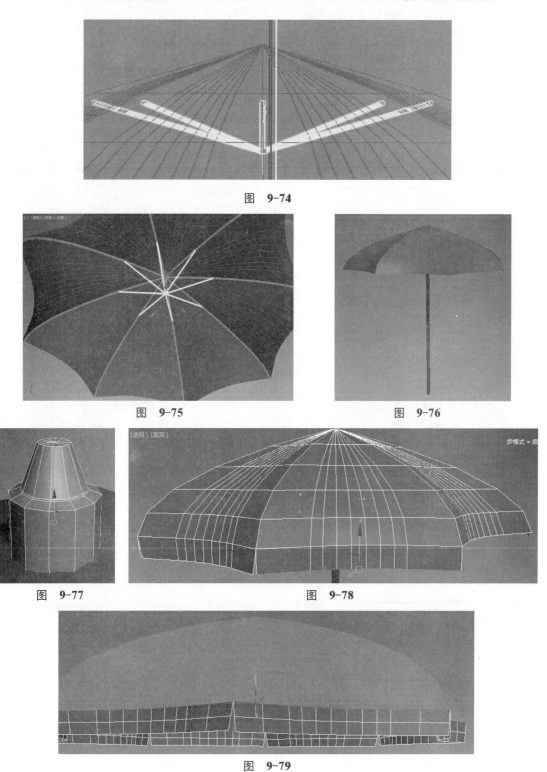

图　9-74

图　9-75

图　9-76

图　9-77

图　9-78

图　9-79

调整底部位置形状如图 9-80 所示（调整至有点类似于风吹的效果）。

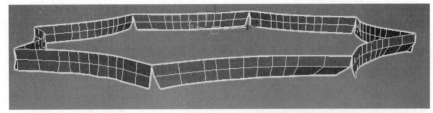

图 9-80

按快捷键 Alt+U 将隐藏的面全部显示出来，选择底部面单击 [自动平滑] 按钮将所选面自动平滑，效果如图 9-81 所示。

在修改器下拉列表中添加"壳"修改器，设置伞的厚度，然后再次添加"编辑多边形"修改器，选择棱角的线段切角设置如图 9-82 所示。细分后效果如图 9-83 所示。

图 9-81

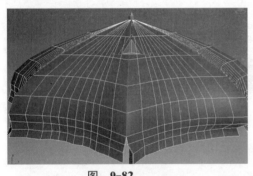

图 9-82

图 9-83

按快捷键 M 打开材质编辑器，在左侧材质类型中单击标准材质并拖拉到右侧材质视图区域，选择场景中所有物体，单击 按钮将标准材质赋予所选择物体，最后的白模渲染效果如图 9-84 所示。

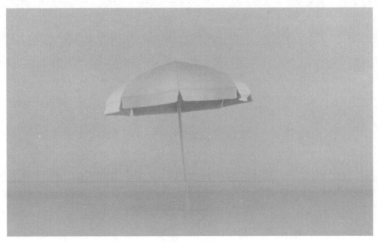

图 9-84

↘**本实例小结**：本实例中的制作技巧在于锥化修改器的参数设置，通过锥化修改器可以一次性调整出伞的基本形状，然后再调整细节即可。

实例 04 吊椅模型的制作

随着生活和工作压力的逐渐增大，人们越来越对悠闲惬意的居家生活充满了向往。在外面奔波打拼了一天，人们更加渴望回到自己安全舒适的小窝里放松。近几年，时尚的休闲吊椅在现代都市里悄然走俏，手工编制而成的藤艺吊椅，造型典雅大方、风格独特别致、款式新颖多样、坚固结实耐用，既有欧洲的高贵古典式、也有北美的休闲浪漫式、又有东方古朴庄重式，款款风格充满了艺术气息和文化品位，还给人一种返璞归真的享受。

■ 设计思路

吊椅结构一般可以分成两个部分，一是外部的金属固定结构，二是类似鸟巢形的半封闭座靠一体的藤条结构。

■ 技术要点

本节主要用到的技术要点如下：
● 样条线三维空间调整。
● 螺旋线的创建方法。
● 线段的分离。
● 面片物体的多边形形状调整。
● 晶格修改器的使用。

■ 制作步骤

（1）单击 ✱（创建）| ◎（图形）| 矩形 按钮，在视图中创建一个长、宽为 130cm、70cm 的矩形。右击，在弹出的快捷菜单中选择"转换为"|"转换为可编辑样条线"命令，将矩形转换为可编辑的样条线，选择顶部两个点，单击"圆角"按钮在点上单击并拖动鼠标将点处理为圆角，然后将顶部的两个点焊接在一起。同样的方法将底部两个点也处理为圆角，如图 9-85 所示。在三维空间中继续调整样条线形状，然后勾选"渲染"卷展栏中的 ☑ 在渲染中启用 和 ☑ 在视图中启用，这样样条线在视图中就可以以三维形状显示并被渲染出来，效果如图 9-86 所示。

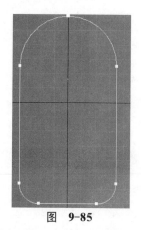

图 9-85

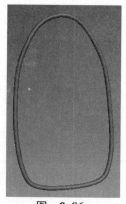

图 9-86

（2）在线框背部创建一个面片物体，然后选择边按住 Shift 键挤出面调整至图 9-87 所示。继续选择侧边挤出面调整如图 9-88 所示。

继续挤出调整至图 9-89 所示，然后在修改器下拉列表中添加"对称"修改器，如图 9-90 所示。

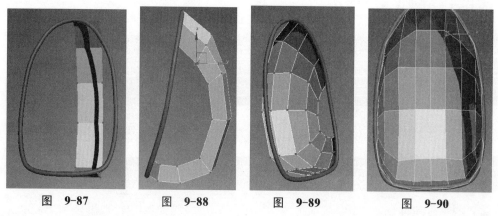

图 9-87　　　　图 9-88　　　　图 9-89　　　　图 9-90

在模型上加线调整如图 9-91 所示，为了使模型布线均匀，手动一点一点的调整太麻烦而且调整得不精确，可以先选择图 9-92 中的线段，依次打开石墨建模工具下的 建模 循环 按钮，在循环工具面板中单击"间隔"按钮，如图 9-93，系统就会自动平均调整布线如图 9-94 所示。

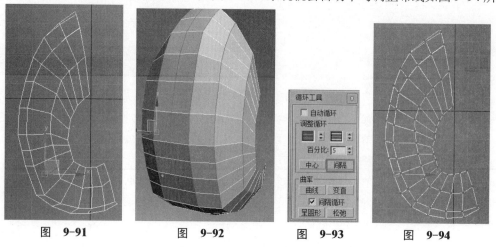

图 9-91　　　　图 9-92　　　　图 9-93　　　　图 9-94

为了更加直观地观察此效果，这里创建一个面片物体，需要将纵向上的线段平均调整，要先选择横向上的所有线段如图 9-95 所示，单击"间隔"按钮后效果如图 9-96 所示。

通过该工具可以很方便地将模型的布线调整均匀。

选择图 9-97 中的线段，单击 利用所选内容创建图形 按钮将所选线段创建出样条线，然后勾选"渲染"卷展栏中的 ☑ 在渲染中启用 和 ☑ 在视图中启用，设置厚度值为 1 和边数值为 12，如图 9-98 所示。

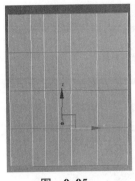   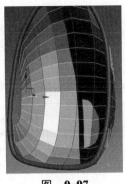 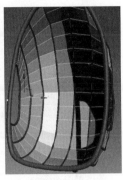

图 9-95　　　　图 9-96　　　　图 9-97　　　　图 9-98

按快捷键 Ctrl+Q 细分该模型，迭代次数设置为 1，右击鼠标，在弹出的快捷菜单中选择"转换为"｜"转换为可编辑多边形"命令，将模型转换为可编辑的多边形物体，如图 9-99 所示。在修改器下拉列表下添加"晶格"修改器，勾选 ● 仅来自边的支柱，效果如图 9-100 所示。

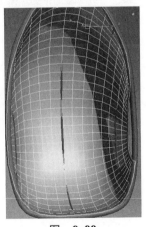 

图 9-99　　　　　　　　图 9-100

从图 9-100 中观察发现，框架显得有些稀疏需要加线增加线段密集程度，所以按快捷键 Ctrl+Z 撤销操作，重新加线如图 9-101 所示，选择图 9-102 横向上所有线段，在循环工具面板中单击 间隔 按钮调整线段距离使距离平均分配，然后再次添加"晶格"修改器调整参数后效果如图 9-103 和图 9-104 所示。

（3）创建底部支架和背部杆模型，这些模型可以直接使用样条线创建，因为勾选了 ☑ 在渲染中启用 ☑ 在视图中启用 选项，创建出的样条线可以直接显示出厚度效果。单击 ▦（创建）｜ ◯（几何体）｜ 螺旋线 按钮，创建一个螺旋线效果和参数如图 9-105 所示。在渲染卷展栏下勾选 ☑ 在渲染中启用 ☑ 在视图中启用 效果如图 9-106 所示。

再创建出挂钩和铁链模型如图 9-107 所示。最后整体效果如图 9-108 所示。

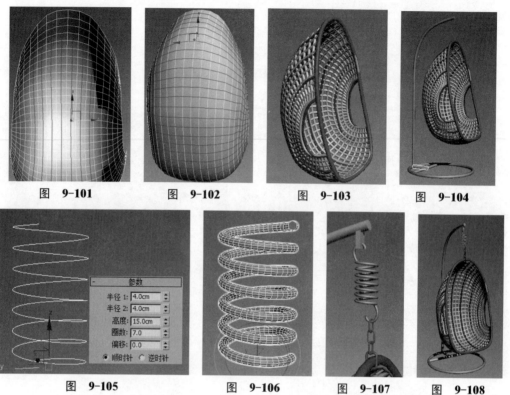

图 9-101　　图 9-102　　图 9-103　　图 9-104

图 9-105　　图 9-106　　图 9-107　　图 9-108

　　按快捷键 M 打开材质编辑器，在左侧材质类型中单击标准材质并拖拉到右侧材质视图区域，选择场景中所有物体，单击 按钮将标准材质赋予所选择物体，最终的白模渲染效果如图 9-109 所示。

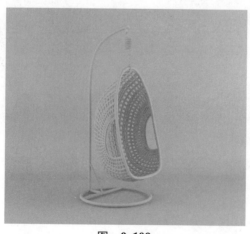

图　9-109

　　↘ **本实例小结**：本实例中除了吊床的框架外，其他的底座、支撑杆、挂钩模型全部都可以用样条线创建，创建后只需勾选 在渲染中启用 和 在视图中启用，调整样条线的半径和边数即可。

实例 05　木花箱模型的制作

■ 设计思路

　　本实例中的木花箱框架由木板拼接而成，底部带有一定形状调整。木花箱结构简单，但是简约而时尚。

■ 技术要点

　　本实例主要用到的技术要点如下：
- 多边形建模命令复习。
- 超级布尔运算工具使用。
- "噪波"修改器使用。
- 软件内置树木创建。
- 模型导入后贴图丢失处理方法。

■ 制作步骤

　　（1）在视图中创建一个长、宽、高为 50cm、4cm、1.5cm 的长方体并转换为可编辑多边形物体，加线调整形状至 9-110 所示，然后分别在顶端、底端前后两侧位置加线，如图 9-111，细分后效果如图 9-112 所示。

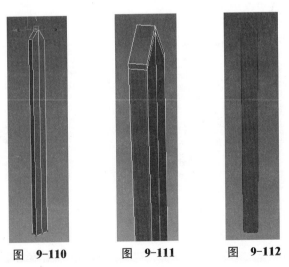

图　9-110　　　　图　9-111　　　　图　9-112

　　（2）将该模型向右复制 9 个，然后在底部位置创建一个椭圆形，如图 9-113 所示。根据椭圆形的形状调整栅栏底部形状如图 9-114 所示。

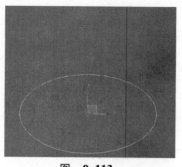

图 9-113

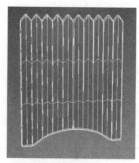

图 9-114

（3）创建一个球体模型并删除一半的面，用缩放工具缩放压扁调整，如图 9-115 所示。复制调整半球体模型如图 9-116 所示。

图 9-115

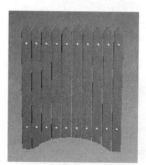

图 9-116

选择所有物体，分别旋转 90°复制调整如图 9-117 所示。

（4）在栅栏内侧底部位置创建一个长方体和几个圆柱体如图 9-118 所示。在创建面板下的复合面板中单击 ProBoolean 按钮，然后单击 开始拾取 按钮拾取圆柱体进行布尔运算，运算后效果如图 9-119 所示。

图 9-117

图 9-118

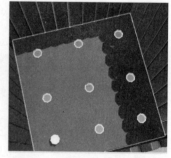

图 9-119

（5）在内侧创建一个面片物体，将分段数设置高一些，如图 9-120 所示。在修改器下拉列表中添加"噪波"修改器，设置参数后效果如图 9-121 所示。树木花草的创建可以直接用 Max 提供的花草树木，单击创建面板下的小三角，在下拉列表中选择 AEC 扩展如图 9-122 所示。

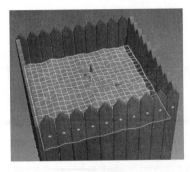

图 9-120   图 9-121   图 9-122

　　单击 植物 按钮，在收藏的植物列表中选择一种植物，在视图中单击即可创建出植物模型，调整大小如图 9-123 所示。如果对系统提供的植物花草不是很满意，可先将创建的植物删除，单击软件左上角图标，依次选择"导入"|"合并"命令，选择一个植物模型文件导入进来调整大小和位置效果，如图 9-124 所示。

图 9-123   图 9-124

　　此时如果导入进来的植物贴图文件丢失，如何快速设置丢失的贴图文件呢？单击 实用程序面板，单击 更多... 按钮，在弹出的使用程序面板中选择位图/光度学路径，如图 9-125 所示，然后单击确定，单击 编辑资源... 按钮此时会弹出位图/光度学路径编辑器面板，如图 9-126 所示。

　　单击"选择丢失的文件"按钮可以快速选择场景中丢失的文件，然后单击新建路径后面的 ... 按钮，在弹出的选择新路径面板中选择贴图存在的文件夹，单击 使用路径 ，然后在位图/光度学路径编辑器中单击 设置路径(P) 即可。（此操作前提是文件贴图必须存在。）

图 9-125

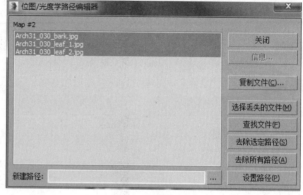

图 9-126

如果场景保存文件和贴图文件均在一个文件夹下，可以单击 去除所有路径(A) 单击确定按钮将路径去除，它会在同一个文件夹下自动匹配相对应的贴图文件。设置好贴图文件路径后的植物显示效果如图 9-127 所示。

最终的白模渲染效果如图 9-128 所示。

图 9-127

图 9-128

➥ **本实例小结**：通过本实例学习要重点掌握导入模型后贴图文件丢失的处理方法，也就是实用程序面板下的"位图/光度学路径"命令的使用。通过该命令，可以快速寻找丢失的贴图信息以及快速设置贴图路径，当 Max 文件和贴图在同一个文件夹下时，可以利用"去除所有路径"命令将路径删除，这样 Max 软件会自动寻找同一目录下的贴图文件。